GENWOXUE DANPIANJI

手把手教你学系列

跟我学单片机

余晓峰 编著

中国电力出版社
CHINA ELECTRIC POWER PRESS

内 容 提 要

　　单片机是一门应用技术，很多教材就单片机论单片机，因此显得枯燥乏味，需要花费大量时间去学习，学完教材后对于应用单片机依然无从下手。只有将单片机放在应用领域的大环境中去学习，才能提升学习兴趣，又能做到学以致用。本书以AT89C51单片机为主线，秉承快乐学习的理念，采用"边学－边练－边玩"的体系结构，从简单的应用开始，引领单片机初学者边玩边学单片机，逐渐步入单片机的应用殿堂。

　　本书既适合单片机初学者学习时使用，也适合对单片机的应用感兴趣的工程技术人员参考使用，特别适合渴望在短期内掌握单片机及应用技术的读者。

图书在版编目（CIP）数据

　　跟我学单片机/余晓峰编著 . —北京：中国电力出版社，2015.8

　　（手把手教你学系列）

　　ISBN 978 - 7 - 5123 - 7757 - 8

　　Ⅰ.①跟…　Ⅱ.①余…　Ⅲ.①单片微型计算机　Ⅳ.①TP368.1

　　中国版本图书馆 CIP 数据核字（2015）第 100848 号

中国电力出版社出版、发行

（北京市东城区北京站西街 19 号　100005　http：//www.cepp.sgcc.com.cn）

汇鑫印务有限公司印刷

各地新华书店经售

*

2015 年 8 月第一版　　2015 年 8 月北京第一次印刷

787 毫米×1092 毫米　16 开本　15.75 印张　384 千字

印数 0001—3000 册　　定价 **39.00** 元

前 言

从事单片机技术教学 20 余年，经常有学生问我，学习单片机技术是不是有捷径可循，遗憾的是我只能去鼓励他们。其实，捷径只是少走弯路，天下没有免费的午餐，事业的成功、智慧的积累，都需要血汗的付出和不断的磨炼。没有地基的空中楼阁难以矗立晴空，世上根本就没有一蹴而就的事。不论是学习单片机还是学习其他知识，首要的是学习目的要明确，制订好学习规划，循序渐进，正所谓欲速则不达。但这并不是说学习单片机没有方法可循，要掌握单片机技术的学习方法，先要了解单片机技术的特点。单片机技术是一门应用技术，学习单片机最终目的是构造以单片机为核心的电子产品，将知识转化为生产力。学习单片机技术要从芯片到系统循序渐进地去学习，独立地学习单片机，只能停留在书本上，毫无作用。单片机技术是软、硬结合的技术，硬件电路是基础，软件是灵魂。要构建单片机应用系统，要求读者既具备一定的电子技术方面的知识，也要具备 C 语言程序设计知识。

单片机是一块功能强大的半导体电路芯片，统一管理着形形色色的输入设备和输出设备，并有序地在这些设备中传递、交换数据或信号。如果你不能实现单片机与这些设备间的互连，甚至你不知道为 LED 灯配置多大阻值的限流电阻，建议你先补充一下电子技术方面的知识。如果你不能编写程序控制这些设备进行数据的传递，建议你多看看例程。

学习单片机技术，既要动脑也要动手，既要看书又要实践，如果你对单片机有兴趣，那么这本书将是乐于帮助你的助手，陪同你边玩边学单片机。

本书共分 10 章，从芯片到系统应用，逐步展现单片机丰富的内部世界以及单片机应用系统。前三章介绍单片机的基础知识以及玩转单片机的二个软件 PROTEUS/μ Vision。初步认识单片机并使单片机运转起来，从单片的引脚开始逐步进入单片机的内部世界。第 4～6 章介绍单片机汇编语言编程和 C 语言编程的基础知识以及单片机内部三大功能模块：中断、定时/计数器和串口的工作原理。第 7～9 章介绍单片机应用系统接口互连技术。包括并行总线接口技术和串行总线接口技术。既含有接口芯片也含有接口程序，这部分是单片机应用系统硬件设计的关键内容。第 10 章以丰富的实例引导读者学玩单片机，感受学习单片机的乐趣。

由于编者水平有限，加之时间仓促，书中难免有错误和不妥之处，请广大读者批评指正。

编者

2015 年 8 月

手把手教你学系列
跟我学单片机

目 录

第 1 章

初 步 认 识 单 片 机

许多单片机初学者翻开教材后，面对一大堆的概念，一张 16 开纸大小的单片机内部结构图，显得一脸茫然，望而却步。如果读者有过学开车的经历，应该有这样的切身体会："车是开出来的，而不是学出来的"；同样，单片机也是"玩"出来的，而不是"学"出来的！边玩边学单片机是学习单片机的最好途径。学开车必须有车可开，我们可以选择学 C 照、B 照或 A 照，去某个驾校学习；同样，学单片机必须要有单片机可玩，本书选择了单片机入门级芯片 89C51 进行介绍。

1.1 怎样拥有自己的单片机系统

1.1.1 建立自己的学习环境

拥有自己的单片机系统才具备了学习条件，下面有三种方法可以建立自己的学习环境。

1. 在面包板或万能板上构建自己的系统

首先我们要购买一些电子元器件和一些连接线，还得把这些器件按照电路的工作原理连接起来，同时还要学会使用仪器设备对电路进行检测，验证电路的正确性。使用面包板时需插接好元器件和连线，防止接触不良，同时要注意面包板上的哪些线孔是连通的，哪些线孔是相互绝缘的。在面包板上插接芯片和连接电路的示意图如图 1-1 所示。万用板实际上是单层印制电路板，它的一面是元件层，另一面是焊接层，所以，使用万能板时还要学会焊接电路，在万能板上搭建电路的示意图如图 1-2 所示。

图 1-1　在面包板上搭建电路、插接芯片和连线　　图 1-2　在万能板上搭建电路、焊接芯片、元件和连线

虽然采用这种方法学习单片机比较辛苦，但却是提高动手能力的最佳方法。

2. 买一块配置较全的单片机学习板

如果读者有较好的电子线路基础，不愿花过多的精力在电路的搭建上，想更快捷地学会单片机，购买一块配置较全的单片机学习板是一个不错的选择。学习板上配置有单片机和一些典型的应用模块，仅需少量连线就可以构建各种不同的应用系统。当然我们也要使用仪器设备对电路进行检测。89C51 单片机学习板的基本组成如图 1-3 所示。学习板上可能有很多还不熟悉的元件，后续学习过程中我们会逐一介绍。

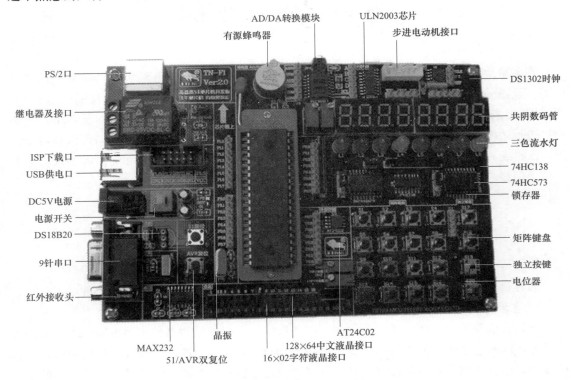

图 1-3　单片机学习印制电路板

3. 利用单片机的虚拟仿真平台构建虚拟的单片机系统

目前普遍使用的单片机仿真平台是 PROTEUS 软件。它是一个集模拟电路、数字电路、模/数混合电路以及多种微控制器系统为一体的系统设计和仿真平台，是目前同类软件中最先进、最完整的电子类仿真平台之一。它真正实现了在计算机上完成从原理图的设计、电路的分析与仿真、单片机代码的调试与仿真、系统测试，一直到功能验证等非常完善的功能，可以在相当的程度上达到实物演示实验难以达到的效果。PROTEUS 元件库中包含了大量的电子器件，只要能够完成电路图的绘制，就能搭建单片机应用系统，用户可以使用虚拟仪器对电路进行测试。如果不想有过多的花费，又想快速学习单片机，这应该是首选的方法。当然，这种方法需要有一台电脑，并在电脑上安装好 PROTEUS 软件，PROTEUS 的虚拟元件库中会有多款单片机供用户选用，用户可以配置和拥有各种单片机应用系统。在后续课程的学习中，我们将使用虚拟仿真平台来玩转单片机。

1.1.2　体验 PROTEUS

PROTEUS 的强大功能只能在应用中来感受。我们先打开 PROTEUS 中的一个应用例程，观察 PROTEUS 中实时交互仿真的效果，并从中感受一下单片机的魅力。单击"ISIS7"快捷方式按钮，运行 PROTEUS ISIS 7 Professional，出现 ISIS 的窗口界面后，选择命令"FILE"｜"OPEN"…，在弹出的对话框中双击要打开的文件夹 8051 Calculator，然后双击要打开的文件夹 VSM for 8051，直到找到 ISIS 设计文件（＊DSN），这里只有一个文件 CALC 可供选择，双击打开它，在 PROTEUS 主窗口中我们可以看到一个计算器电路，如图 1-4 所示。这是一个在 PROTEUS 平台上使用单片机设计的电子计算器。用户通过操作键盘可以使用计算器进行加、减、乘、除等运算，运算的结果将显示在液晶显示器 LCD 上。

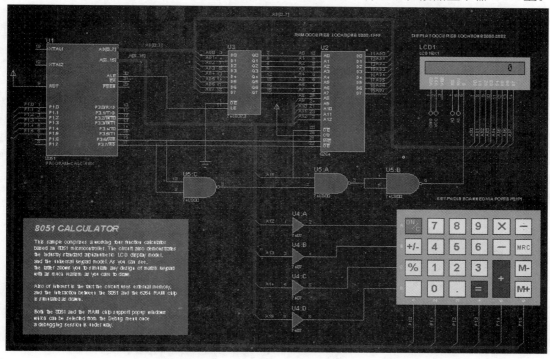

图 1-4　PROTEUS 平台设计的一个计算器电路

例如，单击仿真按钮 ▶ 启动单片机运行后，液晶显示器上显示初始值"0"，等待用户输入。依次单击键盘上的按键，输入 1234×1000，则会在液晶显示器上看到实时运算的显示结果如图 1-5 所示。该电路中，用户通过键盘向单片机输入数据和运算的命令（实例中

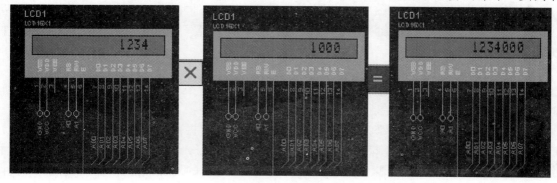

图 1-5　计算器电路的实时交互仿真结果

做乘法操作），单片机对输入数据进行运算后将结果送至液晶显示器显示输出。事实上，这是一个很简单的系统。在电路设计中只要把键盘和液晶显示器与单片机进行正确的连接，然后编写键盘输入的程序、单片机的算术运算程序和液晶显示器的显示输出程序，并将这些程序放到（下载）单片机的程序存储器中就可以仿真运行了。当然，这些程序必须是正确的。

1.2 让单片机动起来

要让单片机动起来，首先我们就要构建一个最简单的单片机系统，让单片机具备运行的条件。

1.2.1 构建一个单片机最简系统

要构建一个单片机最简系统，就要对单片机有一个初步的了解。认识任何物理器件总是从器件的外形开始的，因此我们先看看单片机长什么样子。如图 1-6 所示的三张图片正是我们要学习的 89C51 单片机，从外形上看，它有长条形和方形，我们把单片机的外形叫作封装形式，从形式上看单片机就是一块半导体芯片。单片机芯片上的众多引脚是单片机的触角（I/O 口）的延伸，只要能正确使用这些引脚连接外围设备或元器件，就可以构成单片机应用系统，启动单片机运行，实现输入和输出信息的功能。

图 1-6 单片机典型封装形式
（a）PLCC 封装；（b）TQFP 封装；（c）DIP 封装

如何使单片机运行起来呢？首先要给单片机提供电源，同时单片机的运行还必须具备两个前提条件：一是单片机要有动力源，二是单片机自身已经完成初始准备工作。这两个条件由两个电路来保证。

1. 单片机动力源的产生

单片机的动力源由时钟电路提供，时钟电路所产生的一个个连续的脉冲信号驱动单片机的各部件按顺序工作。我们有两种产生时钟信号的方式。

（1）内部时钟方式。89C51 单片机的内部有一个片内振荡器电路，但仍需在 XTAL1（19 管脚）和 XTAL2（18 管脚）之间连接一个晶振 Y1（crystal，石英晶体振荡器），并加上容量为 20～40pF 的电容 C1、C2 组成时钟电路。所选择的元件外形如图 1-7 所示。时钟电路图如图 1-8 所示。时钟电路的振荡频率取决于晶振的固有振荡频率，这个频率会印在晶体振荡器的外壳上。一般情况下，我们可以选择 $1.2\sim12\mathrm{MHz}$ 的晶振。单片机的这种使用内部振荡电路、外接晶振等反馈元件配合产生时钟信号的方法称为内部时钟方式。我们可以使用示波器从单片机的 XTAL1 （19 管脚）观察到时钟信号，如图 1-8 所示。

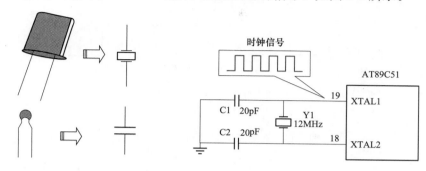

图 1-7　内部时钟电路元件　　　　图 1-8　AT89C51 内部时钟电路

（2）外部时钟方式。单片机还可以工作在外部时钟方式下。这时，将通过外部振荡电路产生的方波信号从单片机的 XTAL1 （19 管脚）输入，使 XTAL2 （18 管脚）悬空，由方波信号的频率决定单片机的工作频率，如图 1-9 所示。显然，使用内部时钟方式时，不需要另外设计振荡电路，且系统结构简单，这就是单片机系统中大多使用内部时钟信号的原因。

2. 单片机复位电路

我们将单片机完成初始准备工作的过程称之为"复位"。单片机复位需要有一个信号施加到单片机的复位引脚（RST）上，AT89C51 单片机的 RST 端（9 管脚）是复位端，RST 是单词"reset"的缩写。当向RST 端输入一个短暂的高电平时，单片机就会进行复位，完成启动的初始准备工作。

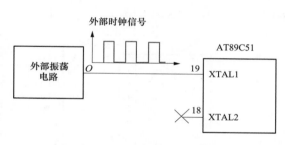

图 1-9　AT89C51 外部时钟电路

最简单的复位电路是上电复位电路，即在 RST 端与电源端之间连接一个 $10\mu\mathrm{F}$ 左右的电解电容，RST 端经过一个 $10\mathrm{k}\Omega$ 左右的电阻接地。单片机上电瞬间，电容 C3 的正极电压瞬间变为 $+5\mathrm{V}$，C3 对于这个瞬间的电压突变相当于短路（隔直通交），因此相当于 $+5\mathrm{V}$（高电平）直接加到了单片机的 RST 端上。正是这个加在 RST 端的瞬间高电平使单片机复位。很快地，电容 C3 充满电，在电路中相当于断路，于是 RST 端的电平由高转低，单片机随即开始执行程序。如图 1-10 （a）所示。

由于上电复位电路缺少手动复位功能，因此它不能进行手动复位操作，上电复位和手动按钮复位相结合的电路如图 1-10 （b）所示。当按下 S1 时，RST 端获得复位信号（高电平）而使单片机恢复到电路的初始状态，从头开始执行程序。

这种具备动力源和复位电路的系统使单片机具备了运行的条件，我们称之为单片机最简"最小"系统，它也意味着使用最少的元件让单片机能够工作起来，在这个最小系统的基础上单片机才能够实现输入/输出和各种运算等强大的功能。

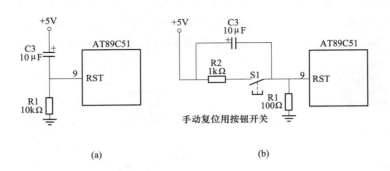

图 1-10　AT89C51 的两种上电复位电路

（a）自动复位；（b）手动按键复位

1.2.2　认识单片机的输入/输出功能

89C51 单片机共有 40 个引脚，双列直插式封装（DIP 封装）单片机的引脚分布在两侧，除电源端 Vcc（40 号引脚）和 GND（20 号引脚）外，还有前面介绍过的时钟信号端和复位信号端。单片机的输入/输出功能由端口引脚实现，89C51 单片机共有 4 个 I/O（输入/输出）端口，分别将其命名为 P0 口（32～39 号引脚）、P1 口（1～8 号引脚）、P2 口（21～28 号引脚）和 P3 口（10～17 号引脚），每个端口有 8 根 I/O 引线，分别命名为 Px.0～Px.7，如图 1-11 所示，89C51 的图形符号如图 1-11（b）所示。

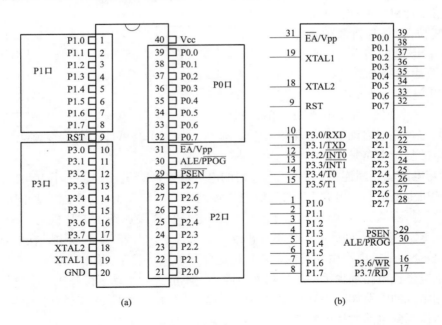

图 1-11　89C51 单片机引脚图

（a）DIP 引脚；（b）图形符号

我们任选一个端口都可以实现 8 路数据的输入/输出功能（这种 8 位数据同时输入/输出的方式称为并行传送方式，所以称四个端口为并行 I/O 端口）。实际应用时我们可以安排任一端口作为输入端口或输出端口，使用 P0 口和 P2 口作为输出口，通过输出信息控制 16 个发光二极管的电路如图 1-12 所示。P1 口用作输入口，连接了 4 个按键开关。

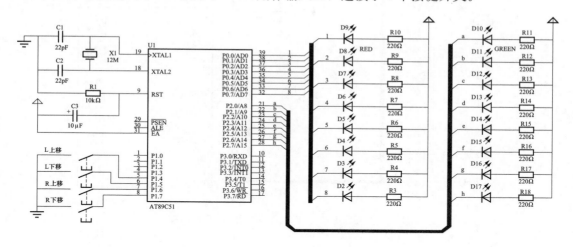

图 1-12　89C51 单片机使用 P0 和 P2 口作为输出口控制 16 个发光二极管

单片机的端口功能非常强大，每个端口的每根 I/O 口线还可以独立进行输入/输出操作而不影响其他口线，也就是说单片机有 32 根独立的 I/O 口线。使用 P1 口的一根口线 P1.1 控制一个 LED 灯的电路如图 1-13 所示。

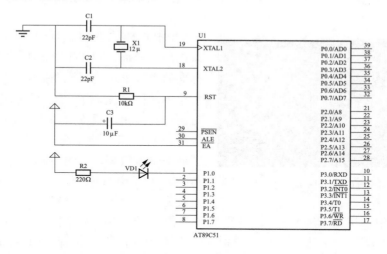

图 1-13　89C51 单片机 P1 口的 P1.1 线输出控制 1 个 LED 灯

1.2.3　动手搭建单片机电路

现在，我们以 89C51 单片机为例，通过一个简单的系统，学习在 PROTEUS 平台上搭建自己的单片机系统，逐步接触单片机，接触单片机的应用程序。

单片机控制的一个跑马灯电路如图 1-14 所示。要求 8 个灯依次循环左移（或右移）点亮。这里为了简化电路，我们用 8 个发光二极管代替灯（这样单片机可以直接驱动，否则要设计驱动电路），了解单片机的输出控制功能以及单片机应用系统的软、硬件组成。

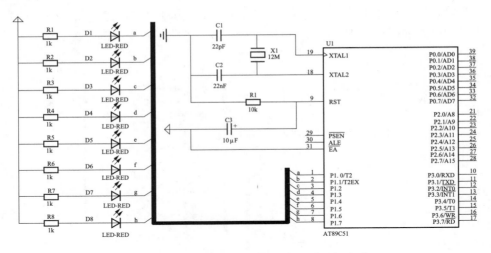

图 1-14　89C51 单片机 P1 口控制的跑马灯电路

1.3　PROTEUS 软件初步

1. 启动 PROTEUS 软件

单击 ISIS7 快捷方式，运行 ISIS 7 Professional，首先出现 ISIS 的启动界面，如图 1-15 所示。

图 1-15　PROTEUS ISIS 启动界面

PROTEUS ISIS 启动完毕后，出现 ISIS 的窗口的主界面，PROTEUS ISIS 的工作界面是标准的 Windows 界面。该界面包括：标题栏、主菜单、标准工具栏、绘图工具栏、状态栏、对象选择按钮、预览对象方位控制按钮、仿真进程控制按钮、预览窗口、对象选择器窗口、图形编辑窗口等，如图 1-16 所示。

2. 从 PROTEUS 库中调出电路要用到的所有元件到对象选择器窗口

在图 1-16 中，单击 PROTEUS ISIS 工作界面下的对象选择按钮 P，弹出 "Pick Devices" 对话框，如图 1-17 所示。在"类别（C）"选项区域下面选择 "Mircoprocessor ICs" 选项并单击，在对话框的右侧，我们会发现有大量常见的各种型号的单片机。选择 "AT89C51" 选项后，单击"确定"按钮，"Pick Devices" 对话框关闭，主窗口界面下，左侧的对象选择器窗口中就有 "AT89C51" 这个元件了，如图 1-18 所示。

如果知道元件的名称或者型号，我们可以在"关键字（D）"栏输入 AT89C51，系统将在对象库中进行搜索查找，并将搜索结果显示在 "Pick Devices" 对话框的右侧栏中，此时只需选中所用元件单击"确定"按钮即可。关键字搜索查找是最快捷的加载到对象的方式。如果我们还需要 CAP（电容）、CAP POL（极性电容）、LED-RED（红色发光二极管）、RES（电阻）、CRYSTAL（晶振）等元件，我们只要依次在"关键字（D）"栏中输入 CAP、CAP POL 、LED-RED、RES、CRYSTAL，然后把需要用到的元件加载到对象选择

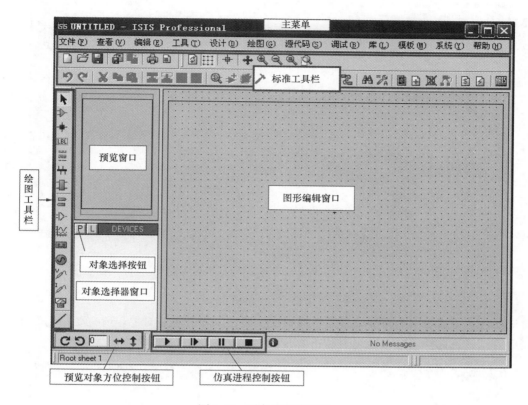

图 1-16　对象选择器按钮

图 1-17　对象查找对话框

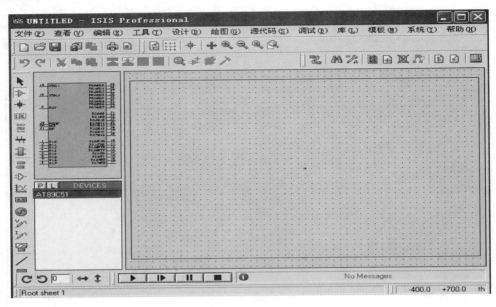

图 1-18　所选对象

器窗口即可。每增加一个对象，对象选择器窗口便会列表显示该对象，所有要用到的元件加载完毕后，对象选择器窗口会列表显示所有元件对象如图 1-19 所示。

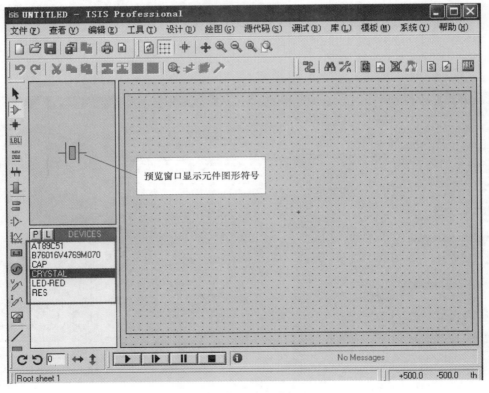

预览窗口显示元件图形符号

图 1-19　所选对象列表显示

跟我学单片机

3. 将元器件放置到图形编辑窗口

在对象选择器窗口内，选中 AT89C51。如果元器件的方向不符合要求，则可以使用预览对象方位控制按钮进行操作。例如，用按钮 C 对元器件进行顺时针旋转，用按钮 D 对元器件进行逆时针旋转，用 ↔ 按钮对元器件进行左右反转，用按钮 ↕ 对元器件进行上下反转。元器件方向符合要求后，将鼠标置于图形编辑窗口，在元器件需要放置的位置处单击，出现紫红色的元器件轮廓符号（此时还可对元器件的放置位置进行调整）。然后再单击，元器件就会被完成放置（放置元器件后，如还需调整方向，单击需要调整的元器件，再单击鼠标右键进行调整）。同理，将晶振、电容、电阻、发光二极管放置到图形编辑窗口。布置元件时，一般先放置大型元件再放置小型元件，而且要考虑方便连线，如果连线太多可以采用总线连接，如图 1-20 所示。

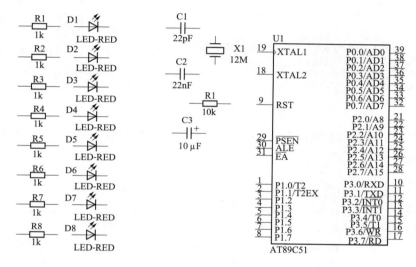

图 1-20　图形编辑窗口对象布置图

4. 编辑元件属性

图中我们已经将元器件编好了号，并修改了参数。修改的方法是：在图形编辑窗口中，双击元器件，在弹出的"编辑元件"对话框中进行修改。现在以电阻参数的修改为例进行说明，如图 1-21 所示。

把"元件参考（R）"中的 R1 改为 R7，把"Resistance"中的 10k 改为 1k。修改好后单击"确定"按钮，这时，编辑窗口就有了一个编号为 R7，阻值为 1kΩ 的电阻了。用户只需重复以上步骤就可以对其他元器的参数进行修改，只是大同小异罢了。

5. 电路连线

PROTEUS 具有自动线路功能（Wire Auto Router），当鼠标移动至连接点时，鼠标指针处会出现一个虚线框，如 ，单击，移动鼠标至 LED-RED 的阳极，出现虚线框时单击，则完成连线，如 。同理，我们可以完成其他连线。在此过程中，我们都可以按下 ESC 键或者单击鼠标右键可放弃连线。

6. 放置电源端子和配置电源参数

在主窗口中单击绘图工具栏中的 按钮，使之处于选中状态。然后单击"POWER"，

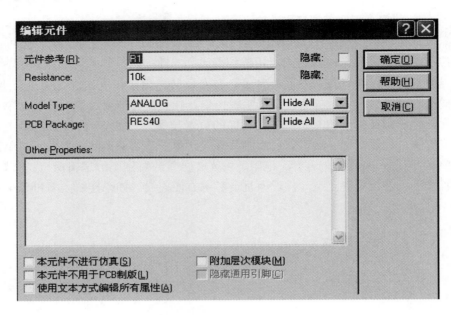

图 1-21 对象属性编辑对话框

放置两个电源端子 ；再单击"GROUND"，放置一个接地端子 。放置好后完成连线，如图 1-22 所示。

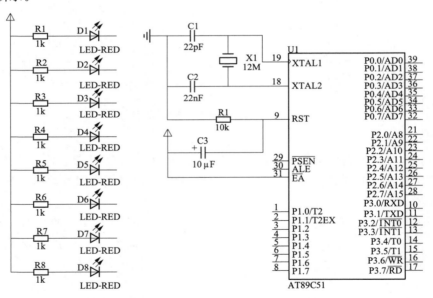

图 1-22 电路中配置电源和地线

PROTEUS 的电源电压默认为±5V，地线为 0V，我们可以为电路配置所需的电源电压值，如 4.5V。很多初学者因为电源配置不正确而使电路无法正常工作。电源配置需要通过以下两步完成。

（1）建立一个新电源并赋予一个电压值。如图 1-23 所示，在主窗口界面单击下拉菜单，执行"设计"｜"设定电源范围"命令弹出如图 1-24 所示的"设定电源范围"对话框，系统默认三个电源 GND（0V）、VCC/VDD（5V）和 VEE（－5V）。

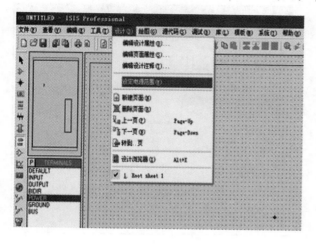

图 1-23　电源配置菜单

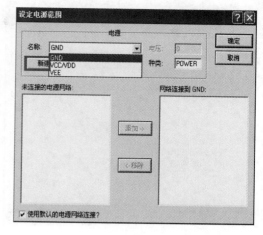

图 1-24　"设定电源范围"对话框

如果需要一个 4.5V 的电源，可以单击"新建"按钮，弹出"新建电源"对话框，在弹出的对话框中为新建电源取一个名称（如 VCC-4.5V），如图 1-25 所示。然后单击"确定"按钮此时"新建电源"对话框消失，"设定电源范围"对话框的"名称"栏中会出现新建电源的名称：VCC-4.5V。接下来将电源电压值修改为 4.5V 后，单击"确定"按钮，如图 1-26所示。此时一个新建的名称为 VCC-4.5V 的电源便可以在设计电路时使用了。

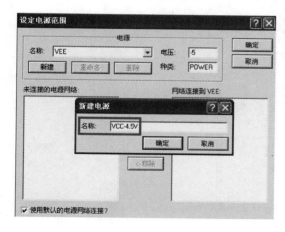

图 1-25　新建电源命名

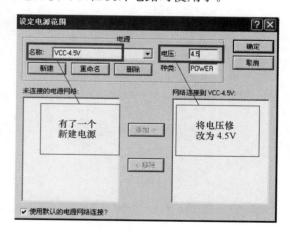

图 1-26　设定电源电压范围

（2）为应用电路配置新建的电源。在图形编辑窗口中，双击电源器件，弹出"Edit Terminal Label"对话框，如图 1-27 所示。在弹出对话框中的"Label"标签的"标号"栏输入刚命名的电源 VCC-4.5V 后单击"确定"按钮，这说明电路中的电源使用了新建的 VCC-4.5V 电源。接下来，我们要做的工作是回到第一步，单击下拉菜单，执行"设计"｜ "设定电源范围"命令，在如图 1-28 所示对话框的"名称"栏中选择 VCC-4.5V 后单击"添加"按钮，一个名为 VCC-4.5V 的电源就已经连接到电路中了。

跟我学单片机

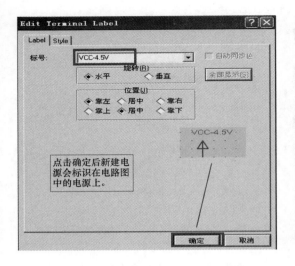

图 1-27　为实际电路配置新建的电源　　　　图 1-28　电源 VCC-4.5V 连接到电路中

7. 绘制和连接总线

单击绘图工具栏的 ⊞ 按钮，使之处于选中状态。然后将鼠标置于图形编辑窗口，单击鼠标左键，确定总线的起始位置后移动鼠标，屏幕上会出现一条蓝色的粗线，在总线的终点位置处双击鼠标左键，这样一条总线就绘制好了，如图 1-29 所示。

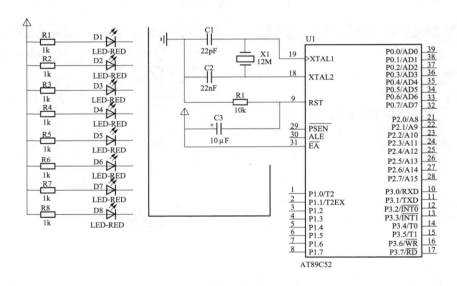

图 1-29　为电路绘制总线

8. 绘制总线的分支线

绘制与总线连接的导线的时候，为了和一般的导线区分开来，我们一般喜欢画斜线来表示分支线。此时我们需要自己决定走线路径，只需在想要的拐点处单击鼠标左键即可。在绘制斜线时，我们需要关闭自动线路功能（Wire Auto Router），可以通过使用工具栏里的 WAR 命令按钮 🔁 进行关闭。绘制完后的效果如图 1-30 所示。

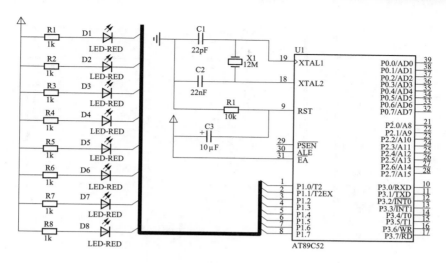

图 1-30　绘制总线分支连线

9. 放置网络标号

单击绘图工具栏中的网络标号按钮 ，使之处于选中状态。将鼠标置于欲放置网络标号的导线上，这时会出现一个"×"，表明该导线可以放置网络标号。单击鼠标左键，弹出"Edit Wire Label"对话框，在"标号"栏中输入网络标号名称（如 a），单击"确定"按钮，完成该导线的网络标号的放置。同理，可以放置其他导线的标号。注意：在放置导线网络标号的过程中，相互连接的导线必须标注相同的标号，不同的网络标号不能同名，如图 1-31 所示。至此，我们便在 PROTEUS 平台上完成了跑马灯电路的设计，如图 1-32 所示。

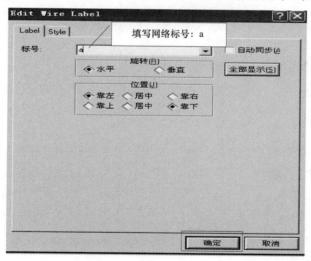

图 1-31　放置网络标号

电路设计完成后，还要对电路进行检查和测试。通过电气规则检查可以检查出网络重命名，元件重命名等标识性错误，以及未连接的网络标号（悬浮状态的引脚）等问题。电气规则检查并不能检查出电路的连接错误，更不能保证元件的参数正确、硬件电路能正常工作。于是，在硬件电路设计好后，我们要使用一些仪器对电路进行调试。基于 PROTEUS 平台

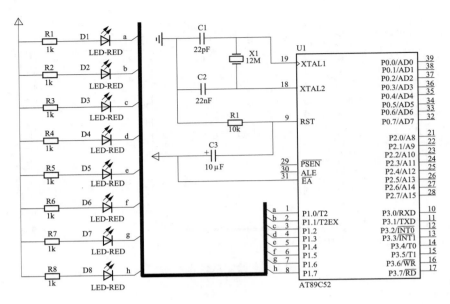

图 1-32　跑马灯电路

上的电路调试称为虚拟仿真。同时，PROTEUS 软件 ISIS 原理图设计界面还支持电路仿真模式 VSM（虚拟仿真模式）。只要我们在电路原理图中选用了具有动画演示功能的器件或具有仿真模型的器件，当电路连接完成并确认无误后，直接进行仿真操作，即可实现声、光、动画等逼真的效果，以检查电路硬件及软件设计的对错，效果非常直观。

1.4　编写单片机应用程序

1.4.1　单片机应用程序的开发步骤

（1）从分析问题入手，了解需求。通过分析问题，弄清楚程序的功能。程序加工的对象和加工的结果都是数据，弄清楚数据如何输入、如何组织、采用什么样的加工算法、数据如何输出等问题。

（2）画流程图，确定数据加工的算法。对于比较大的程序一般都要画程序流程图。

（3）编写单片机应用程序。可以选择汇编语言或 C 语言进行编程。

（4）程序编译和调试。通过程序编译生成目标代码，通过调试排除程序中的错误。

（5）下载运行。将程序下载到单片机的程序存储器中，通过运行情况检查程序的正确性。

1.4.2　跑马灯程序

单片机如何控制跑马灯呢？这就要根据跑马灯的工作原理和灯光的变化规律编写相应的跑马灯控制程序，如果没有程序，单片机什么工作都干不了。

1. 跑马灯电路的工作原理

在数字电路以及计算机中"1"对应着高电平信号，"0"对应着低电平信号。于是，只要单片机能按照表 1-1 中的 8 个工作步骤分时向 P1 口（假设相隔 250ms）传送表中的第二列（或第三列）的数据（第二列为二进制数据，第三列为对应的十六进制数据），即可控制8个灯按跑马灯的方式工作。这个表就是单片机工作的程序要求，但单片机够不着也看不懂这个表，我们要把这个表转换成单片机能看懂的程序，并且把这个程序放到单片机够得着的程序存储器中。

表 1-1　　　　　　　　　　　　发光二极管的亮灭情况与端口对应表

工作步骤	发光二极管								单片机输出控制引脚								端口数据
	D8	D7	D6	D5	D4	D3	D2	D1	P1.7	P1.6	P1.5	P1.4	P1.3	P1.2	P1.1	P1.0	
1	亮	灭	灭	灭	灭	灭	灭	灭	1	1	1	1	1	1	1	0	FE
2	亮	亮	灭	灭	灭	灭	灭	灭	1	1	1	1	1	1	0	0	FC
3	亮	亮	亮	灭	灭	灭	灭	灭	1	1	1	1	1	0	0	0	F8
4	亮	亮	亮	亮	灭	灭	灭	灭	1	1	1	1	0	0	0	0	F0
5	亮	亮	亮	亮	亮	灭	灭	灭	1	1	1	0	0	0	0	0	E0
6	亮	亮	亮	亮	亮	亮	灭	灭	1	1	0	0	0	0	0	0	C0
7	亮	亮	亮	亮	亮	亮	亮	灭	1	0	0	0	0	0	0	0	80
8	亮	亮	亮	亮	亮	亮	亮	亮	0	0	0	0	0	0	0	0	00

2. 程序设计

根据以上原理，针对跑马灯硬件电路编写的单片机汇编语言源程序如下：

```
        ORG 0000H                   ;程序定位伪指令,单片机初始化后从这里开始执行程序
        MOV DPTR , # TAB            ;端口数据表首地址
  LOOP:CLR  A                       ;为获取表中的数据作准备
        MOVC A , @ A+ DPTR          ;从表中取的数据
        MOV P1 , A                  ;把数据传送到 P1 口,点亮灯
        LCALL  DELAY                ;点亮一个灯后,间隔延时 250ms
        INC DPTR                    ;表地址加"1",指向表的下一个数据项
        SJMP LOOP                   ;不断循环
DELAY:MOV R1 ,# 0FAH                ;延时 250ms 子程序,子程序名:DELAY
  LP:MOV R2,# 7DH                   ;使用工作寄存器计数,通过循环执行程序延时
  LP1:NOP
      NOP
      DJNZ R2 , LP1
      DJNZ R1 , LP
      RET                           ;子程序返回
  TAB: DB 0FEH,0FCH,0F8H,0F0H,0E0H,0C0H,80H,00H   ;按工作步骤顺序存放的数据表
      END                          ;汇编结束伪指令
```

这是一个用汇编语言编写的查表程序，数据表定义在程序存储器中以符号 TAB 命名的地址单元，程序从表中获得数据并传送到 P1 口输出从而点亮灯，然后延时 250ms，再查表传送下一个数据至 P1 口输出，点亮下一个灯，不断地循环。

1.4.3　程序的编译、仿真和调试

单片机还不能识别和执行上述程序，因此必须使用编译软件把汇编程序翻译成单片机可以执行的目标代码文件。在使用 PROTEUS 软件对 51 系列单片机系统进行仿真开发时，编译调试环境可选用 Keil μVision4 软件。该软件支持众多不同公司 MCS-51 架构的芯片，集编辑、编译和程序仿真等功能于一体，同时它还支持 PLM、汇编语言和 C 语言的程序设计，界面友好易学，在调试程序、软件仿真方面具有很强大的功能。

1.5　Keil μVision4　软 件

1. 启动 μVision 4

单击桌面上的 Keil μVision4 图标，出现如图 1-33 所示的启动画面后，将会进入 Keil μVision4 的主界面，如图 1-34 所示。

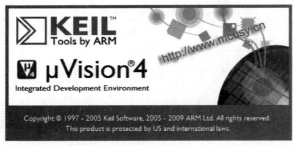

图 1-33　Keil μVision4 启动画面

2. 建立一个新的工程

首先我们要养成一个习惯：在创建新的工程前最好先建立一个空文件夹，把工程文件放到文件夹中，以避免和其他文件混合，这里我们先创建了一个名为 Mytest 的文件夹，如图 1-34 所示。

单片机程序的开发是从创建一个新的工程开始的，在 Keil μVision4 软件主窗口中执行"Project"｜"New μVision Project"命令，如图 1-35 所示。

图 1-34　创建一个命名为 Mytest 的文件夹

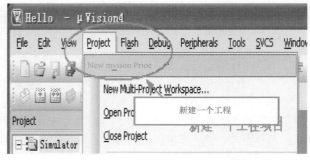

图 1-35　Keil μVision4 的主界面

此时会弹出"Create New Project"对话框，在弹出的对话框中选择我们刚建立的文件夹"Mytest"，建立的工程文件将集中保存在该文件夹中，为新建工程取文件名"test"，文件扩展名采用默认方式，单击"保存"按钮，一个新的名为 tset 的工程就建立好了，如图

1-36 所示。但这个工程是一个空壳，工程中既没有硬件也没有软件。接下来我们要丰富这个工程，为工程配置单片机，并为单片机编写程序。

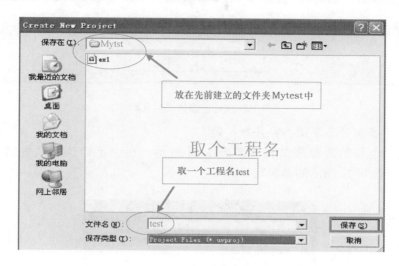

图1-36　新建一个工程"tset"并保存

这时只要单击"保存"按钮，就会弹出一个对话框，如图 1-37 所示。供用户选择工程中所使用的 CPU 类型，这里，我们选择 Atmel 公司的 AT89C51 单片机，在对话框中找到并选中"Atmel"下的"AT89C51"，然后单击"OK"按钮，确认所选择的单片机。

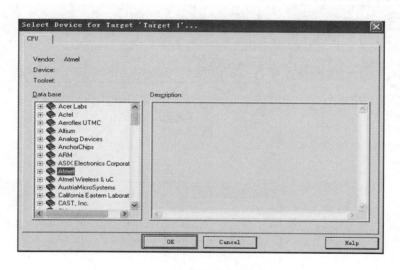

图1-37　选择 CPU 类型

CPU 确定后，会弹出一个对话框来询问用户是否要把标准 8051 的启动代码添加到工程文件中，如图 1-38 所示。对于汇编语言程序，选"否"；对于 C 语言程序，一般选"否"；如果用某些增强功能需要初始化配置时，应选"是"。至此，一个名为 test，使用 AT89C51 单片机的 Keil C51 工程便建立成功了，但这个工程中没有为单片机编写任何程序。接下来我们要继续丰富这个工程。

图 1-38　是否添加启动代码

3. 建立一个新的源程序文件，并加入到工程中

（1）建立一个新的源程序文件。如图 1-39 所示，在主窗口执行软件命令"File" |
"New"，进入如图 1-40 所示的编辑窗口。

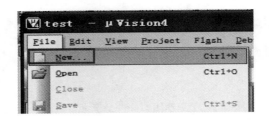

图 1-39　新建一个源文件

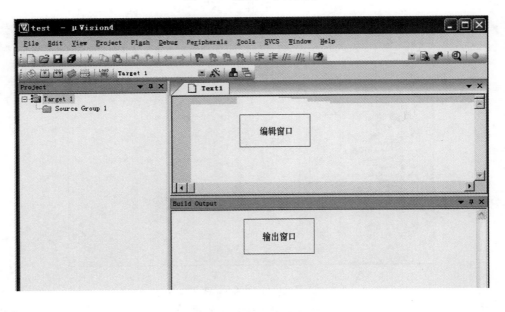

图 1-40　源程序编辑窗口

在编辑窗口键入程序，我们可以编写一个 C 语言源程序或者编写一个汇编语言源程序，也
可复制一个完整的 C 语言源程序或汇编语言源程序，并为程序命名后保存到"Mytest"文件
夹。这里要注意扩展名，C 语言源程序，取名为 test.c，汇编语言程序取名为 test.asm。源
程序文件以文本文件形式存入"Mytest"文件夹。一个汇编语言源程序如图 1-41 所示。

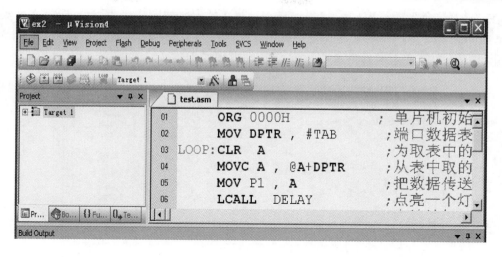

图 1-41　一个汇编语言源程序的编辑

（2）添加源程序到工程中。现在，源程序文件"test. asm"已经建立，但此文件与刚建立的工程并没有内在联系，因此需要把它添加到工程中去。单击 μVision4 软件左边的项目工作窗口"Target 1"上的"＋"，将其展开。然后右击"Source Group 1"文件夹，弹出如图 1-42 所示的下拉菜单。然后单击"Add Files to Group 'Source Group 1'"，将会弹出"选择文件"对话框。

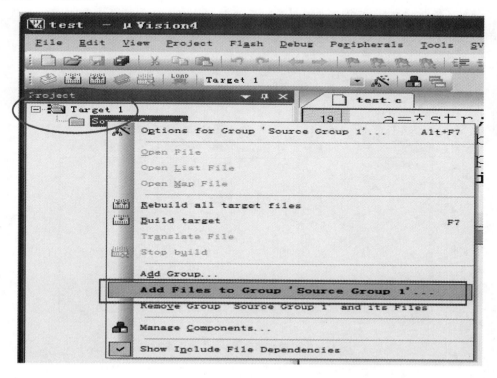

图 1-42　为工程 test 添加源程序

跟我学单片机

在"选择文件"对话框中先找到"Mytset"文件夹，如图 1-43 所示。选择文件类型为 "Asm Source file（*.asm）"，对话框中将出现刚保存的文件"test.asm"，选中"test.asm"，再单击"Add"按钮，最后单击"Close"按钮退出添加。

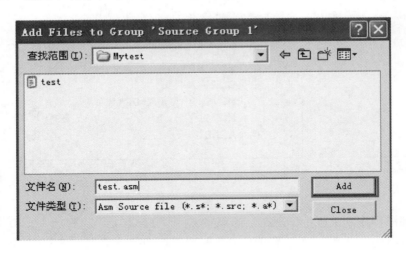

图 1-43　选择并添加 test.asm 源程序

这时，源文件"test.asm"已经出现在项目窗口的"Source Group 1"文件夹内，单击左边的"＋"展开后，然后单击文件名"test.asm"，编辑窗口会出现"tset.asm"源程序文件，这是一个汇编语言源程序，程序中的关键字、数据、注释等分别用不同的着色字体显示。用户既可以查看也可以修改这个源程序文件，如图 1-44 所示。

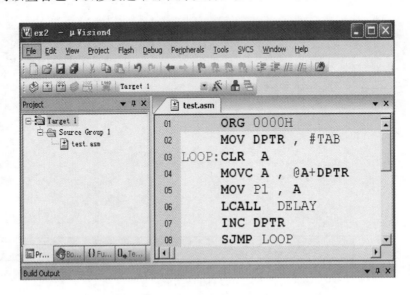

图 1-44　查看或修改"test.asm"源程序

现在，"ex2"这个工程再不是一个空壳了，它包含了我们所使用的单片机应用程序，但我们还不能进行调试并运行程序，我们还要进行一些工程上的详细设置，一般要设置单片机的晶振频率、存储器模式、仿真方式以及是否生成扩展名为.hex 的目标代码等。

4. 工程的详细设置

对新建工程进行进一步的设置，以满足单片机应用系统硬件配置的要求。在如图 1-45 所示的 Keil μVision4 主窗口中单击下拉菜单 "Project"，然后执行命令 "Project" | "Options for Target 'Target1'，也可以按快捷键 "Alt+F7" 来完成，还可以在左上边 "Project" 窗口的 "Target 1" 上单击鼠标右键来完成。

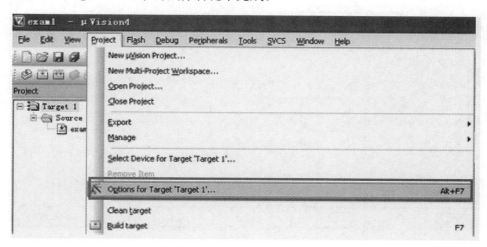

图 1-45   "Project" 下拉菜单选项

在进行完上面的操作后就会弹出对工程设置页面对话框，如图 1-46 所示。这个对话框中共有 8 个页面，绝大部分设置项取默认值就可以了。这里介绍几个常用的设置。

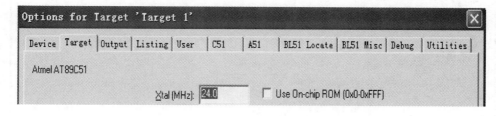

图 1-46   工程设置页面对话框

"Target" 页面的设置。如图 1-46 所示，"Xtal" 后面的数值是晶振频率值，默认值是所选目标 CPU 的最高可用频率值，对于我们所选的 AT89C51 而言，默认晶振频率值是 24Mz，该数值与最终产生的目标代码无关，它仅用于软件模拟调试时显示程序执行的时间。正确设置该数值可以使显示时间与实际所用时间一致，一般将其设置成与硬件所用的晶振频率相同的数值，如果没必要了解程序执行的时间，也可以不进行设置，这里将其设置为 12.0MHz，如图 1-47 所示。

"Output" 页面设置如图 1-48 所示。这里面也有多个选择项，其中 "Create HEX File" 选项用于生成可执行代码文件（可以用编程器写入单片机芯片的 HEX 格式文件，文件的扩展名为 .hex），默认情况下该项未被选中，如果要生成 PROTEUS 仿真目标代码，就必须选中该项，这一点是初学者容易疏忽的，在此特别提醒注意。其他设置项取默认值。

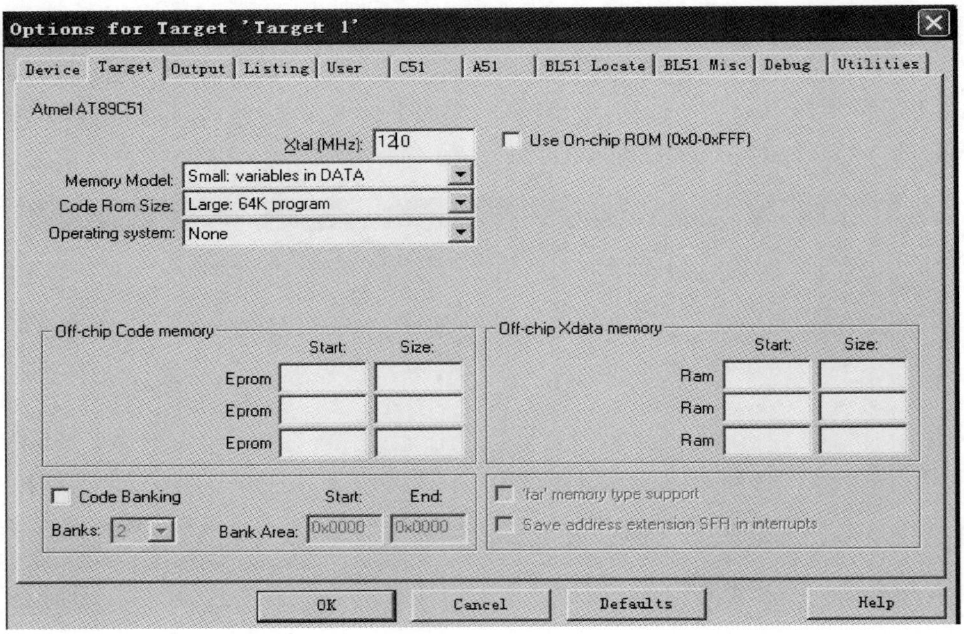

图 1-47   "Target"页面的设置对话框

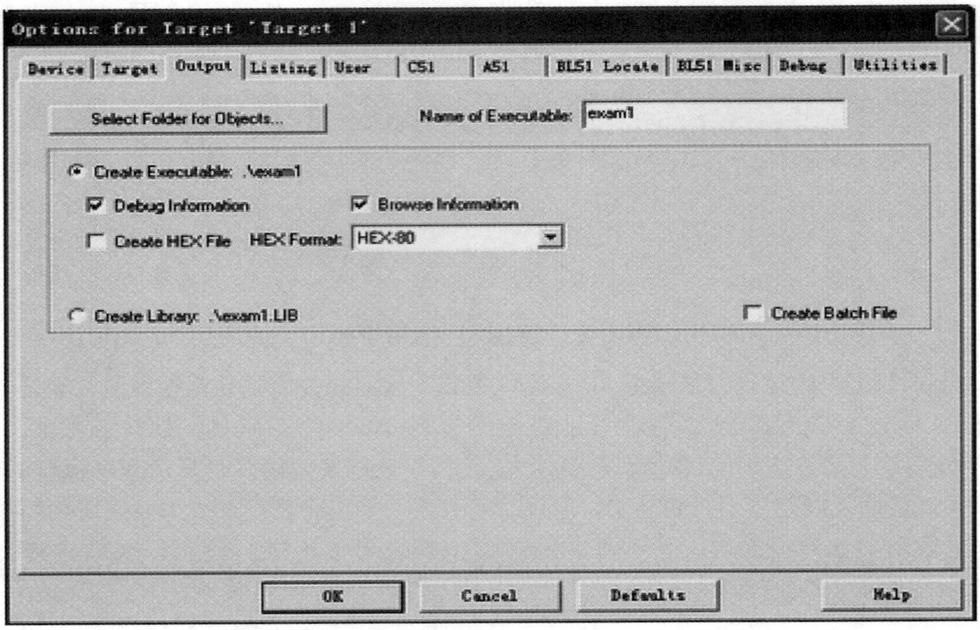

图 1-48   "Output"页面设置对话框

5. 编译、链接、生成目标文件

单击 Keil μVision4 工具栏的 ▦ 按钮，如图 1-49 所示。编译当前源程序并与其他库文件进行链接生成目标代码。编译的结果会显示在输出窗口内。如果显示信息是 "0 Error (s)，0 Warning（s）．"，就表示程序在语法上没有问题；如果存在错误或警告，在输出窗口会指出错误在第几行以及出错的原因，用鼠标双击输出窗口的错误信息，则在编辑窗口会有一绿色箭头帮助用户定位和指向错误的程序行。程序中可能有多处错误，要耐心细致地一一定位和排除这些错误。程序中有任何错误都无法完成程序的编译，这里我们可能要进行多次修改，反复重新编译，直到输出窗口出现"0 Error（s），0 Warning（s）．"的显示信息为止。

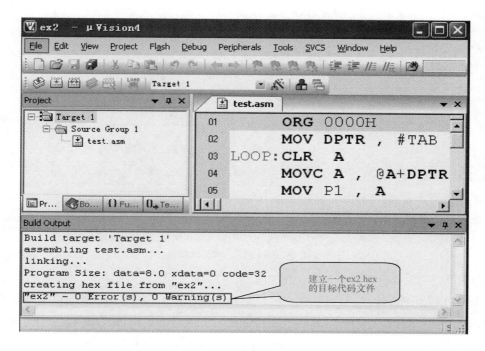

图 1-49　编译输出窗口

6．Keil 的仿真调试

单击工具栏的🔍按钮，进入仿真状态。仿真是为了检测程序运行是否符合预想的结果。进入调试状态后，界面与编辑状态相比会有明显的变化，"Debug"菜单项中原来不能使用的命令现在已可以使用了，工具栏中会多出一个用于运行和调试的工具条，"Debug"菜单上的大部分命令可以在此找到对应的快捷按钮，工具条中的按钮从左到右依次是复位、运行、暂停、单步、单步进入（进行子程序内部单步运行）、单步跳过（不单步进入子程序内部，把执行子程序当一个执行步完成）、运行到当前光标行、下一状态、打开跟踪、观察跟踪、反汇编窗口、观察窗口、代码作用范围分析、1♯串行窗口、内存窗口、性能分析、工具按钮等，如图 1-50 所示。

图 1-50　工具条

仿真状态的界面划分为多个窗口。除了源程序窗口固定位置外，其他窗口可以任意放在不同位置，如图 1-51 所示。

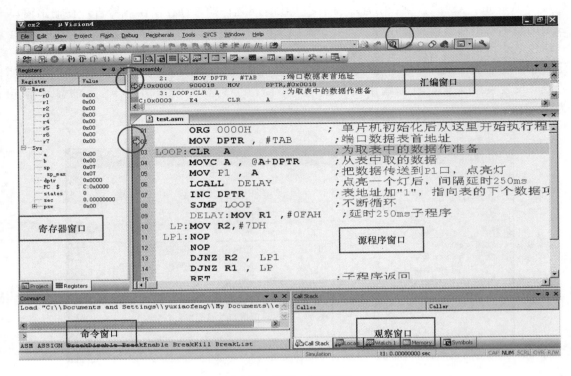

图 1-51　仿真、调试界面

7. PROTEUS 中软硬件协同调试的交互仿真

在 PROTEUS 电路的编辑窗口双击单片机，弹出如图 1-52 所示的属性对话框，在 Program File 一栏中，找到我们所生成的工程目标代码文件（ex2. hex），单击"打开"按钮，于是我们为单片机配置了相应的目标代码文件，然后单击 PROTEUS 主窗口下方的仿真按钮　就可以对电路进行交互仿真，并观察到电路运行的实际结果。

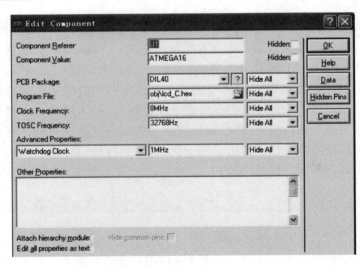

图 1-52　在 PROTEUS 中为单片机加载目标代码文件

1.6　单片机应用产品的 PROTEUS 开发步骤

（1）在 PROTEUS 平台上进行单片机系统电路设计、选择元器件、接插件、连接电路和电气检测等操作（简称 PROTEUS 电路设计）。

（2）在 Keil μVision4 平台上进行单片机系统源程序的设计、编辑、汇编、编译、调试等操作，最后生成目标代码文件（∗.hex）（简称 PROTEUS 软件设计）。

（3）在 PROTEUS 平台上将目标代码文件加载到单片机系统中，并实现单片机系统的实时交互、协同仿真（简称 PROTEUS 仿真）。

（4）仿真正确后，制作、安装实际的单片机系统电路，并将目标代码文件（∗.hex）下载到实际的单片机中运行、调试。若出现问题，可以和 PROTEUS 设计与仿真相互配合调试，直至运行成功为止（简称实际产品安装、运行与调试）。

用软件仿真开发工具 PROTEUS 模拟器调试仿真软件时，不需任何硬件在线仿真器，也不需要用户硬件样机，直接就可以在 PC 机上开发和调试单片机软件并能观察到实时运行的效果。经由 PROTEUS 调试完毕的软件可以将机器代码固化，一般能直接投入运行。所以本书利用 PROTEUS 模拟器调试仿真软件来设计和调试单片机应用系统，边玩边学单片机。

1.7　主流单片机简介

单片机种类繁多，不同厂家都有自己的多个品种、多个系列的单片机，国内应用比较广泛的单片机有：51 系列、PIC 系列、AVR 系列、ARM 系列等。

1. 51 系列

应用最广泛的 8 位单片机首推 Intel 的 51 系列，由于其产品硬件结构合理，指令系统规范，加之生产历史"悠久"，有先入为主的优势。世界有许多著名的芯片公司都购买了 51 芯片的核心专利技术，并在其基础上进行性能上的扩充，使得芯片功能得到了进一步的完善，形成了一个庞大的体系，直到现在仍在不断翻新，把单片机世界炒得沸沸扬扬。该系列使用较多的有国内的宏晶公司的 STC51 系列，美国的 Atmel 公司的 AT51 系列，Silicon Labs 公司 C8051F 系列等产品。

2. PIC 系列

PIC 单片机系列是美国微芯公司（Microship）的产品，是当前市场份额增长最快的单片机系列之一，这个家族的单片机在汽车电子、以太网、家电、机电一体化、USB、仪器仪表等产品中有着非常广泛的应用。PIC 系列单片机共分为三个级别，即基本级、中级和高级。其中又以 PIC16F 和 PIC18F 系列用得最多。

3. AVR 系列

AVR 单片机是 Atmel 公司推出的较为新颖的单片机，是单片机设计及体系结构中的新生儿，其小封装、微功耗、运算速度快等特点成为 AVR 系列产品的一个亮点。目前 AVR 有 UC3、XMEGA、megaAVR、tinyAVR 等几大系列，过百种型号的单片机可供设计时选择。

4. ARM 系列

ARM 系列单片机是高性能单片机的代表，在消费类电子产品中得到了广泛的应用，如手机、Pad 等产品广泛使用 ARM 系列单片机。准确地来讲，ARM 是一种处理器的 IP 核，由英国 ARM 公司开发出处理器结构后向其他芯片厂商授权制造，芯片厂商可以根据自己的需要进行结构与功能的调整，因此实际使用的 ARM 处理器有很多种类，主要有三星、飞利浦、Atmel、意法半导体等公司制造的几大类，其功能与使用方法均不相同。目前国内较多的主要有意法半导体公司的 STM8 和 STM32 系列。

第2章

跟我学单片机基础知识

前面我们已经使用单片机设计了一个跑马灯，看到了单片机在程序指挥下的输出控制功能，也看到了程序中的一些符号。正如一个单位、一个部门、每个人都有一个符号名一样，单片机中的许多符号都有特定的含义，它们或者表示某个具有特定功能的实体，或者表示某种操作，这些符号组成了单片机的符号世界，符号所表示的实体构成了单片机的物理世界。单片机的各个实体协调配合就具备了对数据对象进行运算、存储、输入和输出等强大的功能。在进行单片机汇编语言编程时，我们经常用这些符号来表示实体以及对实体所执行的操作，并且把这些符号叫作助记符。那么，程序在哪里呢？单片机为什么能遵照程序运行呢？数据来源于哪里，在哪里运算又传送到哪里呢？要搞清楚这些问题，我们就要了解单片机的物理组成和单片机的指令系统，也就是硬件和软件这两大部分，可称之为单片机的物理世界和单片机的符号世界。

89C51 单片机在一块芯片中集成了 CPU、RAM、ROM、定时器/计数器、中断系统和多种功能的 I/O 口等部件，这些电子部件构成了单片机的物理世界。89C51 单片机的基本组成框图如图 2-1 所示。

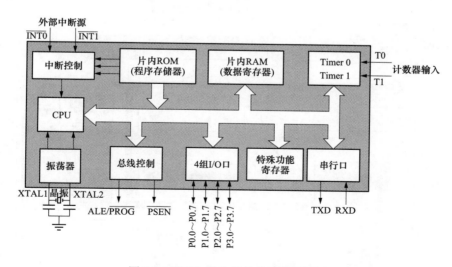

图 2-1　89C51 单片机的基本组成框图

（1）一个 8 位的 CPU：单片机的核心部分，相当于人的大脑，获取程序信息并遵照程序运行。

（2）一个片内振荡器及时钟电路：单片机的动力源，提供单片机工作所需的脉冲序列。

（3）4KB 的 ROM（程序存储器）：这是存放程序和常数表的地方。

（4）128B 的 RAM（数据存储器）：这是存放变量数据的地方。

（5）两个 16 位定时器/计数器：有了它我们就可以进行定时，也可以"数"数了。

（6）可寻址的 64KB 外部数据存储器和 64KB 外部程序存储器空间的总线控制逻辑：我们可以为单片机配置多达 64KB 的外部存储空间。

（7）配合各部件工作的特殊功能寄存器。

（8）4 组 I/O 口：每组 8 根 I/O 线，构成 4 个可编程的 8 位并行 I/O 端口；每个端口的每根口线又可以单独地进行编程操作，有 32 条独立可编程的 I/O 线；构成数据的输入/输出通道。

（9）一个可编程的全双工串行口：单片机数据传送的单行线，只能一位接一位地传送数据。

（10）具有 5 个中断源、两个优先级嵌套中断结构：不论单片机现在有多忙，这 5 个中断源都可以打断它正在进行的工作，请求它的服务，不过要注意，它也是有优先级的。

从组成框图可以看出，单片机的基本结构依旧是 CPU 加外围芯片的传统微型计算机结构模式。9 个功能部件通过片内单一总线的连接而构成了相互联系的整体，各部件通过总线传递数据。

图 2-2 中的虚线表示累加器 A 的数据通过总线传送到 P1 口输出的路径。单片机的学习其实就是围绕这个结构图展开，逐步揭示每个部分的功能和与程序有关的操作，从而利用单片机的结构所提供的功能去设计单片机系统。接下来，我们将基本结构框图展开成原理框图，如图 2-2 所示。下面我们一一介绍各个组成部分的功能、特点、符号表示和操作方式。

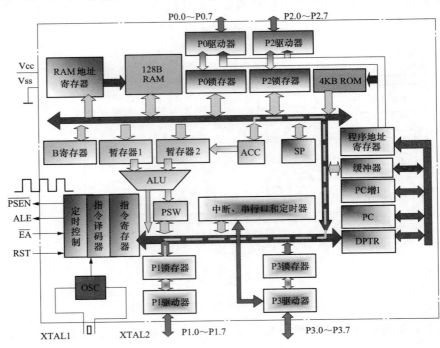

图 2-2　89C51 单片机的结构原理框图

2.1 89C51 的存储器结构

存储器是单片机保存指令信息和数据信息的地方。89C51 单片机的存储器不仅有 ROM（Read-Only Memory）和 RAM（Random Access Memory）之分，而且还有片内和片外之分，其容量各有不同。89C51 的片内存储器集成在芯片的内部，是单片机的一个组成部分；片外存储器是外接的专用存储芯片，外接存储器只有和单片机进行连接后才能成为单片机应用系统的组成部分。89C51 单片机片内存储器部分的结构如图 2-3 所示。由地址寄存器提供访问的地址单元，通过读写控制即可访问存储器。图 2-3 中 RAM 的地址为 20H，访问的地址单元中的数据是 40H。

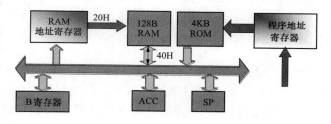

图 2-3　89C51 单片机片内存储器

2.1.1　什么是 ROM

ROM 是一种存储器类型，存储器中的信息不会因掉电而消失，因此它是一种非易失性存储器，主要用来存储固定的程序和不变的常量数据。这些程序和数据是通过特殊的方法（这种特殊方法我们称为 ROM 编程）固化进去的。因为在正常工作状态下，CPU 只能读取 ROM 中的程序和数据，而不能向 ROM 中写入数据，所以 ROM 也称为只读存储器。

2.1.2　什么是 RAM

RAM 又称为随机存储器，是一种易失性存储器，其特点是在使用过程中，信息可以随机写入或读出，使用灵活，但信息不能永久保存，一旦掉电，信息就会自动丢失，在单片机中它用于存放正在运行的程序的数据。正常工作时，数据读出后原数据不变，新数据写入后原数据被新数据替代。因此 RAM 用来存储 CPU 运算过程中产生的实时数据、中间结果等，作为程序运行时的数据变量单元。

2.1.3　存储器的工作原理

存储器的核心部分是存储体（信息存储的载体），存储体以二进制数据位（bit）为基本存储单位。由于二进制数据和十六进制数据之间转换非常方便，即 4 位二进制数据对应一位十六进制数据，8 位二进制数据对应地表示两位 16 进制数据，所以常把 8 个二进制位组成一个存储单元（Byte）用于存储 8 位二进制数据或两位十六进制数据。每一个存储单元都有一个地址（正如每一个房间都有一个房间号），通过这些地址我们可以访问这些存储单元。虽然每个位仅存储一位二进制数据，但不同位的数据的权值是不同的。如图 2-4 所示，0001 号地址单元中的二进制数据 11001010 所表示的数值是

$$1×2^7+1×2^6+0×2^5+0×2^4+1×2^3+0×2^2+1×2^1+0×2^0$$

图中的 B0～B7 表示 2^0～2^7 幂位。

一个存储体存储单元的多少反映了存储器存储容量的大小。由于计算机中采用二进制计数体制，存储器的容量也采用 2 的整数次幂的形式来表示。2^8b＝256b 表示 256 个二进制位；2^8B＝256B 表示 256 个存储单元；2^{10}B＝1024B 通常称为 1KB。另外，我们还用 MB、

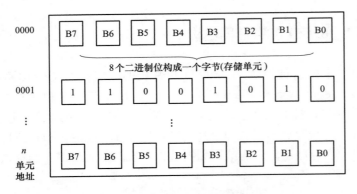

图 2-4　若干个存储单元构成存储体

GB、TB 来表示存储容量的大小，它们之间的关系是：1MB＝2^{10}KB；1GB＝2^{10}MB；1TB＝2^{10}GB。

　　把存储体封装起来，配上地址线、数据线和控制线就构成了存储器。如图 2-5 所示，图中有 16 根地址线 A15～A0，这也说明了存储器容量的大小，如果每根地址线传送的地址都是 0，则地址就是 0000H，对应着最低地

址——0 号地址单元；如果每根地址线传送的地址都是 1，则地址就是 FFFFH，对应着最高地址——FFFFH 号地址单元；从地址的范围我们得出，这个存储器有 2^{16}B 个地址单元（即 64KB 的存储容量）。单片机要对存储器的某个单元进行访问时，先要通过地址线向存储器传送地址信息，存储器的译码电路相当于一个地址指示器指向地址单元，数据缓冲器相当于两扇控制数据进出的门。"读"控制信号有效时，打开数据输出的门，数据从存储器指定单元"读"出，通过门传送到数据线 D7～D0 上；"写"控制信号有效时，打开数据输入的门，数据线 D7～D0 上的数据通过门存到指定的存储单元（正常工作时 ROM 存储器不能进行写操作）。由于一个存储单元对应 8 个二进制位，所以数据线也是 8 位的宽度，即 8 根线。单片机的片内存储器也就是根据这种组成原理工作的，从组成上看它们都含有地址寄存器和存储体，都挂接在总线上，如图 2-2 所示。只是 ROM 只有读控制信号，数据总线是单向输出的。

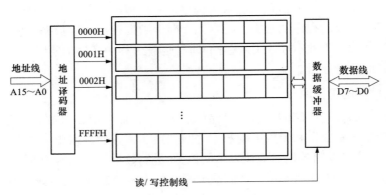

图 2-5　存储器结构与接口界面

2.1.4　89C51 存储器的配置与使用

1. 程序存储器的配置与使用

89C51 单片机片内部集成了 4KB 的程序存储器 ROM，地址范围为 0000H～0FFFH。向程序存储器写入地址信息就可以访问存储体中的任何一个单元，还可以通过外接专用的存储器芯片扩展存储器的容量。可扩展的 60KB 容量连同片内的 4KB 容量一起构成了 64KB 的单片机程序存储器空间。当然，我们也可以不使用片内存储器，而全部使用片外扩展 64KB

的程序存储器空间。因此，程序存储器有三种配置方式，如图2-6、图2-7和图2-8所示。程序存储器空间可以使用MOVC指令进行访问。

如图2-6和图2-7所示是单片机的最大程序存储器配置图，程序存储器总的容量可达64KB；图2-8所示是单片机最小程序存储器配置图，单片机仅使用了片内程序存储器（不在片外扩展程序存储器）。事实上，如图2-7所示的配置方式是为了兼容早期的80C31单片机，由于这款单片机片内没有程序存储器，因此只能外接片外程序存储器。对于一个具体的应用系统，单片机配置多少程序存储器空间要根据程序的规模来确定。最小程序存储器系统是最经济的系统，而且还有一些存储容量更大的51系列单片机芯片可供选型，AT89C52的片内含有8KB的ROM。STC89C58片内程序存储器的容量高达32KB。

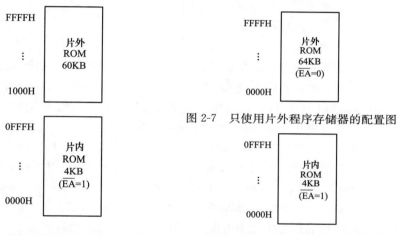

图2-6　片内片外程序存储器配置图　　图2-7　只使用片外程序存储器的配置图

图2-8　只使用片内程序存储器的配置图

单片机在实际应用中，存储器怎么配置取决于对存储器容量的要求。为了实现这三种配置，我们要用到单片机的一个引脚$\overline{EA}$（31号引脚），若$\overline{EA}=1$（把$\overline{EA}$引脚接到电源上），则单片机从片内程序存储器开始访问，当地址超过0FFFH时自动转向外部程序存储器访问；若$\overline{EA}=0$（把$\overline{EA}$引脚接到地线上），则单片机只访问片外程序存储器，此时片内程序存储器空间不能使用。所以我们称$\overline{EA}$引脚为外部程序存储器使能控制引脚。使用ROM编程模式，我们可以把单片机的目标代码程序（.hex）文件，顺序地存储在程序存储器中，这样单片机可以逐条取出指令并遵照指令执行。所以程序存储器不论是片内地址还是片外地址都是连续的地址，这就是为什么片内和片外程序存储器要统一连续编址的原因。

这些地址单元有什么不同吗？答案是肯定的。我们知道，任何应用程序都是从第一条指令开始执行，直到执行完毕。那么单片机启动后从哪里开始执行第一条指令呢？也就是说第一条指令存放到程序存储器的哪个地址单元了呢？单片机有5个中断源向单片机申请中断服务，那么，单片机去哪里执行为它们服务的程序呢？这就要用到单片机程序存储器特殊地址空间的概念。89C51单片机程序存储空间的这些特殊单元见表2-1。

表 2-1　　　　　　　　　　　　　　　程序存储空间的特殊单元

地　址　单　元	特　殊　用　途
0000H	系统启动地址，程序总是从程序存储器的 0000H 单元开始执行
0003H	外部 $\overline{INT0}$ 中断源服务程序的入口地址
000BH	定时器/计数器 0 溢出中断服务程序的入口地址
0013H	外部 $\overline{INT1}$ 中断源服务程序的入口地址
001BH	定时器/计数器 1 溢出服务程序的入口地址
0023H	串行口中断源服务程序的入口地址

　　程序存储器的特殊地址空间说明了每个中断源在请求单片机的 CPU 服务时，都有固定的服务入口地址，正如我们自己响应外部中断事件一样。如果我们在家看书的时候，有人敲门，而我们去开窗户，那就是跑错地方了。

　　2. 数据存储器的配置与使用

　　数据是程序加工的对象，不论是原始数据还是结果数据，都要求能够灵活组织，存储便捷，存储容量也能灵活地扩展配置资源。89C51 单片机的片内集成了 128 个单元的数据存储器 RAM，地址范围为 00H～7FH。同样我们可以通过外接专用的 RAM 存储器芯片来扩充存储器的容量，最多可以扩充 64KB，地址范围为 0000H～FFFFH。最终可以构成 64KB＋128B 的单片机数据存储器空间。RAM 存储器为片内 8 位编址，片外 16 位编址，与程序存储器不同的是，它的片内片外是分别编址的。89C52 片内集成的数据存储器比 89C51 多了 128B，外部也和 89C51 一样，最多可以扩充 64KB 的 RAM 空间。

　　位于单片机内部的片内数据存储器的访问速度快，单片机赋予了这部分存储器更多的功能，并从方便程序运行的角度把片内 RAM 划分为三个部分：用户开放区、位寻址区和工作寄存器区。89C51 单片机片内 RAM 的配置如图 2-9 所示。

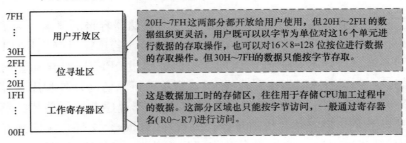

图 2-9　89C51 片内 RAM 功能配置图

　　对照产品的生产过程，我们可以很好地理解这三个区域。生产过程是把原料加工成成品的过程，原料相当于原始数据，成品相当于结果数据，加工就是对数据的处理。我们从原料区"取"原料送到加工区加工，将加工的成品"存"放到成品区。我们可以一次只取一个原料来加工（位寻址），也可以一次取一批原料来加工（字节寻址，单片机中是 8 位一批），原料区和成品区都是用户开放区，加工区是工作寄存器区，如图 2-10 所示。

　　通过与产品加工过程的类比，我们可以这样理解：单片机把从外围设备输入的原始数据保存在用户开放区等候单片机的 CPU 处理，加工后的结果数据也保存在用户开放区等候输出给外围设备。CPU 加工过程的中间结果数据一般保存在工作寄存器中，工作寄存器的使用频率要比用户开放区高得多。

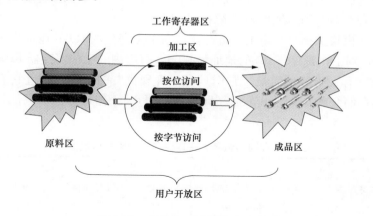

图 2-10 产品加工过程类比对照图

89C52 单片机新增加的 128 个单元的 RAM 区的地址范围为 80H～FFH，如图 2-11 所示。这相当于在 89C51 的基础上还增加了"数据存取仓库"，数据从"仓库"流出或流入只能通过管理员（单片机中的管理员指的是工作寄存器 R0 和 R1）间接实现，也就是说这一部分地址空间中的数据不能直接按地址存取，只能通过间接寻址方式实现。

【例 2-1】 我们把片内 RAM 60H 单元的数据送至 P1 口输出的指令：MOV P1，60H，是直接按地址 60H 访问的，但我们在访问 80H～FFH 空间的数据时只能先把地址告诉管理员才能进行访问，例如：

```
MOV  R0 ,# 89H       ;先把地址告诉管理员,也就是把地址传送给工作寄存器 R0。
MOV  P1,  @ R0       ;再通过管理员把数据传送到 P1 口输出。
```

（1）工作寄存器区的组织和管理。工作寄存器区的地址范围为 00H～1FH，共计 32 个单元，这 32 个单元均匀地分为四块（常称为四个组），每一组有 8 个工作寄存器，命名为 R0～R7，也就是说四组工作寄存器的组成和命名是相同的，它们都有"组长"（R0）、"副组长"（R1）和"组员"（R2～R7），其长度都是一个字节；每个成员都有一个编号

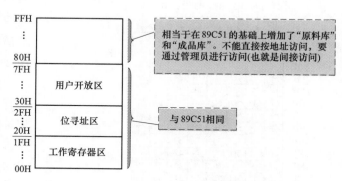

图 2-11 89C52 片内 RAM 功能配置图

（地址），这个编号是互不相同的（物理单元不相同），是可以区别的。在日常的生活和工作中，我们经常进行分组管理，责任明确，互不干扰。例如，我们将"研发部"分为四个组，每个组负责一个项目，组内的工作由组内成员分工合作完成。当然，一个项目交给哪个组是可以选择的，与之对应的就是工作寄存器组的选择问题（这个任务要交给 CPU 去完成，因此在 CPU 部分再作介绍）。具体到单片机的某个应用系统，一个应用程序往往由多个程序模块组成。采用分组管理方式，我们可以为各程序模块配备各自的工作寄存器组，以避免冲

突。单片机中的这四个工作寄存器组分别称为第0组、第1组、第2组、第3组。4组工作寄存器的组名、寄存器名和地址见表2-2。

如果某个程序模块选择第2组工作寄存器，则工作寄存器R0的地址为10H，若选择第0组工作寄存器，则工作寄存器R0的地址为00H。每组中的工作寄存器R0和R1作为"组长"和"副组长"有别于其他组员，它们具有"管理员"的功能，通过它们可以间接访问89C52的"数据存储仓库"（地址范围为80H～FFH）。工作寄存器区只能按字节操作，不能按位操作。

表2-2 　　　　　　　　　**工作寄存器的组名、寄存器名和地址号对照表**

第0组		第1组		第2组		第3组	
地址	工作寄存器	地址	工作寄存器	地址	工作寄存器	地址	工作寄存器
00H	R0	08H	R0	10H	R0	18H	R0
01H	R1	09H	R1	11H	R1	19H	R1
02H	R2	0AH	R2	12H	R2	1AH	R2
03H	R3	0BH	R3	13H	R3	1BH	R3
04H	R4	0CH	R4	14H	R4	1CH	R4
05H	R5	0DH	R5	15H	R5	1DH	R5
06H	R6	0EH	R6	16H	R6	1EH	R6
07H	R7	0FH	R7	17H	R7	1FH	R7

（2）位寻址区的分布及访问。位寻址区的地址范围为20H～2FH，共计16个单元，是片内RAM区中最开放的区域，不但每个字节单元都开放给用户使用，而且每个字节中的8个位也全部对用户开放，用户既可以按字节地址访问某个单元，也可以按位地址访问某个位。位地址区的地址映射如图2-12所示。

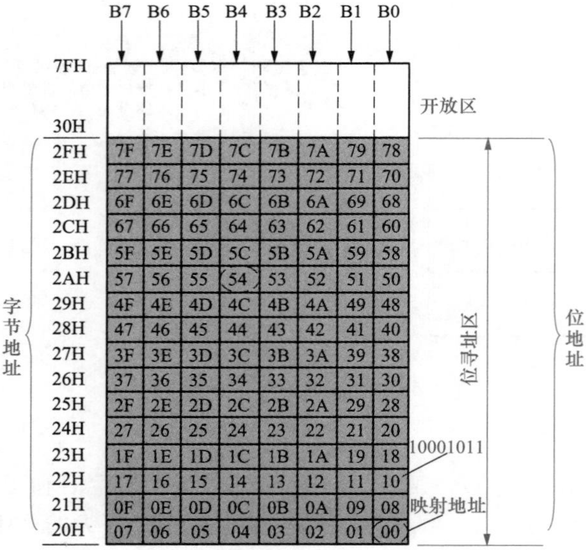

图2-12　位寻址区地址映射图

从图2-12中可以看出，每个单元都有8个位，每个位有一个位地址，位地址空间的编号为00H～7FH（128个位）。每一个位既从属于某个字节地址单元又有自己的位地址，如位地址00H也是字节地址20H的最低位。位操作只针对某个位进行，但字节操作针对的是整个字节地址单元。例如，执行字节操作指令"MOV 22H，♯10001011"时，22H单元8个位的数据将全部更新；如执行置位操作指令"SETB 10H"时，只有22H单元的最低位（位地址为10H）设置为1，22H中的其他位（位地址11H～17H）都不会改变。要根据具体的物理位记忆这些位地址是很困难的，因此指令中采用助记符号"字节地址．位序号"来表示，如位地址 10H 可写成 22H.0。

（3）用户开放区。用户开放区的地址范围为 30H～7FH，只能按字节访问，开放给用户使用，由用户自行组织和存储数据。用户既可以在这里建立一个用户数据表也可以建立一个数据堆栈。它经常作为输入/输出设备的数据缓冲区。

值得说明的是：片内 RAM 三个区的划分是为了方便用户使用，在实际应用中如果不需要进行位寻址，位寻址区可以全部或部分用于用户开放区。同样，工作寄存器区除第 0 组必须保留外，其他组也可以作为用户开放区使用。也就是说片内 RAM 开放给用户使用的最大区域为 08H～7FH。

2.2 专用功能（特殊功能）寄存器区

专用功能寄存器区位于单片机芯片的内部，地址为 80H～0FFH，这是一个专属于某一功能部件的特殊存储区域，具有专属性和特殊性，在程序运行过程中它专门配合某一部件实现特殊的功能。其地址空间虽然与 89C52 "数据仓库" RAM 区的地址空间相同，但由于访问方式不同，因此不会发生冲突。专用功能寄存器区直接按地址访问，而 89C52 的 "数据仓库" 需要通过 "管理员" 间接访问。89C51 单片机定义了 21 个专用功能寄存器，如图 2-2 中的累加器 A、辅助累加器 B、程序状态字寄存器 PSW、端口寄存器 P0～P3、堆栈指针寄存器 SP、数据地址指针 DPTR 等。AT89C51 单片机有多个内部功能模块，如中断控制、Timer0/1、串行口等，它们都由位于模块内部的特殊功能寄存器管理和控制。每个特殊功能寄存器的长度都是 1 个字节，对它们的详细介绍将在随后的章节中进行。特殊功能寄存器的分布如图 2-13 所示。从分布图可以看出：这 128 个单元还有大部分空间没有定义，是不能使用的。

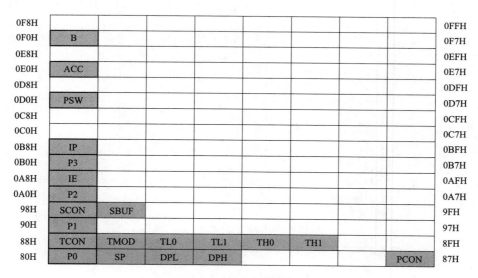

图 2-13 特殊功能寄存器分布图

2.2.1 特殊功能寄存器的字节操作

操作特殊功能寄存器的过程，实际就是控制单片机，使其充分发挥自身功能的过程。要记下这些特殊功能寄存器的地址是很困难的,所以在指令中一般用特殊功能寄存器的符号名来表示其他址。

【例 2-2】 指令 "MOV P1,♯00H" 把立即数 00H 从 P1 口输出。P1 属于特殊功能寄存器,它的地址为 90H。所以执行 "MOV P1,♯00H" 指令后,特殊功能寄存器区的(90H)=00H。

以上这种操作我们称为字节操作,因为在执行 "MOV P1,♯00H" 时,P1 就像一个符号,实际上立即数是送到 P1 对应的特殊功能寄存器地址空间上的,也就是送到 90H 地址单元的。从数据传送的角度来看,这和我们往片内数据存储器的某一个地址单元传送 1 个字节的数据的过程是一样的,但它却有特殊性,这种特殊性体现在数据传送到了 P1,也就是传送到了 P1 的端口,实现了 P1 端口的输出功能。

2.2.2 特殊功能寄存器的复位操作

特殊功能寄存器的字操作还有一种操作方式,称为复位操作方式。系统复位时单片机自动对所有特殊功能寄存器进行初始化配置(即赋予初始值),提供 CPU 启动后的初始界面。这里为了避免枯燥的记忆,暂不给出特殊功能寄存器复位操作后的初始值,在后面介绍每个特殊功能寄存器时,我们都会给出复位后的初值。

某些特殊功能寄存器还支持位操作方式,位操作只针对特殊功能寄存器中的某一位。比较常用的位操作指令有置 1 指令 "SETB" 和清零指令 "CLR"。

【例 2-3】 如图 2-14 所示为通过单片机的 P2 口驱动 8 个 LED 灯的位操作示意图。LED灯的阴极接端口引脚,阳极经上拉电阻接电源。

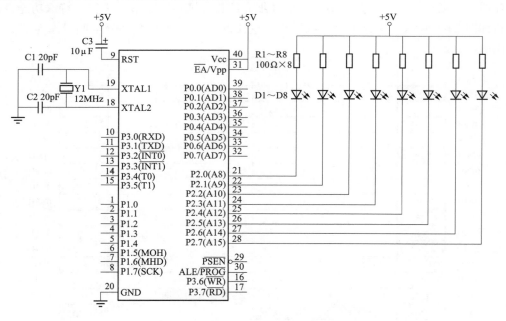

图 2-14 特殊功能寄存器位操作示意图

若使端口引脚上输出低电平信号,则 LED 灯正向导通点亮;若使引脚上输出高电平信号,则 LED 灯反向截止而熄灭。因此,执行指令 "CLR P2.0" 将 P2.0 清零。执行这条指令后,端口的 8 根引脚线中只有 P2.0 =0,与之相连的发光二极管点亮,而 P2.1~P2.7

仍然保持原来的状态。这个例子也说明端口的每根口线都可以按位独立操作。实现同样的功能时，我们也可以采用字节操作方式，如执行指令"MOV　P2，＃11111110B"。这是一条把8位二进制数据传送到P2口的指令，由于8位数据中只有最低位（P2.0）为0，其他位（P2.1～P2.7）都为1，同样会点亮与P2.0相连的发光二极管。

哪些特殊功能寄存器可以位寻址呢？图2-13中用粗线框标注出来了，这些特殊功能寄存器都有一个特点：地址能被8整除。例如，P1的地址是90H对应的十进制数据9×16（能被8整除）。可位寻址的特殊功能寄存器的每个位也都有一个位地址，而且其位地址＝寄存器的字节地址＋位号。特殊功能寄存器P1各位的位地址位符号见表2-3。

表 2-3　　　　　　　　　　特殊功能寄存器 P1 各位的位地址和位符号

寄存器	位符号名及位地址								字节地址
P1	P1.7	P1.6	P1.5	P1.4	P1.3	P1.2	P1.1	P1.0	90H
	97H	96H	95H	94H	93H	92H	91H	90H	

位符号名是位地址的一个记号，在指令中既它可以用位地址表示，也可以用位符号来表示，但用位符号表示更为直观，如图2-13的操作指令 CLR P2.0。

2.3　CPU 结构

CPU是单片机内部的核心部件，是单片机的指挥和控制中心。在程序运行过程中，CPU负责从存储器中取指令和执行指令。从组成上看，89C51内部CPU由运算器（ALU）、控制器和专用功能寄存器三部分电路构成，这些电路都在芯片内部，用户不能对电路作任何的修改和调整，所以我们关心的是它的功能和使用方法。

2.3.1　运算器

运算器由算术逻辑运算部件（ALU）和专用寄存器组成，ALU既可以进行加、减、乘、除四则运算，也可以进行与、或、非、异或等逻辑运算，它还具有数据传送、移位、判断程序转移等功能。由于89C51的CPU是8位的，因此参加运算的数据对象只能是字节类型的数据对象或位类型的数据对象。运算器执行哪种操作取决于控制器执行的是什么操作指令。

设想一下，我们对两个字节数据对象进行求和运算：10110011＋10011011，我们需要哪些资源才能获得结果呢？首先我们要记下（保存）这两个数据，然后通过加法运算电路进行求和运算，最后还要保存运算的结果。也就是说，我们不但要有运算部件还要有记忆部件。运算器的结构图如图2-15所示。

手工加法：　　　　10110011

　　　　　　＋　10011011

　　　　　1　01001110　；方框中的1是进位信息；结果（A）＝5EH。

图2-15中虚线框起来的部分为算术逻辑运算电路，它包含了两个暂存器，在运算过程中能自动保存参加运算的数据，所有运算操作都是由算术逻辑部件来执行的。ACC、B、PSW是三个专门配合运算器工作的专用功能寄存器，它们都是8位寄存器，是可以按位访问（位寻址）的寄存器，是程序运行过程中的结果寄存器。系统复位操作时，这三个寄存器

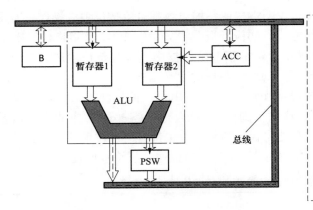

从框图上看，运算器的组成比较复杂，但所有运算都能按指令自动完成，因此我们不必从原理上去剖析其细节，我们关心的只是结果。例如，执行加法指令"ADD A, B"后，两数和的结果自动保存到了A，标志信息自动送给了PSW。框图中的带箭头虚线反映了执行加法指令时数据的传递路径

图 2-15　运算器结构图

全部清为"0"。这三个寄存器各自的功能介绍如下。

1. 累加器 ACC

它是一个 8 位的寄存器，数据的运算几乎都离不开累加器，它是单片机中工作最繁忙的寄存器，是四则运算的中间结果寄存器。累加器 ACC 在指令中常用符号名"A"表示。

2. 寄存器 B

它是一个 8 位的寄存器，通常称为辅助累加器。在执行乘/除法运算时，寄存器 B 配合累加器 A 保存乘/除法运算的结果，执行其他操作时，寄存器 B 可以作为一般的数据寄存器使用。

3. 程序状态字寄存器 PSW

它是一个 8 位的寄存器，用于保存程序运行中的相关特征状态信息，供程序查询和判断。这个寄存器 8 位中的每一位都有特定的含义，它不能作为数据寄存器使用。PSW 各位的定义见表 2-4。表中的位符号、位名都是位地址的符号表示。位符号表示该位所从属的特殊功能寄存器以及在特殊功能寄存器中所处的位序号，位名描述了该位的功能，是该位功能的英文缩写。表中每一列的三种表示形式所表示的都是同一个物理位。PSW 中的 8 个位描述了程序的三种特征状态信息。

表 2-4　　　　　　　　　　　PSW 各 位 的 定 义

位符号	PSW.7	PSW.6	PSW.5	PSW.4	PSW.3	PSW.2	PSW.1	PSW.0
位地址	D7H	D6H	D5H	D4H	D3H	D2H	D1H	D0H
位名	Cy	AC	F0	RS1	RS0	OV	F1	P

（1）程序运行过程中的状态标志。这些标志位在程序运行过程中自动更新。

1）Cy：进/借位标志位。字节加法运算时向更高位的进位或字节减法运算时向更高位的借位。有进位或借位时，由硬件将 Cy 位自动置位为"1"，否则自动清为"0"。

2）AC：半进位标志位（辅助进行标志位）。字节加法运算时，一个字节的低四位向高四位的进位。有进位时，由硬件将 AC 位自动置位为"1"，否则自动清为"0"。

3）OV：溢出标志位。带符号的数进行算术运算时，运算结果超过数据的表示范围即会产生溢出。运算过程发生溢出时，由硬件将 OV 位自动置位为"1"，否则自动清为"0"。

4）P：奇/偶标志位。该标志位专门用于检测累加器 A，若累加器 A 的 8 位数据中，"1"的个数为奇数，则由硬件将 P 标志位自动置位为"1"，否则自动清为"0"。

（2）F0、F1：用户标志位。这两个位与位地址空间的各位在使用上没有本质的差别，提供给用户在程序中使用。

（3）RS1、RS0：工作寄存器组选择控制位。这两个位属于管理控制位，单片机的 CPU 通过对这两个位的操作，在四组工作寄存器中为当前程序选择工作寄存器组。RS1、RS0 与寄存器组的对应关系见表 2-5。

表 2-5　　　　　　　　　　　RS1、RS0 与寄存器组的对应关系表

RS1、RS0	寄存器组	片内 RAM 地址	寄存器符号名
0　0	第 0 组	00H～07H	R0～R7
0　1	第 1 组	08H～0FH	R0～R7
1　0	第 2 组	10H～17H	R0～R7
1　1	第 3 组	18H～1FH	R0～R7

从表 2-5 中可以看出，RS1、RS0 取不同的值，就可以选择不同的工作寄存器组。CPU 使用置"1"指令"SETB"和清"0"指令"CLR"实现对 RS1、RS0 的操作。例如，执行"SETB　RS1"和"CLR　RS0"指令后，则 RS1＝1，RS0＝0，选择第 2 组寄存器为当前程序的工作寄存器。位名也是指令中的助记符号，和位符号一样代表位地址。由于系统上电复位后 PSW 被清零（PSW＝00H），因此，此时系统默认使用第 0 组工作寄存器。

CPU 对 PSW 中的 8 个位的操作是不同的，五类状态标志在程序运行时由硬件自动操作。用户标志供用户程序作位变量使用，寄存器管理标志由用户在程序中设置，为程序选择或切换当前的工作寄存器组。

2.3.2　控制器

单片机的所有操作都是在控制器的控制下实现的。控制器主要包括：取指部件、译码部件和定时控制电路。如图 2-16 所示的虚线框中的部分为控制器结构图。

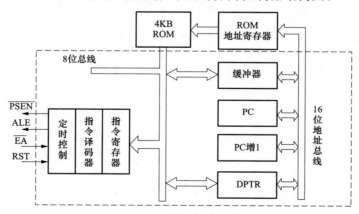

图 2-16　控制器结构图

取指部件从程序存储器中取出指令，并送往指令寄存器进行保存，然后供译码器进行译码识别。识别出指令后，定时控制逻辑按时序规定发出实现指令功能所需要的各种（内部和

外部）控制信号。一条指令执行完毕后，取指部件接着读取下一条指令，直到执行完程序中的所有指令为止。内部控制信号位于芯片的内部，不需要用户进行连接，也就是说芯片内部的操作会自动完成。我们关心的是：取指部件是如何形成指令的地址并自动从程序存储器中依次读取每条指令的呢？定时控制逻辑产生了哪些外部控制信号？这些信号的作用是什么？

1. 指令地址的形成与连续取指操作

实现取指的关键部件是程序地址计数器 PC（Program Counter）。PC 是一个 16 位的具有加"1"功能的寄存器，系统上电复位后 PC＝0000H（系统复位后的启动地址），系统从该地址开始执行指令。PC 通过 16 位的地址总线将启动地址 0000H 送至 ROM 地址寄存器，从程序存储器的 0000H 地址单元读取第一条指令，同时 PC 增 1 控制逻辑自动对 PC 进行增 1 操作。当 CPU 取指令时，PC 的值递增为 0001H，指向存放在程序存储器中的下一条指令的地址。对于顺序结构的程序，当前指令执行完毕后，CPU 重复上述操作，依次顺序执行程序；对于分支结构的程序，转移指令将转移的目的地址装载到 PC 中，并通过 16 位的地址总线送至程序地址寄存器，然后 PC 自动递增，从该目的地址单元开始顺序执行程序，从而保证了程序的连续运行。

2. 与外部关联的控制信号

与外部关联的控制信号也就是单片机引脚上的信号，它共有四路，其中两路输入信号 RST（9 号引脚）和 $\overline{\text{EA}}$（31 号引脚）前面已经使用过；两路输出信号 $\overline{\text{PSEN}}$（29 号引脚）和 ALE（30 号引脚）用于外接存储器，现在读者只作大概了解即可，具体应用在后续部分再作详细介绍。

2.4　4 个并行 I/O 口

89C51 具有 4 个双向的 8 位并行 I/O 端口（Port），四个端口的电路在结构上相似，如图 2-17 所示。它们都具有输出锁存器、输入缓冲器和驱动电路。输出锁存器是专门用于锁存输出数据的特殊功能寄存器，分别记作 P0、P1、P2、P3。

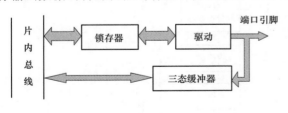

图 2-17　四个并行 I/O 口结构图

系统上电复位后，这四个锁存器全部初始化为 0FFH。仔细观察图 2-2 后会发现，四个端口虽然结构相似，但它们与片内总线的连接是不同的，这种不同导致了各端口在功能上有所差别。

P0 口是一个分时复用的 8 位并行 I/O 端口，字节地址为 80H，位地址范围为 80H～87H。

P1 口是一个单功能的 8 位并行 I/O 端口，字节地址为 90H，位地址范围为 90H～97H。

P2 口是一个双功能的 8 位并行 I/O 端口，字节地址为 A0H，位地址范围为 A0H～A7H。

P3 口是一个多功能的 8 位并行 I/O 端口，但每根引脚线引脚具有独立的第二功能，字节地址为 B0H，位地址范围为 B0H～B7H。

4 个 8 位并行 I/O 端口既可以用作 I/O 数据的接口，也可以用于第二功能。

2.4.1　作为 I/O 端口使用

四个端口作为 I/O 端口使用，与外围设备连接，作为外设的输入/输出通道时，既可以按字节输入/输出，也可以按位寻址，实现位控制功能，如图 2-14 所示。执行输出操作指令，如"MOV P1，A"时，片内累加器 A 中的数据通过片内总线送至端口锁存器锁存，然后经驱动电路驱动后输出到单片机的引脚上。锁存器的功能保证了引脚上的信息与锁存器的信息完全相同，所以在单片机的使用过程中，端口锁存器和引脚共用同一端口名。单片机驱动电路带负载的能力是有限的。例如，根据 AT89C51 单片机的技术手册说明，其 I/O 口的输出电流不能超过 15mA，当使用 I/O 口驱动电路去控制功率较大的外设，如蜂鸣器、电动机时，由于受驱动功率的限制必须要设计相关的功率接口电路。执行输入操作指令后，端口引脚上的信息经由三态缓冲器送至内部数据总线。

2.4.2　P0 口和 P2 口的第二功能

扩展外部存储器时，P0 和 P2 口不再作 I/O 口使用。在 64KB 总线控制器的管理下，P0 口作为数据总线和低 8 位地址总线的分时复用端口，P2 口作为高 8 位的地址总线端口。访问片外存储器时，先通过 P0 口输出低 8 位地址（A7～A0）信息并通过一个外部锁存器锁存后，P0 口将自动切换为双向数据端；P2 口是高 8 位地址（A15～A8）总线输出端口，16 位的外部存储器地址信息由 P0 口和 P2 口共同提供，如图 2-18 所示。16 位地址来源于程序地址寄存器，该地址信息既可以是由 PC 提供的也可以是由 DPTR 提供的，或者也可以是片内总线通过缓冲器送来的地址信息。DPTR 是用于操作片外存储器的数据地址指针，是一个16 位的寄存器，它可以提供 16 位的地址信息。DPTR 由特殊功能寄存器 DPL（构成 DPTR 的低 8 位）和 DPH（构成 DPTR 的高 8 位）组成。DPL 和 DPH 都是 8 位的特殊功能寄存器，其字节地址分别为 82H 和 83H，系统复位后初始化的值 00H。由于地址总线为 16 位，所以其直接寻址能力为 2^{16}B，即 64KB。

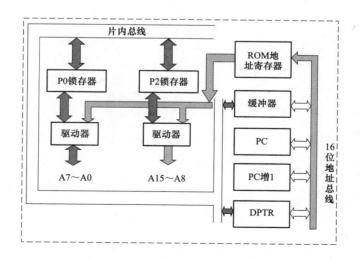

图 2-18　P0 和 P2 口用存储器扩展接口图

2.4.3　P3 口的第二功能

P3 口除了可以作 I/O 口使用外，由于其端口引脚与片内的三个功能模块相连接，因此每根引脚线都具有第二功能，如作为外部中断请求信号、定时器的计数输入信号以及串行口数据通信线等。另外，它还可以作为外部数据存储器的读/写控制信号。P3 口是实现 I/O 功能还是第二功能取决于程序所执行的指令，引脚上的信息既可以作为 I/O 数据信息操作也可以作为第二功能信息使用。P3 口的第二功能见表 2-6。P3 口的第二功能结构图如图 2-19 所示。

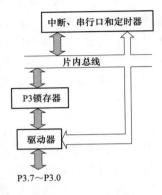

图 2-19　P3 口第二功能结构图

表 2-6　　　　　　　　　　P3 口第二功能表

P3 口引脚	第 二 功 能
P3.0	RXD（串行输入端）
P3.1	TXD（串行输出端）
P3.2	$\overline{INT0}$（外部中断 0 输入端）
P3.3	$\overline{INT1}$（外部中断 1 输入端）
P3.4	T0（定时计数 0 的外部输入端）
P3.5	T1（定时计数 1 的外部输入端）
P3.6	$\overline{WR}$（外部数据存储器"写"控制信号）
P3.7	$\overline{RD}$（外部数据存储器"读"控制信号）

跟我学单片机

第 3 章

跟我学 89C51 的指令系统

　　单片机必须执行程序才能完成人们指定的任务，单片机的所有操作都是执行程序的结果，而程序是单片机所能识别的一条条指令的集合。单片机的每条指令都有特定的功能和特定的操作对象，而且都具有特定的格式。单片机能直接识别的指令称为机器指令，它是用二进制数的编码来表示。这种指令不方便记忆，也不容易从指令中分辨出操作码和操作对象，更不便于理解。以英文名称或缩写形式作助记符，用助记符、符号地址、标号等表示书写的指令称为汇编语言指令。汇编语言指令与机器代码一一对应。用汇编语言指令书写的程序称为汇编语言源程序，我们可以使用 Keil μVision4 软件工具把汇编语言源程序转换成单片机能识别的目标代码后进行调试和运行。

3.1 89C51 指令系统概述

　　从形式上看，单片机的汇编语言源程序是由一些特定的符号构成的，所以在这里称之为单片机的符号世界。89C51 单片机指令系统中包含了 111 条指令，按功能划分，可将其分为以下五大类指令。

　　(1) 数据传送类指令。实现不同对象之间的数据传送，这类指令共有 29 条。

　　(2) 算术运算类指令。实现加、减、乘、除四则运算，以及加 1、减 1 等操作，这类指令共有 24 条。

　　(3) 逻辑运算类指令。实现逻辑上的与、或、非、异或及循环移位操作，这类指令共有 24 条。

　　(4) 控制转移类指令。包含条件转移和无条件转移，子程序调用与返回，中断返回等 17 条指令。

　　(5) 位操作类指令。位类型数据对象的逻辑运算及位测试等操作，这类指令共有 17 条。

　　虽然指令功能各异，但这些指令在格式上都包含了操作码和操作数两大部分，操作码是指令的功能编码，操作数据是指令操作的对象。当指令中包含多个操作数时，操作数之间用逗号隔开。紧邻操作码的操作数往往用于保存指令执行的结果，称为目的操作数，其右边的操作数是数据的来源，称为源操作数，如下所示：

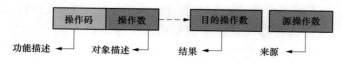

跟我学单片机

【例 3-1】 加法指令"ADD A, 60H"中, ADD 是加法的英文缩写, 表示指令的功能, A 和 60H 是两个操作数, A 表示的是特殊功能寄存器, 也就是累加器, 60H 表示的是片内 60H 地址单元。

加法指令对应的机器指令为: 25H 60H←→ADD A, 60H, 显然我们无法从机器指令的表现形式上辨别指令的功能和操作对象, 且无法理解和记忆。下面我们仅仅介绍 89C51 的助记符指令。

学习单片机指令系统的关键是要掌握每条指令所能操作的数据对象, 它既可以是具体数据, 也可以是数据对象的地址或符号。在单片机中有以下四类操作对象。

(1) 片内数据存储器操作对象。片内数据存储器是一个用 8 位地址编址的区域, 在使用上它又分为用户开放区、位寻址区、工作寄存器区, 这三个区中的每个单元都有一个物理地址, 可以选择四组工作寄存器中的某组为当前工作寄存器, 并可以通过工作寄存器名访问。

(2) 片外数据存储器操作对象。片外数据存储器是一个用 16 位地址编址的区域。

(3) 程序存储器操作对象。程序存储器中存储的是固定不变的常数, 这些数据只能读不能写, 也是以 16 位地址编址的。

(4) 特殊功能寄存器操作对象。89C51 有 21 个特殊功能寄存器, 每个寄存器都有固定的 8 位地址, 也都有一个符号名, 其中有 11 个特殊功能寄存器可以按位寻址, 各个位也都有固定的位地址。

对这些数据对象的操作也就是对这些对象所在的物理单元进行操作, 下面我们来学习不同对象的物理单元在指令中的表示方法, 也称寻址方式。

所谓寻址方式就是寻找或获得操作数的方式。寻址方式越多样, 获得数据的灵活性就越强, 89C51 指令系统共有以下 7 种寻址方式。

(1) 寄存器寻址方式。

(2) 直接寻址方式。

(3) 寄存器间接寻址方式。

(4) 立即寻址方式。

(5) 基址寄存器加变址寄存器间接寻址方式。

(6) 位寻址方式。

(7) 相对寻址方式。

1. 寄存器寻址方式

操作数在寄存器中, 或者说寄存器中的内容就是操作数本身, 指令中用寄存器名表示。

【例 3-2】 MOV A, R1; (R1)→A, 对应的机器指令为 11101 001 (E9H)。

这是一条数据传送指令, 表示把当前工作寄存器 R1 的内容传送给累加器 A, ";"后面是指令的注释和说明。源操作数 (X), 表示取括号内 X 中的内容 (该指令表示取 R1 中的内容)。目的操作数 A 表示该寄存器本身, "→"表示数据的传送方向。若 R1 中存放的操作数为 18H, 则指令的执行结果是 (A) =18H。在本例中, 使用第 0 组工作寄存器中的 R1, 指令中的两个操作数都属于寄存器寻址方式, 寄存器寻址的指令操作图解说明如图 3-1 所示。

采用这种寻址方式时寄存器的地址隐藏在机器指令的操作码中。例如, 在工作寄存器 R0~R7 中用操作码的低 3 位指明所用的工作寄存器 (［例 3-2］中指令的操作码为 11101 001, 低 3 位 001 即表示编号为 1 的工作寄存器 R1)。采用这种寻址方式, 一条指令操作码和操作数信息可以压缩为一字节，这样能有效地节省指令的存储空间。

以下对象可以采用寄存器寻址方式进行访问。

（1）当前的 8 个通用工作寄存器 R0～R7。

（2）累加器 A。

（3）寄存器 B（以 A、B 寄存器对出现时，只有乘法和除法指令）。

（4）进位标志，也称位累加器。

（5）数据地址指针 DPTR。

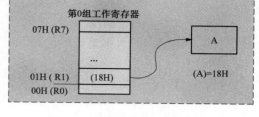

图 3-1 寄存器寻址图解说明

读者不需要去分析不同寻址方式下机器指令的编码方法，只需要掌握和了解每种寻址方式在指令中的表示方法和所能访问的存储空间，明白采用不同的编码方法时，指令的长度是不同的。

2. 直接寻址方式

直接寻址方式以单元物理地址的形式给出操作数，即在指令中直接用物理地址表示操作数，操作数在给出的直接地址单元中。直接寻址的地址是一个 8 位的地址，在指令编码中占一个字节单元。

【例 3-3】　MOV A，40H ；（40H）→A，机器指令为 E5H 40H，是双字节指令。

这条指令的目的操作数依然是累加器 A（寄存器寻址），源操作数是直接地址，该指令的功能是把地址 40H 单元中的内容传送给累加器 A。若 40H 单元中存放的操作数为 34H，则指令的执行结果是（A）＝34H。直接寻址方式的指令操作图解说明如图 3-2 所示。

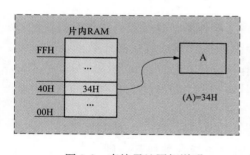

图 3-2 直接寻址图解说明

以下对象可以采用直接寻址方式进行访问。

（1）内部 RAM 的 128 个单元。

（2）特殊功能寄存器（SFR）除了可以以单元地址的形式表示外，还可以用寄存器符号名表示。例如，"MOV A，P0"与"MOV A，80H"等价，它们的机器码是相同的，都为 E5H 80H。这里要注意直接寻址和寄存器寻址时符号名表示的区别，直接寻址中的寄存器名只是地址的符号表示，而寄存器寻址中的寄存器名以地址隐含的形式藏于操作码中。注意：除寄存器寻址的几个特殊功能寄存器外，直接寻址方式是能对所有特殊功能寄存器进行读写操作的唯一寻址方式。

（3）所有直接位地址表示的位。

3. 寄存器间接寻址方式

这种寻址方式下，寄存器中存放的是操作数的地址，该地址单元的内容才是操作数，这就是"间接"的含义。为了与寄存器寻址相区别，在间接寻址的寄存器前加"@"符号，表示取寄存器的内容作地址。例如：

```
MOV  A,@ R1              ；（（R1））→A
MOVX A,@ DPTR            ；（（DPTR））→A
```

这两条指令都是对源操作数间接寻址的数据传送指令，只是访问的空间不同。第一条指令访问的是片内 RAM 区，由工作寄存器 R1 给出 8 位地址；第二条指令访问的是片外 RAM 区，由数据地址指针 DPTR 给出 16 位的地址。可作间接寻址的寄存器（地址指针）只有工作寄存器 R0、R1 和数据地址指针 DPTR。间接寻址的寄存器隐含在操作码中，不单独占用字节单元。

【例 3-4】 若使用第 0 组工作寄存器，已知 R0＝40H，（40H）＝8FH，执行如下指令：
MOV A，@R0 ；（（R0））＝（40H）→A，机器指令为 E6H，是单字节指令。则从工作寄存器 R0 中获得的操作数的地址为片内 RAM 的 40H 单元，把 40H 单元的数据 8EH 传送到累加器，于是（A）＝8EH，如图 3-3 所示。

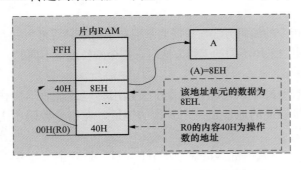

图 3-3 寄存器间接寻址图解说明

以下对象可以采用间接寻址方式进行访问。

（1）89C51 单片机片内 RAM 低 128 个单元既可以使用间接寻址方式也可以使用直接寻址方式进行访问，89C52 单片机除片内低 128 个单元与 89C51 相同外，高 128 个单元的数据仓库区只能通过间接寻址访问。

（2）外部 RAM 的 64KB 单元只能间接寻址。

（3）间接寻址方式特别适合对连续组织的数据进行访问，如数组等。

4. 立即寻址方式

操作数在指令中直接给出，读取指令的同时也获取了操作数，这是获得操作数最快的寻址方式，所以称为立即寻址。在表示时，为了与直接寻址相区别，需在操作数前面加前缀"#"。立即数是程序中不变的常数，它紧跟指令的操作码存放在程序存储器中，只能读不能写。立即寻址用于程序的初始化，如赋地址初值、赋计数初值、特殊功能寄存器的初始化配置等。立即数在指令编码过程中占用一个字节单元。

【例 3-5】 MOV A，#40H ；机器指令码为 74H 40H，是一条双字节指令。假设该指令存储在 ROM 的 1000H 和 1001H 单元，PC 指向这条指令并执行，则（A）＝40H，如图 3-4 所示。

5. 基址寄存器加变址寄存器间接寻址方式

这种寻址方式下地址的形成比较复杂，要使用两个寄存器。以 DPTR 或 PC 作为基址寄存器，以累加器 A 作为变址寄存器，把基址寄存器和变址寄存器中的内容之和作为地址，访问程序存储器空间。这种寻址方式的指令共有以下三条。

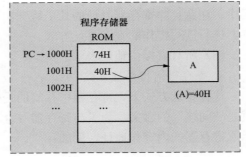

图 3-4 立即寻址图解说明

```
MOVC  A,@ A+ DPTR    ;((A)+ (DPTR))→A
MOVC  A,@ A+ PC      ;((A)+ (PC))→A
JMP   @ A+ DPTR      ;((A)+ (DPTR))→PC
```

这三条指令都是单字节指令，操作数隐含在操作码中，不占用字节单元。

【例 3-6】 若执行指令 MOVC A，@A＋DPTR ；←→机器码为 93H。假设 A 的原有内容为 05H，DPTR 的内容为 0400H，该指令执行的结果是把程序存储器 0405H 单元的内容传送给 A。程序执行结果（A）＝45H，如图 3-5 所示。

基址加变址寻址方式有以下特点。

（1）此寻址方式是专门针对程序存储器的，寻址范围可以达到 64KB。

（2）基址寄存器和变址寄存器中的内容只能为正数。

（3）该指令特别适合于查表操作。

6．位寻址方式

89C51 具有位处理功能，可以对数据位进行操作。位操作指令以进/借位标志作为位累加器，寻址范围包括内部 RAM位寻址区中的任何物理位，以及能够位寻址访问的特殊功能寄存器。

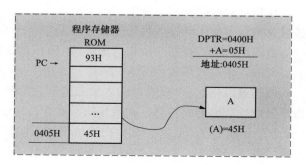

图 3-5　基址加变址寻址图解说明

（1）内部 RAM 位寻址区的位，有以下两种等价的表示方法。

1）直接位地址表示，如 40H（表 3-1 中的框）。

MOV　C，40H ；（40H）→Cy 把位 40H 的值送到进位位 C。

2）字节地址加位序号表示，28H.0 是 28H 单元中的最低位（表 3-1 中的框）。

MOV　C，28H.0 ；（40H）→Cy 把位 40H 的值送到进位位 C。

所以指令 MOV　C，40H 与 MOV　C，28H.0 是等价的。

表 3-1　　　　　　　　　　　　片内 RAM 位地址空间的表示

字节地址	位 地 址							
	D7	D6	D5	D4	D3	D2	D1	D0
29H	4FH	4EH	4DH	4CH	4BH	4AH	49H	48H
28H	47H	46H	45H	44H	43H	42H	41H	40H
27H	3FH	3EH	3DH	3CH	3BH	3AH	39H	38H

（2）特殊功能寄存器中的可寻址位，有以下 4 种等价表示方法。

1）直接使用位地址。例如，MOV　C，0D5H；PSW.5 的位地址为 0D5H（表 3-2 中的红色框）。

2）位名称表示方法。例如，MOV　C，F0；PSW.5 是 F0 标志位（表 3-2 中的红色框）。

3）单元地址加位序号表示方法。例如，MOV　C，0D0H.5（表 3-2 中的红色框）。

4）特殊功能寄存器符号名加位序号的表示方法。例如，MOV　C，PSW.5（表 3-2 中的框）。

表 3-2　　　　　　　　　　　特殊功能寄存器位地址空间的表示

特殊功能寄存器符号	字节地址	位 地 址							
		D7	D6	D5	D4	D3	D2	D1	D0
ACC	E0H	E7H	E6H	E5H	E4H	E3H	E2H	E1H	E0H
PSW	D0H	D7H	D6H	D5H	D4H	D3H	D2H	D1H	D0H

7. 相对寻址方式

前面介绍的 6 种寻址方式都是对数据对象的寻址。相对寻址方式是为了解决程序转移问题而专门设计的寻址方式，它通过对指令的寻址，以获得下一条指令的目的地址。

在相对寻址的转移指令中给出了地址偏移量，以"rel"表示，即用 PC 的当前值加上偏移量就构成了程序转移的目的地址。

目的地址＝转移指令所在的地址 ＋ 转移指令的字节数 ＋ rel

例如，相对转移指令 SJMP rel。

偏移量 rel 是一个带符号的 8 位二进制数的补码数，其范围是－128～＋127。如果转移指令向地址减少方向转移，则重复执行指令，构成循环程序。向地址减少方向最大可以转移 128 个单元地址（－128）。如果向地址增加方向转移，则实现程序分支结构。向地址增加方向最大可以转移 127 个单元地址（＋127）。

注意：编程时并不需要计算 rel，只需在程序中写出目标的标号，在进行汇编时，汇编程序能自动计算出 rel。

3.2　89C51 指令分类介绍

89C51 单片机不同的寻址方式下的指令表现形式不同，访问的空间不同，指令的长短也不同，读者要注意区别。

（1）根据每条指令在存储器中占用空间的多少，以字节为单位，按所占的字节数可以分为以下几类。

1）单字节指令 49 条，指令的机器码只占一个字节单元。

2）双字节指令 45 条，指令的机器码只占两个字节单元。

3）三字节指令 17 条，指令的机器码只占三个字节单元。

一条指令占用几个存储单元，主要取决于操作数是不是隐含编码。如果操作数属于寄存器寻址或寄存器间接寻址，则操作数隐含在指令的操作码中；如果操作数属于立即寻址或直接寻址，则操作数要占用一个字节。

例如，指令 MOV A，R1 的操作数 A 和 R1 属于寄存器寻址，地址信息隐含在一个字节的操作码中，是单字节指令；MOV A，60H 和 MOV A，♯45H 是双字节指令，其中操作数 A 隐含在操作码中，但直接地址和立即数要占用一个字节单元。

（2）每条指令在执行过程中要花一定的时间。以机器周期为单位，按所占的机器周期数可以分为：单机器周期指令 64 条，双机器周期指令 45 条，4 个机器周期的指令 2 条。

（3）按指令的功能可以分为：数据传送类指令 29 条；算术运算类指令 24 条；逻辑运算类指令 24 条；控制转移类指令 17 条；位操作类指令 17 条。

3.3　89C51 指 令 纵 览

为了学习和查阅单片机的指令系统，在指令中会用到一些替代符号来表示具有同样性质的一类对象，指令中这些替代符号的意义如下。

（1）Rn：当前寄存器区的 8 个工作寄存器 R0～R7（n＝0～7）。

（2）Ri：可作间接寻址寄存器的两个寄存器 R0、R1（$i=0$，1）。

（3）direct：直接地址，即 8 位的内部 RAM 或特殊功能寄存器的字节地址。

（4）#data：包含在指令中的 8 位立即数。

（5）#data16：包含在指令中的 16 位立即数。

（6）rel：相对转移指令中的偏移量，为 8 位的带符号补码数。

（7）addr11/addr16：用于转移类指令中，表示 11/16 位的目的地址。

（8）bit：内部 RAM 或特殊功能寄存器中的直接寻址位。

（9）C(Cy)：进位标志位或位处理器中的累加器。

（10）@：间接寻址寄存器的前缀，如@Ri、@A+DPTR 等。

（11）(X)：X 中的内容。

（12）((X))：由 X 寻址的单元中的内容。

（13）→：箭头右边的内容被箭头左边的内容所取代。

3.3.1 数据传送类指令

数据间的相互传送是最基本的操作，如保存结果、数据输入或输出等。数据传送类指令
又分为片内数据传送指令、外部数据存储器传送指令、程序存储器传送指令、数据交换指令
和堆栈操作指令等。这类指令执行后，一般不影响状态寄存器 PSW 中的 Cy、AC、OV 标
志位，但任何指令改变累加器 A 时，影响奇偶标志位 P。

1. 片内数据传送指令（16 条）

该类指令用于实现片内 RAM（包括工作寄存器、SFR、A、B）各单元之间的数据传
送。其通用格式为：

```
MOV  <目的操作数>,<源操作数>
```

数据传送类指令是把源操作数传送给目的单元，指令执行后，源操作数不变，目的操作数被
修改为源操作数，即属于"复制"，而不是"搬家"。

（1）以累加器为目的操作数的数据传送指令（4 条）。

```
MOV  A,Rn              ; (Rn)→A,n= 0～7
MOV  A,@ Ri            ; ((Ri))→A,i= 0,1
MOV  A,direct          ; (direct)→A
MOV  A,# data          ; # data→A
```

【例 3-7】 已知（A）=40H，（R6）=50H，（6FH）=32H，（R0）=18H，（18H）=
10H，执行下列程序指令：

```
MOV  A,  R6            ; R6 → A,寄存器寻址,结果(A)= 50H
MOV  A,  6FH           ; (6FH) →A,直接寻址,结果(A)= (6FH)= 32H
MOV  A,  # 6FH         ; 6FH →A,立即寻址,结果(A)= 6FH
MOV  A,@ R0            ; ((R0)) →A,间接寻址,结果(A)= ((R0))= (18H)= 10H
```

这些指令的功能都是把源操作数送至累加器 A。要弄懂这些指令，关键在于对寻址方式
的理解，我们要弄清楚源操作数的来源。由于以累加器 A 为目的操作数，因此这类指令都
会影响奇/偶标志位 P。

（2）以寄存器 Rn 为目的操作数的指令（3 条）。

```
MOV    Rn,A                ; (A)→Rn,n= 0～7
MOV    Rn,direct           ; (direct)→Rn,n= 0～7
MOV    Rn,# data           ; # data→Rn,n= 0～7
```

这些指令的功能是把源操作数的内容送入当前一组工作寄存器区的 R0～R7 中的某一个寄存器。

【例 3-8】 已知 A＝3FH，（4EH）＝2FH，R1＝20H，R3＝30H，连续执行由下列指令组成的程序段：

```
MOV    A, # 2EH           ; 2EH →A,立即数送累加器,结果 (A)= 2EH
MOV    R1, A              ; (A) →R1,累加器内容送工作寄存器 R1,结果 (R1)= 2EH
MOV    R2, 4EH            ; (4EH) →R2,直接寻址,4EH 单元的内容送 R2,(R2)= 2FH
MOV    R3, # 6FH          ; 6FH→ R3 立即数送 R3,(R3)=  6FH
```

执行程序段后，（A）＝2EH，（R1）＝2EH，（R2）＝2FH，（R3）＝6FH。

（3）以直接地址为目的操作数的指令（5 条）。

```
MOV    direct,A           ;(A)→direct
MOV    direct,Rn          ;(Rn)→direct, n= 0～7
MOV    direct1,direct2    ;(direct2)→direct1
MOV    direct,@ Ri        ;((Ri))→direct
MOV    direct,# data      ; # data→direct
```

这些指令的功能是把源操作数送入直接地址指出的存储单元。direct 指的是内部 RAM 或特殊功能寄存器（SFR）的直接地址。

注意：以下两条指令是三字节指令，两个操作数是 8 位的直接地址或 8 位的立即数，指令编码都占用一个字节单元，因此连同操作码共占用三个字节单元。

```
MOV    direct1,direct2    ;(direct2)→direct1
MOV    direct,# data      ; # data→direct
```

【例 3-9】 已知：（30H）＝1FH，（40H）＝5FH，执行下列指令：

```
MOV  30H , 40H                ;源操作数和目的操作数都是直接寻址,(40H) →30H
MOV  50H , # 40H              ;源操作数是直接寻址,目的操作数是立即寻址,40H →50H
```

执行后，（30H）＝5FH，（40H）＝5FH，（50H）＝40H。

注意：当直接寻址的对象为特殊功能寄存器时，往往用特殊功能寄存器的符号名去表示直接地址。例如，P1 的地址为 90H，下面两条指令是等价的：

```
MOV A,90H←→MOV A,P1
```

（4）以寄存器间接地址为目的操作数的指令（3 条）。

```
MOV    @ Ri,A             ;(A)→(Ri) , i= 0,1
MOV    @ Ri,direct        ; (direct)→(Ri)
MOV    @ Ri,# data        ; # data→(Ri)
```

注意：使用该类指令时，应先对 Ri 赋地址初值。

【例 3-10】 设片内 RAM 中，（30H）＝40H，（40H）＝20H，P1 口为输入口，其输入的数据为 CAH，执行下列程序段：

```
MOV  R0, # 30H            ; 30H→R0,立即数送工作寄存器 R0,(R0)=30H
MOV  A , @ R0             ;((R0))→A, R0 所指出的地址单元的数据送 A,(A)= 40H
MOV  R1, A               ;(A)→R1,A 的内容送 R1,(R1)= 40H
MOV  B , @ R1            ;((R1))→B,R1 所指出的地址单元的数据送 B,(B)= 20H
MOV  @ R1,  P1           ;(P1)→(R1),P1 口数据送 R1 指出的地址单元,(40H)= CAH
```

（5）16 位数传送指令（1 条）。

```
MOV  DPTR,# data16        ;# data16→DPTR
```

这是唯一的一条 16 位数据的传送指令，执行指令后，立即数的高 8 位送入 DPH，立即数的低 8 位送入 DPL。例如，MOV DPTR ，♯2000H 指令执行后，（DPTR）＝2000H。

片内数据传送指令小结：

（1）指令助记符为 MOV，只能实现片内资源间的数据传送。

（2）片内传送指令的操作对象为：A、direct、Rn、@Ri、♯data。

（3）使用过程中容易出现的错误：一条指令中出现两个 R、立即数作目的操作数、错用 R0 和 R1 外的工作寄存器作为间接寻址寄存器。

注意：下列指令是错误的。

```
MOV R1, R3               ;MOV @ R0, R2 ;指令中出现了两个 R。
MOV # 60H,A              ;立即数为目的操作数。
MOV A,@ R7               ;R2～R7 不能用于作间接寻址的寄存器。
```

2. 堆栈操作指令（2 条）

内部 RAM 中的用户开放区可以按照后进先出的原则组织数据，我们称之为堆栈。堆栈是数据组织的一种形式（或称数据结构），对堆栈的操作是通过 8 位的特殊功能寄存器 SP 间接实现的，称 SP 为堆栈指针，系统复位后 SP＝07H，指向片内 RAM 的 07H 单元，也就是堆栈的底部位于 07H 单元，这是系统默认的最大用户开放区。一般在应用中，由于要预留出工作寄存器和位地址空间，因此要对堆栈指针重新初始化底部的位置，如执行指令

```
MOV SP,# 30H              ;重新定位堆栈的底为 30H
```

也就是说，堆栈区的容量大小是由用户配置决定的。89C51 单片机的堆栈只能位于片内 RAM 区，所以称为内堆栈。系统复位后，默认堆栈的栈底为 07H，此时的堆栈区最大，用户可以在程序中重新初始化堆栈的栈底。堆栈区的配置如图 3-6 所示。

（1）进栈指令：PUSH direct。

先将栈指针 SP 加 1，然后把 direct 中的内容送到堆栈指针 SP 指示的内部 RAM 单元中。这种指令比前面介绍的指令复杂，它一方面要修改堆栈指针，另一方面要将数据传送到堆栈。指令在形式上只含有源操作数，目的操作数隐藏在堆栈指针 SP 中，即 SP 所指示的存储单元中。

【例 3-11】 当（SP）＝60H，（A）＝30H，（B）＝70H，（PSW）＝81H 时，执行

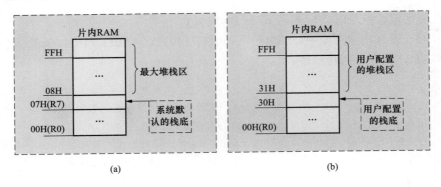

图 3-6 堆栈区配置图

(a) 堆栈区的最大配置；(b) 堆栈区的用户配置

以下指令：

```
PUSH  ACC                ; (SP)+ 1= 61H→SP,(A)→61H
PUSH  B                  ;(SP)+ 1= 62H→SP,(B)→62H
PUSH  PSW                ;(SP)+ 1= 63H→SP,(PSW)→63H
```

已知（SP）＝60H，堆栈的栈底位于地址 60H 单元，执行第一条指令时，先将 SP 加 1，指向 61H 单元，然后将累加器的内容压入堆栈区的 61H 单元；执行第二条指令时，SP 又加 1，指向 62H 单元，然后将寄存器 B 的内容压入 62H 单元；执行第三条指令时，SP 再加 1，指向 63H 单元，将程序状态字寄存器 PSW 的内容压入 63H 单元。连续执行三条进栈操作指令，堆栈区压进了三个数据，从形式上看，数据似乎是堆起来存放的，所以称这种数据组织形式为堆栈。三条进栈指令执行完毕后，（SP）＝63H。

我们称堆栈指针 SP 当前所指的地址单元为堆栈的栈顶。堆栈操作只能从堆栈的顶端进行，随着数据进栈，堆栈指针递增变化，使堆栈指针总是指向栈顶位置。显然，堆栈栈底的位置是不变的，而栈顶位置会随着数据进出栈而变化，最后进栈的数据总是位于栈顶位置，如图 3-7 所示。

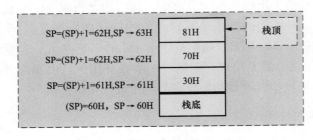

图 3-7 数据进栈操作图解说明

（2）出栈指令：POP direct。

出栈指令中只含有目的操作数，源操作数由堆栈指针 SP 隐含给出。执行时先将 SP 指示的栈顶内容送入 direct 字节单元中，然后把堆栈指针 SP 减 1，如图 3-8 所示。

【例 3-12】 堆栈区如图 3-8 所示。其中，（SP）＝63H，（61H）＝30H，（62H）＝70H，（63H）＝81H，现顺序执行以下指令：

```
POP PSW                  ;((SP))→PSW,(SP)－1→SP
POP DPH                  ;((SP))→DPH,(SP)－1→SP
POP DPL                  ;((SP))→DPL,(SP)－1→SP
```

执行第一条指令时，将堆栈指针所指的 63H 单元的内容送程序状态字寄存器 PSW，然

后 SP 的内容减 1 指向 62H 单元；执行第二条
指令时，将堆栈指针所指的 62H 单元的内容
送特殊功能寄存器 DPH，然后 SP 的内容减 1
指向 61H 单元；执行第三条指令时，将堆栈
指针所指的 61H 单元的内容送特殊功能寄存
器 DPL，然后 SP 的内容减 1 指向 60H 单元，
也就是堆栈的栈底。三条出栈指令执行完毕
后，（PSW）＝81H，（DPH）＝70H，（DPL）

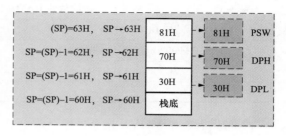

图 3-8　数据出栈操作图解说明

＝30H，也就是说数据地址指针（DPTR）＝7030H。

堆栈操作指令的特点：

（1）进栈操作时，先指针加 1 再压入数据；出栈操作时，先出数据然后指针减 1。不论
是数据进栈还是出栈，堆栈操作只能从堆栈的顶端开始进行。

（2）由于指令本身就是针对堆栈的操作，所以堆栈指针所指示的操作数被隐含，指令中
只含有一个操作数。

（3）堆栈操作指令中的操作数只能直接寻址。ACC 表示累加器 A 的直接地址。

（4）不能对工作寄存器进行进栈和出栈操作。例如，指令 PUSH Rn 和 POP Rn 都是错
误的指令。

（5）使用堆栈操作指令就能实现后进先出或先进后出的数据结构，因为后进栈的数据位
于堆栈的顶部，而顶部的数据先出栈。

3. 累加器 A 与外部数据存储器传送指令（4 条）

如果系统中扩展了外部数据存储器或外部 I/O 口，则可以通过累加器 A 访问外部数据
存储器或 I/O 口，这也是单片机内部与片外数据存储器或外部 I/O 口进行数据交换的唯一
途径。指令执行时，伴随着 $\overline{RD}$ 或 $\overline{WR}$ 信号有效。这种指令有四条，包括两条读指令和两条
写指令。

```
MOVX   A,@ DPTR           ;((DPTR))→A,读外部 RAM 或 I/O 口
MOVX   A,@ Ri             ;((Ri))→A,读外部 RAM 或 I/O 口
MOVX   @ DPTR,A           ;(A)→(DPTR),写外部 RAM 或 I/O 口
MOVX   @ Ri,A             ;(A)→( Ri ),写外部 RAM 或 I/O 口
```

这些指令的功能是读外部 RAM 或 I/O 中的一个字节，或把 A 中一个字节数据写到外
部 RAM 或 I/O 中。"MOV" 后的 "X" 表示单片机访问的是片外 RAM 或 I/O 空间。采用
DPTR 间接寻址时，DPH 中的高 8 位地址由 P2 口输出，DPL 中的低 8 位地址由 P0 口输
出，可以访问 64KB 的外部 RAM 空间；采用 Ri 间接寻址时，只能访问片外 RAM 的低 256
个单元，这时的地址由 P0 口输出，P2 口仍然可以作为一般的 I/O 口使用。灵活应用 P2 口
也可以通过 Ri 间接寻址，访问 64KB 的外部空间，这种访问方法称为分页寻址，也就是将
64KB 的空间分为 256 页，每页 256 个单元，由 P2 口输出 256 页的页地址，由 Ri 提供页内
256 个单元的地址。实现方法为：在执行采用 Ri 间接寻址的 MOVX 指令之前，使用 MOV
指令预先向 P2 口传送高 8 位的地址信息。分别用指针 DPTR 和 Ri 访问片外 RAM 的 3070H
单元的方法见表 3-3。

表 3-3 　　　　　　　　　访问片外 RAM3070H 单元的两种方法

用 DPTR 作指针	用 Ri 作指针
MOV DPTR，＃3070H	MOV R1，＃70H
MOVX A，@DPTR	MOV P2，＃30H
	MOVX A，@R1

MOV 指令和 MOVX 指令虽然只差一个字母，但它们实现的功能完全不同。MOV 指令访问的是片内 RAM 区，MOVX 指令访问的是片外 RAM 区或外部 I/O 口，执行 MOVX 指令会自动对外产生 $\overline{RD}$ 或 $\overline{WR}$ 的控制信号，并经由 P3 口第二功能引脚 P3.7 和 P3.6 输出。

【例 3-13】 已知（R1）＝30H，片内 RAM 30H 单元的内容为 95H，外部 RAM 30H 单元的内容为 7EH，执行下列指令：

```
MOV A,R1              ;片内(30H)→A,(A)= 95H
MOVX A,@ R1           ;片外(30H)→A,(A)= 7EH
```

4. 程序存储器数据传送指令（2 条）

这类指令是用于读程序存储器中的数据表格的指令，它们均采用基址寄存器加变址寄存器间接寻址方式。

```
MOVC  A,@ A+ PC       ;((A)+ (PC))→A
MOVC  A,@ A+ DPTR     ;((A)+ (DPTR))→A
```

这两条指令是在"MOV"的后面加"C"，"C"是 CODE 的第一个字母，即表示操作数是程序存储器中的代码。执行上述两条指令时，单片机的 $\overline{PSEN}$ 引脚信号（程序存储器读）有效。

（1）MOVC A，@A+PC；（（A）＋（PC））→A。

以 PC 作为基址寄存器，A 的内容作为无符号整数和 PC 中的内容（下一条指令的起始地址）相加后得到一个 16 位的地址，将由该地址指出的程序存储单元的内容送到累加器 A。

【例 3-14】 若（A）＝30H，执行地址为 1000H 处的指令

```
1000H: MOVC  A,@ A+ PC
```

由于该指令占用一个字节，因此执行结果为将程序存储器中 1031H 的内容送入 A。

本指令的执行结果和程序地址计数器 PC 及累加器 A 中的内容有关，即与该指令存放的地址有关，由于累加器是 8 位的寄存器，所以表格只能存放在该条查表指令后面的 256 个单元之内，表格的大小受到限制，且表格只能被该范围内的程序所利用。

（2）MOVC A，@A+DPTR；（（A）＋（DPTR））→A。

以 DPTR 作为基址寄存器，A 的内容作为无符号数和 DPTR 的内容相加得到一个 16 位的地址，把由该地址指出的程序存储器单元的内容送到累加器 A。

【例 3-15】 若（DPTR）＝8100H，（A）＝40H 执行指令：

```
MOVC  A,@ A+ DPTR
```

执行结果是将程序存储器中 8140H 的内容送入 A。

本指令的执行结果只和指针 DPTR 及累加器 A 中的内容有关，与该指令存放的地址无

关，数据表格的大小和位置可以在 64KB 的程序存储空间中任意安排，一个表格可以为各个程序块所公用。实际应用时，先建立一个数据表（将在伪指令部分介绍），将数据表的表首地址送数据地址指针 DPTR，让 DPTR 指向数据表的表首，然后将数据项在表内的偏移地址送给累加器 A，执行查表指令后就能查到对应的数据。

【例 3-16】 根据自变量 x，查函数 y，$y=x^2$，查找结果 y→A，x 和 y 均为单字节数。

程序存储器中的表格数据设置如图 3-9 所示，8000H 为表首地址。X 的值即为表内偏移地址。

8000H	00H	0^2
8001H	01H	1^2
8002H	04H	2^2
8003H	09H	3^2
8004H	16H	4^2
8005H	25H	5^2
8006H	36H	6^2

图 3-9　数据的平方表

```
MOV   DPTR,# 8000H           ;( DPTR )= 8000H,送表首地址
MOV   A,# X                  ;送表内偏移地址
MOVC  A ,@ A+ DPTR
```

若 x =2，(2+8000H) →A，y = (A) =4

若 x =4，(4+8000H) →A，y = (A) =16

5. 交换指令

(1) 字节交换指令（3 条）。

字节交换指令有以下三种形式。

```
XCH   A,Rn                   ;( A )↔( Rn )
XCH   A,direct               ;( A )↔( direct )
XCH   A,@ Ri                 ;( A )↔( ( Ri ) )
```

这几条指令的功能是实现两个操作数互换存储单元，即将两个数据互换位置。

【例 3-17】 若 (A) =80H，(R7) =08H，(40H) =F0H，(R0) =30H，(30H) = 0FH，执行下列指令：

```
XCH   A,R7                   ;A 与 R7 的数据互换,结果:(A) = 08H,(R7)= 80H
XCH   A,40H                  ;A 与 40H 单元的数据互换,结果:(A) = F0H ,(40H)= 08H
XCH   A,@ R0                 ;A 与 R0 所指的单元的数据互换,结果:(A)= 0FH,((R0))= (30H)= F0H
```

(2) 低半字节交换指令（1 条）。

```
XCHD  A,@ Ri                 ;( A )0~3↔( ( Ri ) )0~3
```

这条指令的功能是将累加器的低 4 位与 Ri 所指的内部 RAM 地址单元的低 4 位相交换，高 4 位不变。

【例 3-18】 若 (R0) =60H，(60H) =3EH，(A) =59H，执行完 XCHD　A，@R0 指令后，60H 单元的低 4 数据“E”与累加器 A 中的低 4 位数据“9”相交换，结果：(A) =5EH，((Ri)) = (60H) =39H。

(3) 累加器中的高低 4 位相互交换（1 条）。

```
SWAP  A  ;
```

【例 3-19】 若（A）=59H，执行完 SWAP A 指令后，结果为（A）= 95H。

3.3.2 算术运算类指令

在 89C51 单片机的指令系统中，有单字节的加、减、乘、除法指令，指令执行的结果对 Cy、AC、OV 以及 P 四种标志位都有影响，但增 1 和减 1 指令不影响上述标志。

算术运算类指令对标志位的影响如下：

（1）两数相加（减），若位 7 有进（借）位，则进位标志 Cy 置"1"，否则 Cy 清"0"。

（2）两数相加，若位 3 有进位，则辅助进位标志 AC 置"1"，否则 AC 清"0"。

（3）两数相加，若位 7 和位 6 都有进位或都无进位，则溢出标志 OV 清"0"。若位 7 有和位 6 只有一个有进位，位 OV 置"1"。

溢出标志位 OV 的状态，只有在带符号数进行加法运算时才有意义。当两个带符号数相加时，OV=1，表示加法运算超出了一个字节所能表示的带符号数的有效范围（−128～+127）。

1. 加法类指令（8 条）

加法指令分为不带进位的加法指令（半加）和带进位的加法指令（全加）两类，前者适合于字节类型数据的加法运算，后者适合于多字节类型数据的加法运算。

（1）不带进位的加法指令（4 条）。

```
ADD  A,Rn                    ; (A)+ Rn→A
ADD  A, direct               ; (A)+ (direct)→ A
ADD  A, @ Ri                 ; (A)+ (Ri)→A
ADD  A, # data               ; (A)+ # data→A
```

（2）带进位的加法指令（4 条）。

```
ADDC A, Rn                   ; (A)+ (Rn)+ (Cy)→A
ADDC A, direct               ; (A)+ (direct)+ (Cy)→A
ADDC A, @ Ri                 ; (A)+ (Ri)+ (Cy)→A
ADDC A, # data               ; (A)+ # data + (Cy)→A
```

显然，若 Cy 标志位等于 0，则这两组指令的执行结果是相同的。

【例 3-20】 设（A）=85H，（R0）=20H，（20H）=9EH，执行加法运算指令：

ADD A,@ R0

执行结果：（A）=23H，Cy = 1，OV = 1，AC =1， P= 1。

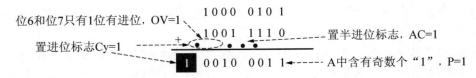

【例 3-21】 若（A）=4EH，（R0）=20H，（20H）= 9EH，Cy =1，执行带符号的加法运算指令：

ADDC A ,@ R0

$$01001110$$
$$+\ 10011110$$
$$\underline{\qquad\qquad 1}$$
$$11101101$$

执行结果：（A）＝EDH，Cy＝0，OV＝0，AC＝1， P＝0。

【例 3-22】 多字节加法运算中，若有两个 16 位的二进制数据，被加数的低 8 位保存在片内 30H 单元中，高 8 位保存在 31H 单元中，加数的低 8 位保存在 40H 单元中，高 8 位保存在 41H 单元中，两数之和的低 8 位存入 50H，单元中高 8 位存入 51H 单元中。

分析：由于 89C51 单片机是 8 位的 CPU，一次只能对一个 8 位的数据进行加法运算，对于 16 位二进制数据，分步求和即可实现，即先求其低 8 位之和，再把低 8 位的进位与高 8 位数据一起进行求和。程序如下：

```
MOV   A,30H          ;取低 8 位被加数
ADD   A,40H          ;加低 8 位加数
MOV   50H,A          ;存低 8 位和到 50H
MOV   A,31H          ;取高 8 位被加数
ADDC  A,41H          ;带进位加高 8 位加数
MOV   51H,A          ;高 8 位和放 51H
```

2. 增 1 指令（5 条）

```
INC  A               ;(A)+ 1 → A
INC  Rn              ;(Rn )+ 1 → Rn,n= 0~7
INC  direct          ;(direct )+ 1 → direct
INC  @ Ri            ;((Ri ))+ 1 → (Ri ),i= 0,1
INC  DPTR            ;( DPTR )+ 1 → DPTR
```

除了第 1 条指令会影响 P 外，其余指令不影响 PSW 中的其他任何标志。第 5 条指令 INC DPTR 是 16 位数增 1 指令。该类指令常在循环程序中用于计数或修改地址指针。

3. 十进制调整指令（1 条）

```
DA   A
```

在计算机中，用二进制数的编码表示十进制数据，一位十进制数用 4 位二进制数编码表示，这种编码称为 BCD 码。直接利用加法指令对 BCD 码表示的数据进行求和运算时，会出现以下三种情况。

（1）13＋26＝39，即 0001 0011＋0010 0101＝0011 1001，结果是十进制数。

（2）27＋48＝75，即 0010 0111＋0100 1000＝0110 1111，结果不是十进制数。

（3）19＋78＝97，即 0000 1001＋0000 1000＝1001 0001，对于十进制数结果错误。

要得到正确的 BCD 码（十进制数）加法运算结果，必须在加法运算后对结果的内容再做修正。十进制调整指令就是自动进行修正的指令。一般来说，DA A 指令只跟在"ADD"或"ADDC"指令之后进行十进制数的调整。

【例 3-23】 若（A）＝56H，（R5）＝67H，把它们看作两个压缩的 BCD 数，进行 BCD 数的加法。执行指令：

```
ADD   A,R5           ;56H+ 67H= BDH, Cy= 0, AC= 0
```

```
DA    A                              ;BDH+ 66H= 23H , Cy= 1
```

执行 DA A 指令，对结果进行十进制调整，即将高 4 位和低 4 位分别加 6 进行修正。

结果：（A）=23H，Cy=1，可见，56+67=123，结果是正确的。

注意：用 4 位二进制数编码表示的十进制数据使用二进制加法器进行求和运算时，若运算结果的某位 BCD 码大于 9，或者某位 BCD 码之和有进位，则调整指令对该位 BCD 码数据进行加 6 修正。

4. 带借位的减法指令（4 条）

```
SUBB   A,Rn                         ;(A)-（Rn）-Cy→A,n= 0~7
SUBB   A,direct                     ;(A)-（direct）-Cy→A
SUBB   A,@ Ri                       ;(A)-（（Ri））-Cy→A ,i= 0,1
SUBB   A,# data                     ;(A)- # data -Cy→A
```

该组指令影响标志位，如果位 7 需借位，则 Cy 置为"1"，否则 Cy 清"0"；如果位 3 需借位则置 AC 为"1"，否则清 AC 为"0"；若位 6、位 7 都有（无）借位，则 OV=0，否则 OV=1。

【例 3-24】 若（A）=C9H，（R2）=54H，Cy=1，执行指令：

```
SUBB   A,R2
```

结果：（A）=74H，Cy=0，AC=0，OV=1（位 6 向位 7 借位）。

5. 减 1 指令（4 条）

```
DEC  A                              ;(A)- 1→A
DEC  Rn                             ;(Rn)- 1→Rn,n= 0~7
DEC  direct                         ;(direct)- 1→direct
DEC  @ Ri                           ;((Ri))- 1→(Ri),i= 0,1
```

该组指令的功能是将操作内容减 1，该组指令中，除了第一条指令会影响标志 P 外，其他指令都不影响标志位。

【例 3-25】 若（A）=0FH，（R7）=19H，（30H）=00H，（R1）=40H，（40H）=0FFH，执行指令：

```
DEC  A                              ;(A)-1→A ,(A)= 0EH
DEC  R7                             ;(R7)-1→R7,(R7)= 18H
DEC  30H                            ;(30H)-1→30H,(30H)= 0FFH
DEC  @ R1                           ;((R1))-1→(R1),(40H)= 0FEH
```

结果：（A）=0EH，（R7）=18H，（30H）=0FFH，（40H）=0FEH。其中，仅 DEC A 指令影响标志 P，P=1，不影响其他标志。

6. 乘法指令

```
MUL  AB;(A)×(B)→BA
```

这是一条单字节指令，A、B 两个寄存器都属于寄存器寻址。指令的功能是把 A 和 B 中的 8 位无符号数据相乘，16 位积的低字节结果存放在累加器 A 中，高字节结果存放在寄存器 B 中。乘法指令总是清进位标志 Cy 为 0，如果积大于 255，则溢出标志位 OV 置"1"。

【例 3-26】 （A）＝40H，（B）＝5EH，执行指令：

MUL AB

结果：（A）＝80H，（B）＝17H，OV＝1，Cy＝0，P＝1。

```
        4 0 H
    ×   5 E H
    ─────────
        3 8 0
    + 1 4 0
    ─────────
    1 7 8 0 H
```

7. 除法指令

DIV AB ;(A)÷(B) 商→A,余数→B

这也是一条单字节指令，A、B 两个寄存器都属于寄存器寻址。指令的功能是把累加器 A 中的 8 位无符号数除以寄存器 B 中的 8 位无符号数，将商存放在 A 中，余数存放在 B 中。执行除法指令时，进位标志 Cy 总是清"0"；只有当 B 的内容为 0（即除数为 0）时，置溢出标志位 OV 为"1"，否则溢出标志位 OV 清"0"。

【例 3-27】 若（A）＝FBH，（B）＝12H，执行指令：

DIV AB

结果：（A）＝0DH，（B）＝11H，Cy＝0，OV＝0。事实上，251（0FBH）÷18（12H）＝13（0DH），余 17（11H）。

3.3.3 逻辑运算类指令

对 8 位二进制数按位进行逻辑与、或、异或、取反、清零等操作。逻辑运算无进位也无溢出，一般不会影响标志位。

1. 双操作数逻辑运算指令（18 条）

（1）逻辑"与"指令（6 条）。

```
ANL  A,Rn              ；(A)∧(Rn)→A,n= 0~7
ANL  A,direct          ；(A)∧(direct)→A
ANL  A,# data          ；(A)∧# data→A
ANL  A,@ Ri            ；(A)∧((Ri))→A,i= 0,1
ANL  direct,A          ；(direct)∧(A)→direct
ANL  direct,# data     ；(direct)∧# data→direct
```

该组指令的功能是将源操作数和目的操作数按位进行逻辑"与"运算，并将结果保存到目的地址单元。前 4 条指令以累加器 A 为目的地址，后两条指令以直接寻址单元为目的地址。逻辑"与"的运算规则是：与 0 相"与"则本位为 0（即屏蔽），与 1 相"与"则本位不变。因此，常用该指令屏蔽掉某些位。

【例 3-28】 已知（A）＝8DH，（R0）＝0FH，执行 ANL A，R0 后，结果为：（A）＝0DH。

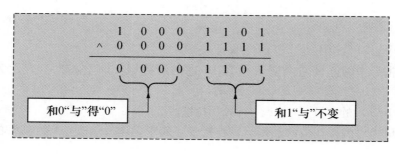

（2）逻辑"或"指令（6条）。

```
ORL   A,Rn                    ;（A）∨（Rn）→A,n= 0～7
ORL   A,direct               ;（A）∨（direct）→A
ORL   A,# data               ;（A）∨ # data→A
ORL   A,@ Ri                  ;（A）∨（（Ri））→A,i= 0,1
ORL   direct,A               ;（direct）∨（A）→direct
ORL   direct,# data          ;（direct）∨ # data→direct
```

该组指令的功能是将源操作数和目的操作数按位进行逻辑"或"运算，并将结果保存到目的地址单元。前4条指令以累加器A为目的地址，后2条指令以直接寻址单元为目的地址。逻辑"或"的运算规则是：与"1"相"或"则本位为1；与0相"或"则本位不变。因此，常用该指令把某些位设置为1。

【例3-29】 已知（A）= 86H，（R0）= 79H，执行 ORL A , R0 后，结果 为：（A）= FFH。

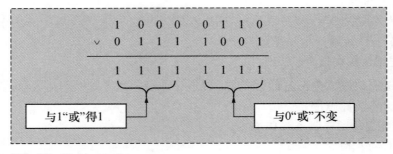

（3）逻辑"异或"指令（6条）。

```
XRL   A,Rn                    ;（A）⊕（Rn）→A,n= 0～7
XRL   A,direct               ;（A）⊕（direct）→A
XRL   A,# data               ;（A）⊕ # data→A
XRL   A,@ Ri                  ;（A）⊕（（Ri））→A,i= 0～1
XRL   direct,A               ;（direct）⊕（A）→direct
XRL   direct,# data          ;（direct）⊕ # data→direct
```

该组指令的功能是将源操作数和目的操作数按位进行逻辑"异或"运算，并将结果保存到目的地址单元。前4条指令以累加器A为目的地址，后2条指令以直接寻址单元为目的地址。逻辑"异或"的运算规则是：与1"异或"则本位取反；与0"异或"则本位不变。显然，两个相等的数"异或"的结果为0。因此，常用该指令对某些位进行取反操作。

【例3-30】 若有一原码表示的字节数据存储在30H单元，求其反码后存入原单元。

XRL 30H,# 01111111B

执行该指令后符号位不变，其他位取反。

注意：在指令中的立即数一般表示为16进制的数据，即上述指令表示为 XRL 30H,♯7FH。

（4）关于I/O口的"读—修改—写"特性。

以4个端口为目的操作数的逻辑运算类指令，属于"读—修改—写"特性的指令，它操作的对象是端口锁存器，而不是端口引脚；而其他对端口进行"读"操作的指令读的是端口引脚，也就是 I/O 端口的输入操作。例如，MOV A，P1 指令是从 P1 口引脚输入数据。

```
ANL Pi, A;i= 0,1,2,3
ANL Pi, # data
ORL Pi, A
ORL Pi, # data
XRL Pi, A
XRL Pi, # data
```

> 说明：
> ① "读"是读锁存器，不是读引脚，只有这种指令才是唯一的读锁存器的指令。
> ② 功能：先读——从指定I/O口锁存器输入；再修改——逻辑运算；再写——逻辑运算结果输出到指定I/O口锁存器。写入锁存器的数据会出现在端口引脚上。

【例 3-31】 要求 P1.0、P1.2 输出 1，其余保持原输出不变。

```
ORL P1, # 05H;05H= 0000 0101
```

2. 单操作数逻辑运算指令（6 条）

该类指令是针对累加器 A 的操作，共有 6 条指令。

（1）累加器清零指令（1 条）。

```
CLR A  ;0→A
```

（2）累加器取反指令（1 条）。

```
CPL  A  ;(Ā)→A
```

（3）累加器左环移指令（1 条）。

```
RL A                    ;A 中各位依次左移一位,最高位 D7 移到 D0 位
```

【例 3-32】 将累加器 A 中的内容乘 2，设（A）=34H。

```
RL  A ; (A)= 0 0 11 10 100
```

结果：（A）=0110 1000，即 68H。

（4）累加器右环移指令（1 条）。

```
RR  A                    ;A 中各位依次右移一位,最低位 D0 移到 D7 位
```

【例 3-33】 将累加器 A 中的内容除 2，设（A）=84H。

```
RR  A ;(A)= 1 0 0 0 0 100
```

结果：（A）=0100 0010，即 42H。

（5）带进位的左环移指令（1 条）。

```
RLC A                    ;A 中各位连同进位 Cy 依次左移一位
```

【例 3-34】 设（A）=84H，（Cy）=0，执行下面的指令：

```
RLC A
```

结果：（A）=0000 1000，即 08H，（Cy）=1。

（6）带进位的右环移指令（1 条）。

```
RLC A                    ;A 中各位连同进位 Cy 依次右移一位
```

【例3-35】 设（A）＝34H，（Cy）＝1，执行下面的指令：

RRC A

结果：（A）＝1001 1010，即 9AH，（Cy）＝0。

移位类指令常用于简单的乘2或除2运算，当D0位为0时，右移相当于除2，当D7位为0时，左移一位相当于乘2。

3.3.4 控制转移类指令

当指令顺序执行时，由程序地址计数器 PC 自动递增，实现连续的读取指令操作。当 CPU 执行当前指令时，PC 给出下一条指令的地址；遇到转移类指令后，程序便不再顺序执行转移指令后面的指令，而是跳转到由转移指令所给出的新的目的地址处执行程序。所以，转移指令的功能就是给出转移的目的地址。

控制转移类指令共有 17 条，可分为四类：无条件转移指令、条件转移指令、子程序调用与返回指令、空操作指令。

1. 无条件转移指令（4 条）

（1）长跳转指令（1 条）。

LJMP addr16;addr16→PC

该指令的功能是把 16 位的转移目的地址送给 PC，无条件地转向 addr16 指出的目标地址。所谓长转移，也就是指可以跳转到 64K 程序存储器地址空间中的任何位置。

在实际编写程序时，addr16 常用标号表示，该标号即为程序转移的目的地址，程序汇编时，由汇编程序自动计算和填入目标地址。长跳转指令常用于系统上电复位后转向用户程序或系统监控程序。

【例3-36】 设单片机监控程序的起始地址为 1000H，要求单片机上电复位后自动执行监控程序。

由于单片机复位后程序计数器（PC）＝0000H，因此单片机从程序存储器的 0000H 单元开始执行指令。为了能自动执行监控程序，必须在 0000H 单元存放一条转向 1000H 单元的转移指令。

```
        ORG 0000H              ;给出 LJMP 指令的起始地址
        LJMP Monito            ;在 0000H 单元存放一条长跳转指令
          ⋮
        ORG 1000H              ;给出监控程序的起始地址
Monito:⋯                      ;监控程序的起始地址,Monito 是地址标号
```

（2）绝对地址转移指令（1 条）。

AJMP addrll   ;(PC)+ 2→PC, addr11→PC$_{10～0}$,PC 的高 5 位不变

该指令是双字节指令。执行该指令时，程序地址计数器 PC 指向下一条指令，即当前 PC 值 ＝ 本指令首地址＋本指令字节数。指令的功能是把程序地址计数器 PC 当前值的高 5 位与指令中的 11 位地址拼接在一起，共同组成 16 位的目的地址送 PC。在实际编写程序时，addr11 常用标号表示。

【例3-37】 执行 AJMP 指令，程序转换到标号 Main 处执行，计算程序转移的目的地址

Main。

```
ORG 1500H          ;给出 LJMP 指令的起始地址
AJMP 0130H         ;在 1500H 单元存放一条绝对转移指令,该指令的下一条指令的地址为 1502H
    ⋮
Main: …            ;Main 是地址标号
```

解：当前 PC 值 = 1502H=$\boxed{0001\ 0}$101 0000 0010B, addr11=103H=0 $\boxed{001\ 0011\ 0000}$B
拼接后得到 16 位的目的地址：0001 0 001 0011 0000B=1130H

实际编程时，在 AJMP 指令中直接填写转移目的地址的标号（如 "AJMP Main"），汇编程序会自动计算目的地址。值得注意的是，转移的目标地址必须与 AJMP 下一条指令地址的高 5 位地址码 A15～A11 相同。若转移的目标地址与 AJMP 下一条指令地址的高 5 位地址码 A15～A11 不同，在进行汇编时，则会提示 AJMP 这条指令"目标越界"——TAR-GET OUT OF RANGE。

（3）相对转移指令（1 条）。

SJMP rel;(PC)+ 2→PC, (PC)+. rel→PC

该指令的功能是根据指令中的相对偏移量 rel 计算出程序的目的地址（PC）＋2＋ rel，把该目的地址送至 PC，实现的程序转移，由于 rel 是用补码表示的有符号数，其范围为－128～＋127，所以也称相对转移为短转移。

【例 3-38】 用相对转移指令实现循环结构。

```
LOOP:MOV   A,R6
    ⋮
    SJMP  LOOP
    ⋮
```

程序在汇编时，由汇编程序自动计算和填入偏移量和标号。
若范围超过－128 或＋127，进行汇编时，会提示 SJMP LOOP 这条指令"目标越界"。
（4）间接跳转指令（1 条）。

JMP @ A+ DPTR;(A)+ (DPTR)→PC

该指令以 DPTR 的内容作为基址，A 的内容作为变址，执行该指令转移到由 A 中的 8 位无符号数与 DPTR 中的 16 位无符号数内容之和所确定的目的地址单元。该指令常用于实现程序的多分支结构，如图 3-10 所示。具体应用时，给 A 赋予不同的值，即可以获得不同的目的地址，由此可以实现程序的多分支转移。工程上常称 JMP 指令为散转指令。由于（A）＜256，所以程序最多能实现 256 个分支。

2. 条件转移指令（8 条）
这类指令是根据指令中给定的判断条件决定程

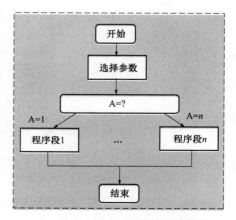

图 3-10 多分支结构流程图

序是否转移的指令。若条件满足，则根据指令中所给定的相对偏移量进行转移，否则程序顺序执行。条件转移指令都是相对转移指令，指令的转移范围、偏移地址的计算及目的地址标号的使用均同 SJMP 指令。显然，执行无条件转移指令时程序一定发生转移，但执行条件转移指令时程序不一定发生转移。

（1）累加器判零转移指令（2条）。

```
JZ rel                    ;如果累加器 A 为"0",则转移,否则顺序执行后续指令
JNZ rel                   ;如果累加器 A 非"0",则转移,否则顺序执行后续指令
```

【例 3-39】 编程判断累加器 A 与寄存器 B 的内容是否相等，若相等则使 P1 口输出 FFH。

```
    XRL A,B               ;若(A)= (B),则 0→A
    JNZ NEXT              ;若(A)≠0,则转移到标号 NEXT 处执行
    MOV P1,# 0FFH         ;(A)= 0,程序顺序执行,P1 口输出 FFH
    …
NEXT:…
```

（2）比较不相等转移指令（4条）。

```
CJNE A,direct,rel         ; 如果(A)≠(direct)则转移,否则顺序执行后续指令
CJNE A,# data,rel         ;如果(A)≠# data 则转移,否则顺序执行后续指令
CJNE Rn,# data,rel        ; 如果(Rn)≠(direct)则转移,否则顺序执行后续指令
CJNE @ Ri,# data,rel      ;如果(Ri)≠# data 则转移,否则顺序执行后续指令
```

该组指令中有三个操作数，前面两个数据是用于比较的数，最后的 rel 是转移的相对偏移量。执行该指令时，如果前面两个操作数的值不相等则转移，否则顺序执行后续的指令。指令执行后会影响进/借位标志 Cy，如果第一操作数（无符号整数）小于第二操作数（无符号整数），则置 Cy 为"1"，否则 Cy 清"0"。因此我们可以在执行完 CJNE 指令后通过检测 Cy 判断两个无符号数据的大小。

【例 3-40】 已知内部 RAM 的 30H、31H 单元中都是单字节的无符号数，编写一段程序，比较这两个数的大小，并将较大的数放入 32H 单元。

```
        MOV   A,30H          ;取第一操作数
        CJNE  A,31H,NEXT2    ;(A)≠(31H),若比较不等则转移到标号 NEXT2 处执行程序
NEXT1:SJMP   NEXT3           ;(A)= (31H),顺序执行该指令,转移到标号 NEXT3 处执行
NEXT2:JNC    NEXT3           ;判断进/借位标志的指令,若(A)> (31H)则转到 NEXT3 处执行
        MOV   A,31H          ;(A)< (31H),顺序执行,把 31H 单元中的大数送 32H 单元
NEXT3:MOV   32H,A            ;(A)> (31H),把 30H 单元中的大数送 32H 单元
        RET                  ;程序返回
```

（3）减 1 不为 0 转移指令（2条）。

```
DJNZ   Rn,rel             ;若(Rn)- 1→Rn ≠ 0,则转移,否则顺序执行后续指令
DJNZ   direct,rel         ;若(direct)- 1→direct ≠ 0,则转移,否则顺序执行后续指令
```

这是一组把减 1 计数与条件转移两种功能结合在一起的指令，特别适合应用在已知循环次数的循环程序中。执行指令时，首先将源操作数（Rn 或 direct）的内容减 1，接着判断结

果是否减到 0，若结果为 0 则转移，否则顺序执行后续指令。

在具体应用中，预先把计数次数送入计数器 Rn 或 direct 中，执行该指令使计数器减 1，直到计数值减到 0 时循环结束。

【例 3-41】 编写一段程序，把内部 RAM 中的 30H～37H 单元清零。

```
        MOV R0,# 30H          ;数据指针 R0 指向 30H 单元
        MOV R7,# 08H          ;工作寄存器 R7 用于计数,共 8 个单元,赋初值计数 8
        CLR A                 ;累加器清零,为清除内部单元准备好数据 0
LOOP:MOV @ R0,A               ;清片内 RAM 指定的单元
        INC R0                ;数据指针 R0 下移
        DJNZ  R7,LOOP         ;8 个单元没有做完则继续进行
        RET                   ;程序返回
```

3. 子程序调用与返回指令（4 条）

子程序的调用和返回是一对互逆操作，也是一种特殊的转移操作。一方面，调用子程序会导致程序转移，CPU 将转而执行子程序中的指令序列，这说明调用子程序的操作含有转移指令的功能；另一方面，转移指令是一种"一去不复返"的操作，而子程序调用指令要求当子程序执行完以后，能回到执行调用指令的程序段中接着调用指令之后的指令继续运行，它是一种"有去有回"的操作。为了能达到正确返回的目的，就要保存子程序调用指令之后的指令的地址，也就是保护断点。子程序返回指令的功能就是恢复断点的功能。子程序调用指令分为长调用指令和短调用指令各 1 条。

（1）长调用指令（1 条）。

```
LCALL   addr11                ;三字节指令
```

功能：①保护断点：$(PC)+3 \rightarrow PC$，$(SP)+1 \rightarrow SP$，$PC_{7\sim0} \rightarrow ((SP))$；$(SP)+1 \rightarrow SP$，$PC_{15\sim8} \rightarrow ((SP))$；②产生目的地址（转移），$addr16 \rightarrow PC$，该指令执行完毕后，不但转向子程序，而且堆栈中保存了断点信息，如图 3-11 所示。

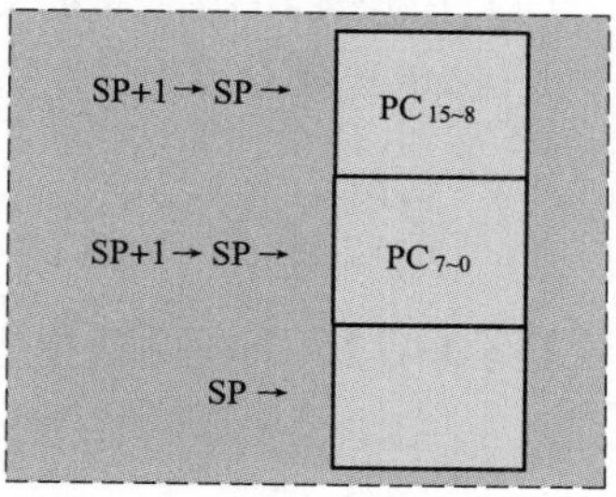

（2）短调用指令（1 条）。

```
ACALL   addr16                ;双字节指令
```

功能：①保护断点：$(PC)+2 \rightarrow PC$，$(SP)+1 \rightarrow SP$，$PC_{7\sim0} \rightarrow ((SP))$；$(SP)+1 \rightarrow SP$，$PC_{15\sim8} \rightarrow ((SP))$；②产生目的地址（转移），$addr11 \rightarrow PC$ 的低 11 位，PC 的高 5 位不变。目的地址的产生与 AJMP 指令相同。

图 3-11 子程序调用指令对堆栈的影响

编写程序时，addr11 和 addr16 处通常填写子程序标号。

（3）子程序的返回指令（1 条）。

```
RET; ((SP))→PC8~15, (SP)-1→SP,((SP))→PC0~7, ((SP))-1→SP
```

功能：恢复断点，返回到主程序，执行主程序调用指令的下一条指令。RET 指令为子程序的最后一条指令。

（4）中断返回指令（1 条）。

```
RETI
```

功能：与 RET 指令相似，用于恢复断点，返回到被中断的主程序接着执行，两指令的不同之处在于 RETI 指令能清除中断优先级状态触发器，释放中断逻辑，以便中断系统接收新的中断请求。

注意：RET 指令用于子程序返回；RETI 指令用于中断服务程序返回；两者都有恢复断点的功能，但 RETI 指令还有清除中断优先级状态触发器的功能，所以两者不能互换使用！

4．空操作指令（1 条）

```
NOP; ( PC)+ 1→PC
```

功能：该指令占用一个字节单元，所以，执行该指令仅仅使 PC 加 1 指向下条指令，因此将其纳入转移类指令中介绍，但该指令并不会导致程序转移。所谓空操作也就是指执行该指令时 CPU 不产生任何操作。该指令一般用于延时子程序，或用于填充程序存储器中的空闲区，以避免程序跑入空闲区而导致死机。

3.3.5 位操作类指令

位操作是指对位寻址空间的数据进行操作。位操作指令借用进位标志 Cy 保存操作的结果，大部分位操作指令都涉及 Cy，因此 Cy 相当于一个位处理机的"累加器"，称为"位累加器"，用符号 C 表示。为了便于记忆，在汇编语言编程时，位地址一般有以下四种表示方式。

（1）直接位地址表示方式，如 07H、1FH 等。
（2）点操作符表示方式，如 20H.7、PSW.1 等。
（3）位名表示方式，如 RS0、C、F0 等。
（4）用户使用伪指令定义的方式，如指令 FLAG　BIT　P3.3 等。

1．位传送指令（2 条）

```
MOV  C,bit              ;(bit )→Cy
MOV  bit,C              ;(Cy)→ bit
```

【例 3-42】 下面两条指令都是位传送指令：

```
MOV  C,06H             ;( (20H).6 )→Cy
MOV  P1.0,C            ;(Cy)→P1.0
```

注意：数据位只能通过"位累加器"C 进行间接传送，虽然该指令的操作码助记符与字节传送指令相同，但位传送指令中必含有操作数 C。例如，下面两条指令：

```
MOV  C,06H             ;位传送指令,06H是内部 RAM 20H 字节中的位 6 的位地址,
MOV  A,06H             ;字节数据传送指令,06H是内部 RAM 的字节地址。
```

2．置位、复位指令（6 条）

```
CLR  C                 ;Cy清"0"
CLR  bit               ;直接位地址 bit 位清"0"
CPL  C                 ;Cy求反
```

```
CPL   bit                    ;直接位地址 bit 位求反
SETB  C                      ;Cy 置"1"
SETB  bit                    ;直接位地址 bit 位置"1"
```

【例3-43】 下面 4 条指令对位逻辑变量进行置位或复位操作：

```
CLR   C                      ;0→Cy
CLR   27H                    ;0→(24H).7 位
CPL   08H                    ;(21H).0 求反→(21H).0 位
SETB  P1.7                   ;1→P1.7 位
```

3. 位变量逻辑与指令（2 条）

```
ANL   C,bit                  ;bit∧Cy→Cy
ANL   C,/bit;                ;bit̄∧Cy→Cy
```

4. 位变量逻辑或指令（2 条）

```
ORL   C,bit                  ;bit∨Cy→Cy
ORL   C,/bit                 ;bit̄∨Cy→Cy
```

5. 条件转移类指令（5 条）

```
JC    rel                    ;如果进位位 Cy=1,则转移,否则顺序执行后续指令
JNC   rel                    ;如果进位位 Cy=0,则转移,否则顺序执行后续指令
JB    bit,rel                ;如果直接寻址位=1,则转移,否则顺序执行后续指令
JNB   bit,rel                ;如果直接寻址位=0,则转移,否则顺序执行后续指令
JBC   bit,rel                ;如果直接寻址位=1,则转移,并清零直接寻址位
```

【例3-44】 如图 3-12 所示为一个小型病房呼叫系统。A、B、C、D 为四个病房的呼叫信号（有呼叫为低电平），分别对应 LED1~LED4 四个指示灯。写出相关的程序，要求当有呼叫时，对应的 LED 指示灯亮。

```
        MOV P1,# 0FH
        JB P1.0,NEB
        SETB  P1.4
  NEB: JB P1.1,NEC
        SETB  P1.5
  NEC: JB P1.2,NED
        SETB  P1.6
NED:…  …
```

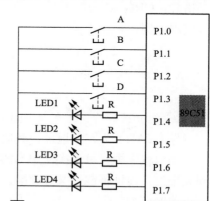

图 3-12 小型病房呼叫系统

89C51 单片机指令系统小结：

（1）不同的存储空间寻址方式不同，适用的指令不同，要注意区别。

（2）标志位反映指令执行后的特征，也是条件转指令的依据。要特别注意指令对标志位的影响。例如：加"1"操作可以用 INC 指令，也可以用 ADD 指令，但 INC 指令不影响进位标志。

（3）不同类型的转移指令的转移范围不尽相同，特别要注意转移指令越界及处理方法。

【例 3-45】 程序如下

程序修改如下

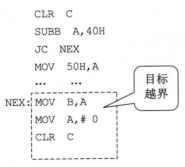

```
        CLR   C
        SUBB  A,40H
        JC    NEX
        MOV   50H,A
        ···   ···
NEX:    MOV   B,A
        MOV   A,# 0
        CLR   C
```

目标越界

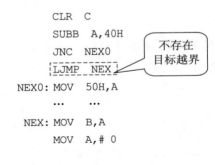

```
        CLR   C
        SUBB  A,40H
        JNC   NEX0
        LJMP  NEX
NEX0:   MOV   50H,A
        ···   ···
NEX:    MOV   B,A
        MOV   A,# 0
```

不存在目标越界

（4）指令系统是熟悉单片机功能、开发和应用单片机的基础，要真正地理解符号操作指令的含义，熟练地掌握指令系统。

3.3.6 伪指令

程序设计者使用汇编语言编写的汇编语言程序必须汇编成机器代码后才能运行。89C51 汇编语言源程序中应有向汇编程序发出的指示信息，告诉汇编程序如何完成汇编工作，这是通过使用伪指令来实现的。

伪指令不属于指令系统中的汇编语言指令，它是程序员发给汇编程序的命令，也称为汇编程序控制命令。只有在汇编前的源程序中才有伪指令。经过汇编得到目标程序（机器代码）后，伪指令已无存在的必要。所以，"伪"体现在汇编时，伪指令没有相应的机器代码产生。

常用的伪指令有以下几种。

1. ORG 汇编起始地址命令

规定紧跟该伪指令的源程序经汇编所生成的目标代码从 ORG 指令所给出的地址单元开始存放。在汇编语言源程序的开始处，通常都用一条 ORG 伪指令来规定程序的起始地址。

格式：ORG addr16

应用示例：

```
        ORG   2000H
START:MOV   A,# 00H
        ⋮
```

ORG 2000H 指令之后的源程序汇编成目标代码后，从程序存储器的 2000H 单元开始存放。标号 START 为符号地址，其值为 2000H。

一个源程序中，可多次使用 ORG 指令，来规定不同程序段的起始地址，但地址必须由小到大排列，地址不能交叉、重叠。

正确的应用示例：

错误的应用示例：

```
ORG   2000H
⋮
ORG   2500H
⋮
ORG   3000H
⋮
```

此段程序不能超出2500H，否则被覆盖。

```
ORG   2500H
⋮
ORG   2000H
⋮
ORG   3000H
⋮
```

2. END 汇编终止命令

汇编语言源程序的结束标志，用于终止源程序的汇编工作。在整个源程序中只能有一条END命令，且位于程序的最后。

格式：END 或 END 标号

如果源程序是一子程序，则 END 后不加标号，若源程序是主程序，则所加标号应为主程序的首地址，否则汇编后的目标程序从 0000H 单元开始存放。

3. DB 定义字节命令

DB 的功能是在程序存储器从指定单元开始定义（存储）若干个字节数据。

格式：[标号] DB 项或项表

注意：项或项表中的字节用","分隔；字符型数据加""；负数须转换成补码表示；标号是可选项；省去标号不影响指令的功能；在程序中可连续重复使用"DB"命令定义字节数据。

应用示例：

```
ORG  2000H
DB 30H,40H,24,"C","B"
```

该伪指令汇编结束后，将字节数据 30H，40H，24，"C"，"B"存放在程序存储器2000H 开始的单元中，表项中的十进制数据会自动转换为二进制数据存放，字符型数据用ASCII 码编码表示。如图 3-13 所示，24＝18H，C、B 的 ASCII 码分别为 43H、42H。

4. DW 定义数据字命令

从指定的地址开始，把项或项表中的字数据（16 位）依次存入到程序存储器中的连续地址单元。一个 16 位数据需要两个存储单元，存放原则是：高位数据在前，低位数据在后。

格式：[标号] DW 项或项表

应用示例：

```
ORG 2000H
DW 1246H,7BH,10
```

2000H	30H
2001H	40H
2002H	18H
2003H	43H
2004H	42H

图 3-13 DB 指令定义的数据表

2000H	12H
2001H	46H
2002H	00H
2003H	7BH
2004H	00H
2005H	0AH

图 3-14 DW 指令定义的数据表

该伪指令汇编结束后，将字节数据 1246H 按高位数据在前，低位数据在后的顺序存放到 2000H 和 2001H 单元中，7B 将按 16 位数据 007BH 存放，十进制数据 10 自动转换成二进制后也按 16 位数据 000AH 存放。"DW"定义的数据不论大小都占用两个字节单元，如

图 3-14 所示。

　　DB 指令和 DW 指令都可重复多次使用。连续多次定义的数据，汇编结束后存储在同一连续的存储区中。例如：

```
SEG_CODE: DB 3FH,06H,5BH,4FH,66H,6DH,7DH,07H
          DB 7FH,6FH,77H,7CH,39H,5EH,79H,71H
```

　　该伪指令汇编结束后，DB 指令所定义的 16 个字节数据连续存储在标号 SEG_CODE 开始的存储单元中。

　　5. EQU 赋值命令

　　把数或汇编符号赋给标识符。标识符不能重复赋值，只能赋值一次，一旦赋值将在整个程序中有效。

　　格式：　标识符 EQU　数或汇编符号

　　注意：标识符不是标号，后面不能带冒号。

　　应用示例：

```
LOOP  EQU  10H              ;程序中的 LOOP 等价于 10H
LP    EQU  R2               ;程序中的 LP 可表示 R2
```

　　用 EQU 指令赋值以后的符号名，既可以用作数据地址、标号、寄存器，还可以直接当作一个立即数使用。

　　6. DATA 数据地址赋值命令

　　把数据地址赋给符号名，用 DATA 指令赋值以后的符号名作为数据地址使用。

　　格式：　标识符 DATA 数或表达式

　　应用示例：

```
BMKG  DATA  20H            ;为拨码开关值定义一个存储单元,程序中 BMKG 等价于 20H
```

　　7. BIT 位地址符号命令

　　将位地址的值赋给字符名。

　　格式：标识符　BIT　位地址

　　应用示例：

```
WDOG  BIT  P1.3            ;程序中的 WDOG 等价于 P1.3
```

第 4 章

跟我学 89C51 编程技术

在了解了单片机的物理世界和符号世界之后，我们就能进入单片机的应用领域，利用 CPU 进行数据运算，通过 I/O 口输入或输出数据。不论输入的是原始数据，还是运算处理后的结果数据，都可以保存在数据存储器的某地址单元。单片机的任何操作都是在程序的控制下执行的，单片机的程序既可以用汇编语言编写也可以用 C 语言编写，本章主要介绍汇编语言程序设计。汇编语言程序的基本指令有两种形式：助记符指令和伪指令。

（1）助记符指令：单片机机器指令的符号表示，每条指令汇编后都会生成相应机器语言的目标代码，该目标代码会在程序运行过程中得到执行。

（2）伪指令：也称汇编控制指令。它只在程序汇编时起作用。程序汇编时，它为汇编程序提供汇编过程的控制信息，在程序汇编成目标代码后，伪指令的生命周期便结束了，也就是说伪指令不产生目标代码。

4.1　汇编程序设计的基本方法

4.1.1　汇编语言的指令语句格式

1. 典型的四分段格式

标号字段(:)操作码字段 (空格)操作数字段 (;)注释字段

其中：括号内的内容为各段间的分隔符。

2. 格式要求

（1）标号字段和操作码字段之间要有冒号":"相隔。

（2）操作码字段和操作数字段间的分界符是"空格"。

（3）操作数之间用逗号","相隔。

（4）操作数字段和注释字段之间用分号";"相隔。

（5）一条语句可以没有标号，标号的有无取决于本程序中的其他语句是否访问该条语句。操作码字段为必选项，其余各段为任选项。

【例 4-1】　下面是一段汇编语言程序的四分段书写格式。

标号字段	操作码字段	操作数字段	注释字段
START:	MOV	A, 30H	;(30H)→A
	MOV	R1,# 10	;10→R1
	MOV	R2,# 00000011B	;3→R2
LOOP:	ADD	A,R2	;(A)+ (R2)→A

```
          DJNZ            R1,LOOP              ;(R1)-1≠0 循环
          NOP
HERE:     SJMP            HERE
```

注意：在汇编语言程序编辑中，标点符号一定要用半角符号，否则汇编程序不认识全角标点符号，汇编语言程序不能通过，会给出错误提示：SYNTAX ERROR。

3. 基本语法规则

（1）标号字段。标号是语句所在地址的标识符号，表示当前这条指令所在的程序存储器空间的首地址。

1）标号后边必须跟以冒号"："。

2）由 1~8 个 ASCII 字符组成，第一个字符必须是字母。

3）同一标号在一个程序中只能定义一次。

4）不能使用汇编语言已经定义的符号作为标号，如 MOV、INC、R1、A 等。

（2）操作码字段。操作码是指令开始的部分，是汇编语言中预定义的具有特定含义的符号，每个操作码描述了指令的操作功能。

（3）操作数字段。通常有单操作数、双操作数、三操作数和无操作数四种情况。如果有多个操作数，则操作数之间要以逗号隔开。汇编语言编程时，操作数的表示形式取决于指令的寻址方式。

1）立即数的表示。十六进制数的后缀为"H"，如 32H。若是 A~F 开头，则需在它前面加一个"0"，以便在汇编时把它和字符 A~F 区别开来，如 0F2H。二进制数的后缀为"B"，如 101101B。例如，MOV A，♯00111011B。十进制数的后缀为"D"，也可以省略后缀，如 32。例如，MOV A，♯32。

单片机在使用汇编语言编程时，所有数据通常使用十六进制数表示，如 MOV A，♯3BH。

2）工作寄存器和特殊功能寄存器的表示。采用工作寄存器和特殊功能寄存器的代号来表示，也可用其地址来表示。例如，寄存器 B 在指令的操作数中可用 B 表示，也可用 0F0H 来表示，0F0H 为寄存器 B 的地址。因此，指令 MOV B，♯3 与指令 MOV 0F0H，♯3 等价，都对应机器码 75H F0H 03H。

3）美元符号 $ 的使用。美元符号 $ 往往在转移类指令中作为操作数，用于表示该转移指令的操作码所在的地址。例如，以下两条指令是等价的：

```
    JNB  F0, $
HERE:JNB  F0,HERE
```

以下二组指令也是等价的：

```
┌─────────────────────────────────────┐   ┌──────────────────────────────────────┐
│ CJNE  A,♯ 50,$ + 3    ;三字节指令    │   │         CJNE   A,♯ 50,NEXT           │
│ JNC  LAGA             ;≥50 跳转      │   │ NEXT: JNC  LAGA  ;≥50 跳转           │
└─────────────────────────────────────┘   └──────────────────────────────────────┘
```

（4）注释字段。注释字段用于解释指令或程序的含义，提高程序的可读性。使用注释时必须以分号"；"开头，换行书写注释时也要以分号"；"开头。

4.1.2 编制程序的步骤

1. 任务分析

首先要对单片机应用系统要完成的任务进行分析，明确系统的设计要求、功能要求和技

术指标，然后还要对系统的硬件资源和工作环境进行分析，确定硬件系统资源，特别是存储器资源的分配。

2．算法设计与优化

算法是解决具体问题的方法。一个应用系统经过分析和研究后，可以利用严密的数学方法或数学模型来描述，从而将一个实际问题转化成计算机能够处理的问题。由于同一个问题的算法可以有多种，但不同算法所占用的资源和运行速度可能不同，所以在设计时应对算法进行比较和合理优化。

3．程序总体构想

经过任务分析和算法优化后，就可以进行程序的总体构思，确定程序的结构和数据形式，并考虑资源的分配和参数计算等问题，根据总体构思编制程序流程图。

程序流程图可以分为总体流程图和局部流程图。总体流程图侧重反映程序的逻辑结构和程序中各模块之间的关系；局部流程图可以反映程序模块内部的具体实现细节。在此基础上，一般还需要编制一个资源分配表，包括程序所使用的资源、算法、源数据和结果数据等。

4．编制源程序

根据单片机的指令系统，按照已编制的程序框图，用汇编语言编制出源程序。

5．上机调试

使用调试软件（书中使用 Keil μVision4）对编制的源程序进行仿真调试，直至实现预定的功能为止。

4.2　三种基本结构的程序设计

程序结构一般可以分为三种形式，即顺序结构、分支结构和循环结构。下面具体介绍这三种结构程序的设计。

4.2.1　顺序程序设计

所谓顺序程序就是单片机按指令在程序存储器中存放的先后次序来顺序执行的程序。

【例 4-2】　将一个字节的压缩 BCD 码转换成 ASCII 码，存入 RAM 的两个单元。

分析：一个压缩 BCD 码含有两位十进制数码，一个十进制数码的 ASCII 码对应着 7 位二进制数码，所以需要两个字节单元来存储转换的结果。

程序算法：查 ASCII 码表易知，ASCII 码 ＝ BCD 码＋30H。

资源安排：设 BCD 码数据存储在片内 RAM 的 30H 单元。将结果的十位数的 ASCII 码存入 31H 单元，个位数的 ASCII 码存入 32H 单元，程序流程图如图 4-1 所示。

启动 Keil μVision4，为一个新工程编制 ex4_2.asm 源程序如下：

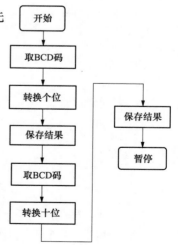

图 4-1　顺序结构的程序流程图

```
ORG   0000H          ;汇编起始地址
MOV  A , 30H         ;取 BCD 码数据
ANL  A, # 0FH        ;求个位 BCD 码
ADD  A, # 30H        ;转换为 ASCII 码
MOV  32H , A         ;保存结果
MOV  A ,30H          ;取 BCD 码数据
SWAP A               ;高、低四位相互交换
ANL  A, # 0FH        ;求十位 BCD 码
ADD  A, # 30H        ;转换为 ASCII 码
MOV  31H , A         ;保存结果
SJMP $               ;暂停
END                  ;汇编结束
```

程序到此已编制完成，单击📺按钮，汇编无错误后启动程序调试，进行验证，若调试过程中出现错误应反复修改程序，直到程序完全正确为止。

【例 4-3】 将二进制数据转换为相应的十进制数。

单片机内部使用的数据是二进制数据，而显示输出的数据却是十进制数据，这就需要进行二—十进制数据的转换。

分析：8 位二进制数的最大值为 255，转换结果要用三位十进制数表示，若十进制数码以非压缩 BCD 码保存，则需要三个字节存储单元。

程序算法：将二进制数据除以 10 得余数和商，余数即为对应十进制数据的个位数码；再将结果的商除以 10 又得余数和商，余数为对应十进制数据的十位数码，商为十进制数据的百位数码。

资源安排：将源数据存储在 20H 单元，将结果的个、十、百位 BCD 码数据分别保存到 20H、21H、22H 单元。

ex4＿3.asm 二—十进制数制转换程序如下：

```
ORG 0000H
MOV 20H, # 0B6H      ;20H 单元送一个待处理的数据
MOV A,20H            ;取数据到累加器
MOV B,# 0AH          ;除数为 10
DIV AB
MOV 20H,B            ;保存个位十进制数码
MOV B,# 0AH
DIV AB
MOV 21H,B            ;保存十位十进制数码
MOV 22H,A            ;保存百位十进制数码
SJMP $               ;暂停
END
```

启动 Keil μVision4，运行上述程序，新建一个工程（如 ex4＿3），为工程设计一个源程序，启动调试，如图 4-2 所示。设置断点在 SJMP 指令处，打开内存窗口，在"Address"栏中输入结果单元地址，观察程序运行的结果。如图 4-3 所示，在地址栏中输入 D：20H。由于二进制数据 B6H 对应的十进制数据为 182，所以，（20H）＝02，（21H）＝08，（21H）＝01。

4.2.2　分支程序设计

在处理实际事务中，只用顺序程序是远远不够的，因为大部分程序中包含有判断、比较等情况，并且需要根据比较的结果采取不同的处理方法而转向不同的处理分支。

【例 4-4】 将内部数据存储器的 31H 和 30H 单元中的 16 位原码数据求其补码后存放回原单元。

分析：这是一个双字节数据的求补问题，在单片机中基本存储单元是一个字节，16 位二进制数据需要两个字节存储单元。根据题意，30H 单元存储的是 16 位二进制数据的低 8 位，31H 单元存储的是 16 位二进制数的高 8 位，由于转换结果存放回原单元，所以不需要为结果单元安排存储空间。

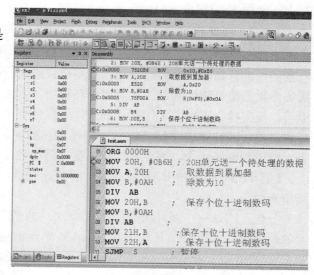

图 4-2　二—十进制数制转换程序

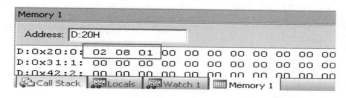

图 4-3　二—十进制数制转换程序

程序算法：先判断数的正、负，因为正数的补码＝原码，而负数的补码＝反码 ＋ 1。因此，算法是低 8 位取反加 1，高 8 位符号位不变，其他位取反后再加低位的进位 Cy，流程图如 4-4 所示。

ex4 _ 4.asm 求补码的程序如下：

```
        ORG   0000H
        MOV   A, 31H        ;取高位数据
        JNB ACC.7 ,EOF      ;判断,若为正数则结束
        MOV   A, 30H        ;低 8 位取反加 1
        CPL   A
        ADD   A, # 1
        MOV   30H,A         ;存低 8 位结果
        MOV   A, 31H
        XRL   A , # 7FH     ;求高 8 位反码
        ADDC  A, # 0        ;加进位
        MOV   31H,A         ;存高 8 位结果
EOF:SJMP   EOF             ;暂停
        END
```

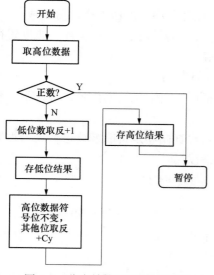

图 4-4　分支结构的程序流程图

注意：由于 INC 指令不影响 Cy 标志，因此低位

加 1 不能用 INC 指令。

4.2.3 循环程序设计

顺序程序中的每条指令只执行一次；分支程序则是根据条件不同，会跳过一些指令，执行别的一部分指令，这样每条指令最多也只能执行一次。单片机在处理事务时，有时会遇到需要多次重复处理的问题，此时用循环程序的方法来解决就比较合适。循环程序中的某些指令可以反复执行多次。采用循环程序，可以使程序缩短，节省存储单元。重复次数越多，循环程序的优越性就越明显。但循环程序的执行时间并不节省。由于循环程序中要有循环准备、结束判断等指令，因此其执行速度比顺序程序略慢。

【例 4-5】 将片内 RAM（40H）后的连续 20 个数据传送到片外 RAM2000H 开始的连续单元中。

分析：这是一个循环次数已知（20 次）的循环结构的程序，可以用 R0 作片内 RAM 单元的地址指针，用 DPTR 作为片外 RAM 单元的地址指针，R2 用于控制循环的次数。每传送一次数据后修改地址指针，同时计数 1 次，计满 20 次，则数据传送完毕。流程图如图 4-5 所示。

ex4_5.asm 单重循环程序如下：

```
        ORG   0000H
        MOV   R0,#40H
        MOV   DPTR,#2000H
        MOV   R2,#14H
LP: MOV   A,@R0
        MOVX  @DPTR,A
        INC   R0
        INC   DPTR
        DJNZ  R2,LP
        SJMP  $
        END
```

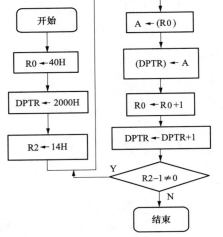

图 4-5 循环结构的程序流程图

从上例可知，循环程序一般由五个部分组成。

（1）初始化部分：为循环程序做准备，如设置循环计数器的计数值、地址指针置初值、循环变量置初值等。

（2）处理部分：反复执行的程序段，是循环程序的实体部分。

（3）修改部分：每一次循环后指针做一次修改，使指针指向下一数据位置，进入下一轮的数据处理。

（4）控制部分：根据循环计数器的状态或循环条件，检查循环是否能继续进行，若循环次数已到或循环的条件不满足，则控制退出循环，否则继续循环。

（5）结束部分：分析和存放结果。

其中，第（2）、（3）、（4）部分为循环体。

4.3 子 程 序 设 计

在单片机编程时，常常会多次进行一些相同的操作，如数制转换、函数计算等。如果每次都从头开始编制一段程序，这样不仅麻烦，而且也浪费存储空间。因此，我们需要对一些常用的程序段以子程序的形式，事先存放在程序存储器的某一区域。当主程序运行到需要子程序时，只需执行调用子程序的指令，使程序转到子程序执行即可。子程序执行完毕后，返回主程序继续进行以后的操作。

4.3.1　子程序设计原则和应注意的问题

1. 设计原则

子程序是一种能完成某一特定任务的程序段，其资源要为所有调用程序所共享。因此，子程序在结构上应具有独立性和通用性。

2. 编写子程序时应注意的问题

（1）子程序第一条指令的地址称为子程序的入口地址，该指令前必须设有标号。

（2）主程序通过标号调用子程序。

两条调用子程序指令如下，实际应用时在操作数栏填写被调用子程序的标号。

绝对调用指令：ACALL　　addr11（子程序的标号）。

长调用指令：LCALL　　addr16（子程序的标号）。

（3）注意设置堆栈指针和现场保护。在程序规模相对较大时，在综合考虑存储器资源分配的同时，在主程序中要对堆栈指针 SP 进行初始化，通过堆栈进行现场的保护和参数的传递。

（4）约定好参数传递方法。子程序调用一般有两种参数要传递：一是入口参数，即主程序传递给子程序处理的数据；二是出口参数，即子程序处理后的结果数据。当参数较少时可以使用寄存器或存储单元来传递参数，当参数较多时一般用指针或堆栈来传递参数。

（5）子程序的最后一条指令必须是 RET 指令。

（6）子程序可以嵌套，即子程序中可以调用其他子程序。

4.3.2　子程序的基本结构

子程序一般由四部分结构组成，头部第一条指令的标号即为子程序名。子程序的第一部分语句用于对现场的保护，第二部分是子程序的功能部分，第三部分用于对现场的恢复，第四部分即为子程序返回指令。

```
SUB: PUSH      PSW          ;现场保护,不是必须的,根据情况而定
     PUSH      ACC          ;
     ……                    ;子程序处理程序段
     POP       ACC          ;现场恢复
     POP       PSW          ;
     RET                    ;最后一条指令必须为 RET
```

【例 4-6】　将 6 位十进制非压缩 BCD 码数据转换为二进制数据的子程序设计。

分析：6 位十进制数的最大值为 999999，对应的十六进制数据为 0F423FH，转换结果要用三个字节单元保存，现假设十进制的非压缩 BCD 码数据从低位到高位依次保存在 30H～35H 单元中。

程序算法：采用乘 10 累加的算法。

$$N_5 \times 10^5 + N_4 \times 10^4 + N_3 \times 10^3 + N_2 \times 10^2 + N_1 \times 10 + N_0$$
$$= ((((N_5 \times 10 + N_4) \times 10 + N_3) \times 10 + N_2) \times 10 + N_1) \times 10 + N_0$$

根据算法，程序重复进行中间结果加 BCD 码数据，然后与 10 相乘的操作。重复次数由 BCD 码数据的个数确定。

资源分配：R0 作为非压缩 BCD 码数据的地址指针，也是子程序的入口参数；转换结果数据从低位到高位依次保存在 20H、21H、22H 单元，这也是子程序的出口参数。

子程序用到的资源：累加器 A、辅助累加器 B、程序状态寄存器 PSW，中间结果用工作寄存器 R3，R4，R5，R6 进行保存，程序流程图如图 4-6 所示。

主程序：

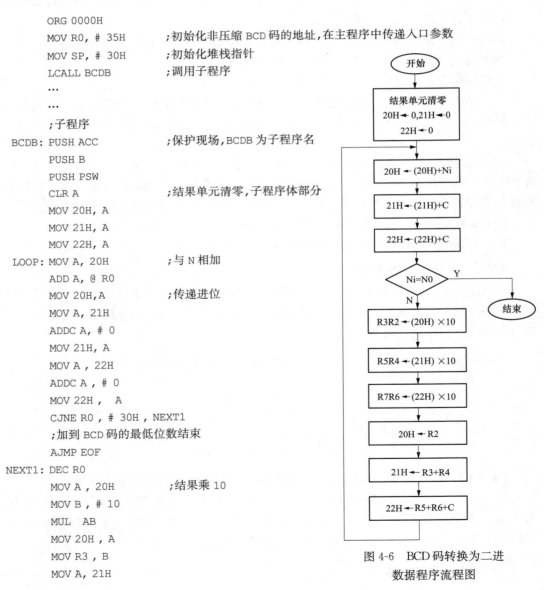

```
        ORG 0000H
        MOV R0, # 35H      ;初始化非压缩 BCD 码的地址,在主程序中传递入口参数
        MOV SP, # 30H      ;初始化堆栈指针
        LCALL BCDB         ;调用子程序
        ...
        ...
        ;子程序
BCDB:   PUSH ACC           ;保护现场,BCDB 为子程序名
        PUSH B
        PUSH PSW
        CLR A              ;结果单元清零,子程序体部分
        MOV 20H, A
        MOV 21H, A
        MOV 22H, A
LOOP:   MOV A, 20H         ;与 N 相加
        ADD A, @ R0
        MOV 20H,A          ;传递进位
        MOV A, 21H
        ADDC A, # 0
        MOV 21H, A
        MOV A , 22H
        ADDC A , # 0
        MOV 22H,  A
        CJNE R0, # 30H, NEXT1
        ;加到 BCD 码的最低位数结束
        AJMP EOF
NEXT1:  DEC R0
        MOV A , 20H        ;结果乘 10
        MOV B , # 10
        MUL  AB
        MOV 20H , A
        MOV R3 , B
        MOV A, 21H
```

图 4-6 BCD 码转换为二进数据程序流程图

```
        MOV B, # 10
        MUL  AB
        MOV R4, A
        MOV R5, B
        MOV A, 22H
        MOV B, # 10
        MUL  AB
        MOV R6, A
        MOV A, R3            ;按位求和保存结果
        ADD A, R4
        MOV 21H, A
        MOV A, R5
        ADDC A, R6
        MOV 22H, A
NEXT:   AJMP LOOP
EOF:    POP  PSW            ;恢复现场,注意堆栈后进先出的顺序,对应恢复 A、B、PSW
        POP  B
        POP ACC
        RET
        END
```

注意：用指针寄存器 R0 或 R1 传递参数时，主程序和子程序要使用同一工作寄存器组。

启动 Keil μVision＿4 运行上述程序，观察程序运行结果。设 6 位非压缩 BCD 码数据为999999，启动程序，运行到断点 EOF 处，则转换结果为 0F423FH，如图 4-7 所示。

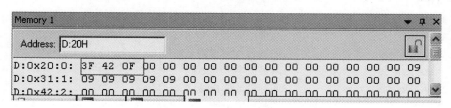

图 4-7 ［例 4-6］程序运行结果

【例 4-7】 多字节 BCD 码数据的加法子程序。

分析：设入口参数设压缩 BCD 码数据的字节数在 R7 中，被加数的起始地址在 R0 中，加数的起始地址在 R1 中；设出口参数设和的起始地址在 R0 中，和的压缩 BCD 码数据的字节数在 R7 中，最高位进位在 Cy 中。

使用资源：累加器 A，程序状态字 PSW，工作寄存器 R2。

子程序如下：

```
BCDA:PUSH ACC              ;保护现场,BCDA 为子程序名
     PUSH PSW
     MOV A,R7              ;取字节数至 R2 中
     MOV R2,A
     CLRC                  ;清进位标志
BCD1: MOV A,@ R0           ;取被加数到累加器 A
```

```
        ADDC A,@ R1                  ;按字节相加求和
        DA A                         ;十进制调整
        MOV @ R0,A                   ;回存和
        INC R0                       ;调整数据指针
        INC R1
        DJNZ R2,BCD1                 ;处理完所有字节
        POP PSW                      ;恢复现场
        POP ACC
        RET                          ;子程序返回
```

注意：用工作寄存器传递参数时，主程序和子程序要使用同一工作寄存器组。

【例 4-8】 多字节 BCD 码数据的求补码子程序。

分析：设压缩 BCD 码数据的字节数在 R7 中，操作数的起始地址在 R0 中，结果的起始地址仍在 R0 中，字节数仍在 R7 中。

程序算法：用 9AH 减去最低字节压缩 BCD 码数据，用 99H 减去其他字节数据。

使用资源：累加器 A，程序状态寄存器 PSW，工作寄存器 R1、R2。

程序如下：

```
        ORG   0000H
NEC0:   PUSH ACC
        PUSH PSW
        MOV A,R0                     ;保存地址
        MOV R1,A
        MOV A,R7                     ;取字节数至 R2 中
        MOV R2,A
        CLR CD                       ;清进位标志
NEC1:   MOV A,# 9AH                  ;被减数 9AH 送到累加器 A
        SUBB A,@ R1                  ;减最低字节 BCD 码
        MOV @ R1,A                   ;回存最低位补码
        INC R1                       ;调整数据指针
        DEC R2                       ;修改计数值
        CLR C                        ;清进位标志
        MOV A,# 99H                  ;被减数 99H 送到累加器 A
        SUBB A,@ R1                  ;按字节相减
        MOV @ R1,A                   ;回存补码
        INC R1                       ;调整数据指针
        DJNZ R2,NEC1                 ;处理完所有字节
        RET
        END
```

【例 4-9】 多字节 BCD 码数据的减法子程序。

分析：设压缩 BCD 码数据的字节数在 R7 中，被减数的起始地址在 R0 中，减数的起始地址在 R1 中，差的起始地址在 R0 中，字节数在 R7 中，最高位借位在 Cy 中，若有借位则结果为负。

使用资源：累加器 A，程序状态寄存器 PSW，工作寄存器 R2。

程序如下：

```
        ORG   0000H
NEC0: PUSH ACC
      MOV A,R7                    ;取字节数至 R2 中
      MOV R2,A
      MOV A,R1                    ;保护地址
      PUSH A
      LCALL NEG0                  ;调用将减数转换为补码的子程序
      POP A
      MOV R1,A                    ;恢复地址
      CLR C                       ;清进位标志
      MOV A,R0                    ;保存差的地址
      PUSH ACC
BCD1: MOV A,@ R0                  ;取被减数到累加器 A
      ADDC A,@ R1                 ;按字节相加求补码之和
      DA A                        ;十进制调整
      MOV @ R0,A                  ;回存和
      INC R0                      ;调整数据指针
      INC R1
      DJNZ R2,BCD1                ;处理完所有字节
      CPL C
      POP ACC
      MOV R0,A
      POP ACC
      RET
      END
```

【例 4-10】 16 位二进制数据的乘法子程序。

分析：设双字节被乘数在 R2R3 中，双字节乘数在 R6R7 中，乘积的结果在 R4R5R6R7 中。

程序算法：

```
                R2    R3
          ×     R6    R7
          ──────────────────────
                R3R7H   R3R7L
          R2R7H   R2R7L
          R3R6H   R3R6L
      R2R6H   R2R6L
      ──────────────────────
        R4      R5      R6      R7
```

使用资源：累加器 A，寄存器 B，程序状态寄存器 PSW。

程序如下：

```
DBMUI: PUSH  ACC
       PUSH  B
       PUSH  PSW
       MOV   A, R3                ;R3×R7
       MOV   B, R7
```

```
        MUL   AB
        XCH   A, R7            ;存低位结果到 R7,并准备乘数
        MOV   R5, B            ;乘积高位暂存到 R5
        MOV   B, R2            ;准备乘数 R2
        MUL   AB               ;R2×R7
        ADD   A ,R5            ;R3R7H+ R2R7L→R4
        MOV   R4, A ;
        CLR   A
        ADDC  A, B             ;第二次乘积的高位求和并暂存到 R5
        MOV   R5, A
        MOV   A, R6
        MOV   A, R3
        MUL   AB               ;R3×R6
        ADD   A, R4            ;低位与 R4 相加
        XCH   A, R6            ;存入 R6 并准备被乘数
        XCH   A, B             ;被乘数送寄存器 B,R3×R6 乘积的高位送累加器 A
        ADDC  A, R5            ;R2R7H+ R3R6H→R5
        MOV   A, R5
        MOV   F0,C             ;进位暂存 F0
        MOV   A, R2
        MUL   AB               ;R2×R6
        ADD   A, R5            ;乘积低位与 R5 求和
        MOV   R5, A
        CLR   A
        ADDC  A, B             ;乘积的高位带进位与 R4 求和
        MOV   C, F0
        ADDC  A, # 0
        MOV   R4, A
        POP   PSW
        POP   B
        POP   ACC
        RET
        END
```

【例 4-11】 无符号双字节数据的除法子程序。

分析：设被除数在 R2R3R4R5 中，除数在 R6R7 中。当 OV＝0 时，双字节的商在 R2 R3 中，当 OV＝1 时产生溢出。

程序算法：采用移位相减的方法完成。

使用资源：程序状态寄存器 PSW、累加器 A、寄存器 B、工作寄存器 R1～R7。堆栈需求：2 字节。

程序如下：

```
DIVD: CLR   C                 ;比较被除数和除数
      MOV A, R3
      SUBB A, R7
      MOV A, R2
```

```
            SUBB A, R6
            JC DVD1
            SETB OV                         ;溢出
            RET
DVD1: MOV B,#10H                            ;计算双字节的商
DVD2: CLR C                                 ;部分商和余数同时左移一位
            MOV A, R5
            RLC A
            MOV R5, A
            MOV A, R4
            RLC A
            MOV R4, A
            MOV A, R3
            RLC A
            MOV R3, A
            XCH A, R2
            RLC A
            XCH A, R2
            MOV F0, C                       ;保存溢出位
            CLR C
            SUBB A, R7                       ;计算 (R2R3－R6R7)
            MOV R1, A
            MOV A, R2
            SUBB A, R6
            ANL C,/F0                        ;结果判断
            JC DVD3
            MOV R2, A                        ;够减,则存放新的余数
            MOV A, R1
            MOV R3, A
            INC R5                           ;商的低位置"1"
DVD3: DJNZ B,DVD2                            ;计算完 16 位商 (R4R5)
            MOV A, R4                        ;将商移到 R2R3 中
            MOV R2, A
            MOV A, R5
            MOV R3, A
            CLR OV                           ;设立成功标志
            RET
```

4.4　输入输出程序设计

在单片机应用系统中，键盘和显示是单片机应用系统的基本组成部分。通过键盘输入对单片机进行操作，通过显示输出监控操作过程并观察操作结果。单片机的输入和输出操作要通过四个并行 I/O 口实现。本节主要介绍单片机四个并行 I/O 口的输入/输出电路结构以及操作方式，键盘、LED 显示器与单片机接口的连接方法，以及键盘输入和显示输出控制的

程序。

4.4.1　89C51 单片机的并行 I/O 端口

1. P0 口的电路结构和工作原理

（1）P0 口的电路结构。P0 口是一个 8 位的并行 I/O 端口，从电路结构上看，它由四部分组成。

1）一个数据输出锁存器，在数据输出时，用于锁存数据，维持输出数据不变。

2）两个三态的数据输入缓冲器，用于实现与片内总线的隔离。

3）一个多路转接开关 MUX，使 P0 口可以作为通用 I/O 口或地址/数据线口使用，赋予 P0 口分时复用的双重功能。P0 口的一位电路结构如图 4-8 所示。

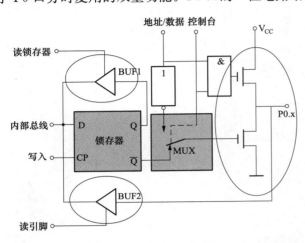

图 4-8　P0 口的一位电路结构

4）数据输出的驱动和控制电路，由两只场效应管（FET）组成推拉式驱动电路，提高带负载的能力。上面的场效应管构成了上拉电路。

（2）P0 口工作过程分析。

1）P0 口作为地址或数据总线使用时，CPU 发出的控制信号为"1"，使 MUX 打向上边，并开启与门，使上拉场效应管导通，此时，内部地址/数据线与下面的场效应管反相接通。上下两个场效应管形成推拉式电路结构，大大提高了负载能力。

2）P0 口作为通用的 I/O 口使用。

CPU 发出控制信号为"0"，上拉场效应管截止，MUX 向下，与 D 锁存器的 $\overline{Q}$ 端接通。

a. P0 作输出口使用时，CPU 的"写入"脉冲加在 D 锁存器 CP 端，内部总线上的数据写入 D 锁存器，并向端口引脚 P0.x 输出。输出电路是漏极开路，必须外接上拉电阻才能有高电平输出。

b. P0 作输入口使用时，有"读引脚"和"读锁存器"两种操作。

"读引脚"信号把下方缓冲器打开，引脚状态经缓冲器读入内部总线；"读引脚"时，为了避免因锁存器中的信息为"0"导致下部 FET 导通而拉低引脚信息，应先向该位输出"1"。所以说该 I/O 口是准双向的。下面两条指令是"读引脚"的指令：MOV　A，P0 指令用于读取 P0 口的 8 位信息，称为并行操作；MOV C，P0.0 指令用于读取 P0 口的某一位信息，称为位操作。

"读锁存器"信号打开上面的缓冲器，把锁存器 Q 端的状态读入内部总线。"读锁存器"操作由具有"读—修改—写"功能的指令完成。单片机中以端口为目的操作数的逻辑运算指令都属于此类指令。例如，指令 ORL　P0，A 是指先读 P0 锁存器的数据（不是读引脚），与 A 中数据相"或"后，再写入锁存器 P0。

（3）P0 口的特点。P0 口为双功能口，即地址/数据复用口和通用 I/O 口。

1）扩展外部存储器时，P0 口只用作地址/数据复用口。这时，P0 口是一个推拉输出的真正的双向口。如果要实现地址和数据的分时传送，在接口连接时，可将地址信息连接到一

个 8 位的外部锁存器的输入端，并将单片机输出的地址锁存控制信号（ALE）连接到锁存器
的锁存脉冲端，此时锁存器的输出信息即为
访问外部存储器的低 8 位地址信号。同时，
还要将 P0 口与存储器的数据端相连接。在访
问外部存储器的寻址阶段，单片机通过 P0 口
输出的低 8 位的地址信息伴随着 ALE 信号有
效而保存于锁存器中，P0 口自动切换为数据
端口，实现分时复用，如图 4-9 所示。

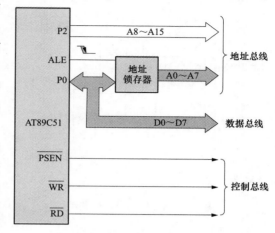

图 4-9　P0 口分时复用接口电路

2）当 P0 口用作通用 I/O 口时，由于 P0
口上拉管 FET 断开，处于高阻抗（悬浮）状
态，因此需要在片外接上拉电阻。另外，当
P0 口由输出状态转变为输入状态时，为保证
引脚信号的正确读入，应先向该输出位 写
"1" 后，方可执行输入操作指令。因此，P0
口是一个准双向的通用 I/O 口。一般情况下，
如果 P0 已经作为地址/数据复用口使用，就不能再作为通用 I/O 口使用了。

2. P1 口的电路结构和工作原理

（1）P1 口的电路结构。P1 口是一个 8 位的并行端口，是一个单功能的端口，P1 口的一
位电路结构如图 4-10 所示。从电路结构上可以看出，P1 口由三部分组成。

1）一个数据输出锁存器，用于对输出数据位的锁存。

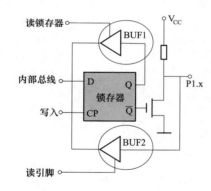

2）两个三态的数据输入缓冲器 BUF1 和 BUF2，分
别用于锁存器数据和引脚数据的输入缓冲。

3）数据输出驱动电路，由一个场效应管（FET）和
一个片内上拉电阻组成。

（2）P1 口工作过程分析。P1 口只能作为通用 I/O 口
使用，只有输入和输出两种操作方式。

1）P1 口作为输出口时，若 CPU 输出 "1"，Q＝1，
$\overline{Q}$＝0，FET 截止，引脚输出为 1；若 CPU 输出 "0"，
Q＝0，$\overline{Q}$＝1，FET 导通，引脚输出为 0。

2）P1 口作为输入口时，分为 "读引脚" 和 "读锁
存器" 两种方式。与 P0 口类似，"读锁存器" 操作由具

图 4-10　P1 口的一位电路结构

有 "读—修改—写" 特性的指令完成。

（3）P1 口的特点。P1 口由于有内部上拉电阻，不需要在片外接上拉电阻。P1 口 "读
引脚" 输入时，必须先向该位输出 "1"，所以 P1 口也是准双向 I/O 口。

3. P2 口的电路结构和工作原理

（1）P2 口的电路结构。P2 口是一个 8 位的并行端口，具有双重功能。它除了可以作为
通用 I/O 口使用外，还可以在外部存储器扩展时用于提供 16 位地址信息的高 8 位，P2 口的
一位电路结构如图 4-11 所示。从电路结构上看，P2 口由输出锁存器、缓冲器、双路开关和
输出驱动电路等四部分组成。

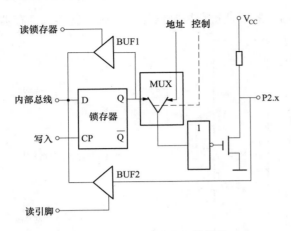

图 4-11 P2 口的一位电路结构

（2）工作过程分析。

1）用作高 8 位地址的地址总线。在控制信号作用下，MUX 与"地址"接通。

2）用作通用 I/O 口。在控制信号作用下，MUX 与锁存器的 Q 端接通。输入时分为"读锁存器"和"读引脚"两种方式。

（3）P2 口的特点。

1）作为地址输出线使用时，输出高 8 位地址，与低 8 位地址共用构成 16 位地址。

2）作通用 I/O 口使用时，P2 口为一个准双向口，其功能与 P1 口一样。

3）与 P0 口和 P1 口一样有两种输入操作方式："读引脚"和"读锁存器"。

4．P3 口的电路结构和工作原理

（1）P3 口的电路结构。P3 口是一个多功能的端口，其每根引线都增加了第二功能，从电路组成上看，P3 口由输出锁存器、输入缓冲器（包括第二功能输入缓冲器）、驱动电路和第二功能输出逻辑门等组成，如图 4-12 所示。

（2）工作过程分析。当 P3 端口使用第一功能（通过 I/O 口）输出数据时，第二功能信号就保持高电平，使与非门开门，此时端口数据锁存器的输出端 Q 可以控制 P3.x 引脚上的输出电平；当 P3 端口使用第二输出功能时，P3 端口对应位的数据锁存器应置"1"，使与非门开门，此时第二功能输出信号可以控制 P3.x 引脚上的输出电平。

当 P3 口作输入端口时，无论输入的是第一功能还是第二功能信号，相应位的输入锁存器和第二输出功能信号都应保持为"1"，使下拉驱动管截止；输

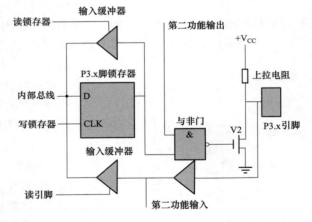

图 4-12 P3 口的一位电路结构

入部分有两个缓冲器，第二功能专用信息的输入取自于和 P3.x 直接相连接的缓冲器，而通用 I/O 端口的输入信息则取自"读引脚"信号控制的三态缓冲器的输入，再经内部总线送至 CPU。

（3）P3 口的特点。

1）P3 口片内有上拉电阻，不需要在片外接上拉电阻。但 P3 口作为第二功能的输出/输入或第一功能的通用输入，均须将相应位的锁存器置"1"。同其他端口一样，P3 口是准双向口。实际应用中，由于单片机复位后 P3 口锁存器自动置"1"，满足第二功能条件，所以不需要任何设置工作，就可以进入第二功能操作。

2）当某位不作为第二功能使用时，可以作为通用 I/O 使用。

3) 与 P0 口、P1 口及 P2 口一样，P3 口有两种输入操作："读引脚"和"读锁存器"。

4.4.2　键盘结构与工作原理

1. 键盘的结构

键盘由若干个按键按一定的规则排列构成，每个按键实际上是一个开关元件，单片机应用系统通过键盘完成对控制参数的输入和修改。单片机所使用的键盘往往根据实际应用进行定制，因此它与标准键盘在规模和键符设置等方面的差异很大。

2. 键盘的工作原理

（1）键盘的抖动与去抖动。由于弹性作用，按键的机械触点在闭合和断开的瞬间都会有抖动现象，即几次的重复闭合和断开，如图 4-13 所示。抖动现象会导致一次按键操作却重复多次执行的错误现象，因此在应用中必须消去抖动。抖动时间的长短取决于按键的机械特性，抖动时间一般为 10～30ms，因此可以采取软件延时的办法消去抖动。

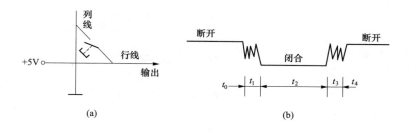

图 4-13　键盘抖动时的信号输入波形
(a) 按键开关；(b) 键闭合时行线输出电压波形

（2）连击的处理。当按下按键后，按键闭合时间的长短与人为因素有关，在这个过程中，按键就好像被多次连续按下一样，控制程序会检查出多次连续击键，而通常情况下每次按键应该只响应一次，所以必须处理连击现象。为了处理连击现象，可以在控制程序中进行按键后的释放检查，只有当闭合的按键释放后才转向对键的处理。

3. 键盘分类

（1）按键盘的编码可以分为：编码键盘和非编码键盘。

（2）按键组的连接方式可以分为：独立连接键盘和矩阵连接键盘。

（3）按键的工作原理可以分为：机械式、电容式、电磁式和光电式键盘。

（4）按用途可以分为：通用键盘和功能键盘。

4.4.3　独立式键盘接口电路及控制程序

当单片机应用系统所需要的按键数量比较少时，常采用非编码的独立式键盘，也称开关键盘或线性键盘，其接口电路如图 4-14 所示。每一个键对应着一根 I/O 口线，各个按键是相互独立的。当某个按键按下时，对应的 I/O 口线的电位由高电平变为低电平，单片机 CPU 只需依次访问和查询所连接的 I/O 口线即可识别是哪一

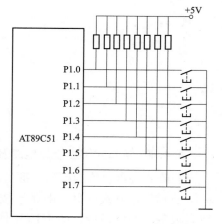

图 4-14　独立式盘接口电路

个键被按下。

独立式键盘的按键数与所需要的单片机引脚数一致,当按键较多时会占用大量的 I/O 口线。因此,独立式键盘适合于只需要少量功能性按键的单片机系统。由于独立式按键的接口简单,因此其处理程序也很简单。下面给出了 6 个按键处理程序的框架结构:

```
KEY: ORL P1 ,# 0FFH          ;输入口先置"1",批准输入
     MOV A, P1               ;读输入口
     XRL A, # 0FFH           ;检查是否有按键按下
     JZ EOF                  ;无按键返回
     LCALL  DELAY            ;有按键,调用延时子程序,延时去抖动
     JB  P1.0,NX1
     LCALL  KEY1             ;调用 1 号键处理子程序
NX1:JB  P1.1  ,NX2
     LCALL  KEY2             ;调用 2 号键处理子程序
NX2:JB  P1.2  ,NX3
     LCALL  KEY3             ;调用 3 号键处理子程序
NX3:JB  P1.3  ,NX4
     LCALL  KEY4             ;调用 4 号键处理子程序
NX4:JB  P1.4  ,NX5
     LCALL  KEY5             ;调用 5 号键处理子程序
NX5:JB  P1.5  ,NX6
     LCALL  KEY6             ;调用 6 号键处理子程序
EOF:  RET
KEY1:… …                    ;1 号键功能程序
     RET
KEY2:… …                    ;2 号键功能程序
     RET
KEY3:… …                    ;3 号键功能程序
     RET
KEY4:… …                    ;4 号键功能程序
     RET
KEY5:… …                    ;5 号键功能程序
     RET
KEY6:… …                    ;6 号键功能程序
     RET
```

4.4.4 矩阵式键盘接口电路及控制程序

矩阵式键盘也称为行列式键盘,由行线和列线组成,按键位于行、列的交叉点上,如图 4-15 所示。矩阵式键盘一般用于按键数目较多的场合,矩阵式键盘与独立式键盘相比,要节省很多的 I/O 口线。图 4-15 中使用 8 根 I/O 线,独立式键盘只能设置 8 个键,行列式键盘可以设置 16 个键。

1. 矩阵式键盘工作原理

无键按下时，该行线为高电平，当有键按下时，行线电平由列线的电平来决定。由于行、列线为多键共用，各按键将彼此相互发生影响，因此必须将行、列线信号配合起来并作适当的处理，才能确定闭合键的位置。

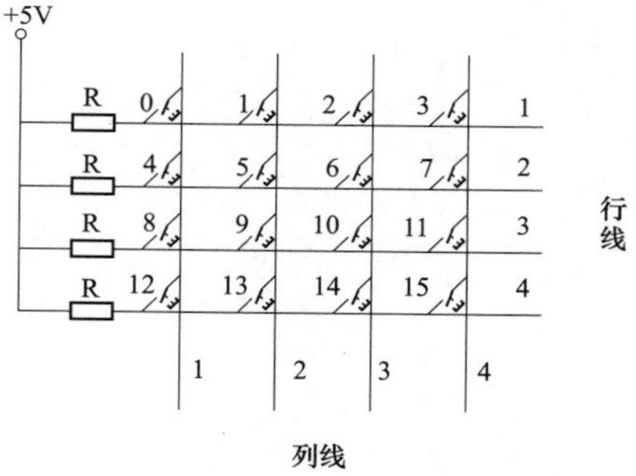

2. 按键的识别方法

（1）扫描法。以图 4-16 中的 3 号键被按下为例，来说明按下此键时是如何被识别出来的。识别键盘中的哪个键被按下时，分以下两步进行。

图 4-15 4×4 矩阵键盘结构形式

1）识别键盘有无键按下。所有列线置"0"，检查各行线电平是否等于"0"，若某一行线等于"0"，说明该行有键按下，若某行线不等于"0"，则说明无该行无键按下。3 号键按下后，第 1 行等于"0"。确定按下的键在第 1 行。

2）如有键被按下，识别出具体的按键。采用扫描法，即先把某一列置为低电平，其余各列为高电平，检查有键按下的行线电平，如果为低，可以确定是此行列交叉点处的按键被按下。3 号键被按下后，只有第 4 列等于"0"时，第 1 行等于"0"。确定按下键在第 4 列。于是，识别键号的算法为：键号＝行首号＋列号－1。

（2）线反转法。

只需两步便能获得此按键所在的行列值，线反转法原理如图 4-16 所示。

1）列线输出，行线输入。若列线输出为全低电平，则检测等于"0"的行线即为按键所在行。若输出 P1＝F0H，输入 P1＝E0H，则确定按下键在第 1 行。

2）行线输出，列线输入。若行线输出为全低电平，则检测等于"0"的列线即为按键所在列。若输出 P1＝0FH，输入 P1＝0EH，则确定按下键在第 4 列。

结合上述两步，即可确定按键所在的行和列。

3. 矩阵键盘处理程序

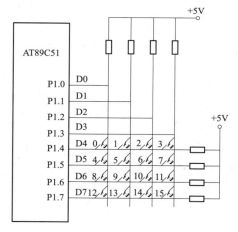

图 4-16 矩阵键盘与单片机接口电路

下面以扫描法为例，介绍 4×4 矩阵键盘的处理程序，其主程序流程图如图 4-17 所示。程序执行后，将键号保存在 BUFFH 单元，若（BUFFH）＝0FFH，表示无有效按键。

程序如下：

```
        BUFF  EQU  7FH          ;设置出口参数
        ORG   0030H
KEY: MOV  BUFF,# 0FFH          ;0FFH 表示没有有效按键
        LCALL CHKEY            ;检查是否有键按下
```

```
        JZ    EOF                      ;无按键返回
        LCALL  DELAY                   ;延时消抖
        LCALL  CHKEY                   ;确定是按键否
        JZ    EOF                      ;无按键返回
        LCALL  VAKEY                   ;取键号
LP0:   LCALL  DELAY                    ;按键后延时消去抖动
        LCALL  CHKEY
        JNZ    LP0                     ;检查按键释放否
        EOF: RET
        ;按键检查子程序
        ;出口参数 A,A≠0 有按键
        ;P1 口低 4 位为列线输出,高 4 位为行线输入
CHKEY: MOV  P1,# 0F0H                  ;P1 口初始化
        MOV  A, P1                     ;取按键信息到累加器 A
        XRL  A , # 0F0H                ;A≠0 有按键
        RET
        ;延时子程序,延时约 10ms(6Mz 晶振)
DELAY: MOV R7 , # 0AH
  DL0: MOV R6  ,  # 0FAH
  DL1: NOP
        NOP
        DJNZ R6 , DL1
        DJNZ R7 , DL0
        RET
        ;按键扫描子程序
        ;出口参数 BUFF,BUFF≠0FFH 有按键
VAKEY: MOV R2, # 0FEH                  ;初始扫描字
        CLR  A
        MOV  R3 , A                    ;清行计数器
        MOV  R4 , A                    ;清列计数器
LOOP: MOV  P1 , R2                     ;送扫描字
        JB   P1.4 , NEX1               ;检查第一行
  TAL: MOV  A , R3
        ADD  A , R4
        MOV  BUFF,A                    ;返回键号
  RTN: RET
NEX1: JB  P1.5 , NEX2                  ;检查第二行
        MOV R3 , # 04H                 ;送行首号
        SJMP  TAL
NEX2: JB  P1.6 , NEX3                  ;检查第三行
        MOV  R3 , # 08H                ;送行首号
        SJMP  TAL
NEX3: JB  P1.7 , NXE4                  ;检查第四行
        MOV R3 , # 0CH                 ;送行首号
        SJMP  TAL
NXE4: JB P1.3 , NEX5                   ;四列未扫描完转移
```

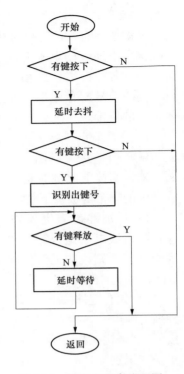

图 4-17 键盘主程序流程图

```
        SJMP  RTN                    ;无按键返回
NEX5: MOV  A，R2                     ;扫描下一列
        RL A
        MOV R2，A
        INC  R4                     ;列计数加 1
        SJMP  LOOP
```

4.4.5　LED 显示器接口电路及控制程序

在单片机应用系统中，现场的工作状态信息和数据信息需要进行实时监测和观察，常用于观察的显示器主要有 LED（发光二极管显示器）和 LCD（液晶显示器）两种。状态信息一般用单一的发光二极管指示，数据显示可以用 LED（七段数码显示器）或 LCD（液晶显示器）。

1. 状态指示接口

单片机使用一根 I/O 口线控制一个 LED 灯来指示某种工作状态。选用 LED 显示器件时，一般要根据规程的要求选用红、绿、黄等不同颜色的 LED 灯来指示不同的状态。

2. 常用的指示电路

（1）简单指示电路。由单片机 I/O 口直接驱动 LED 灯时，一般采用低电平驱动方式，一个并行 I/O 口可以驱动 8 个 LED 灯。这种电路结构简单，编程方便，可以使用位操作指令以及数据传送指令控制灯的亮灭，如图 4-18 所示。

STEB P1.0；关闭显示 LED0

CLR P1.2　；点亮显示 LED2

MOV P1，♯11110000B；端口的低 4 位控制的四个灯 LED0～LED3 点亮，高 4 位控制的四个灯 LED4～LED7 熄灭。

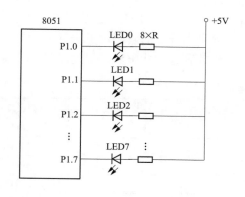

图 4-18　状态指示接口电路　　　　图 4-19　三极管驱动状态指示

（2）三极管驱动的指示电路。当需要较大功率的 LED 灯时，可采用如图 4-19 所示的电路。图中用 PNP 型三极管的集电极驱动 LED 灯，从而提高了驱动能力。程序工作原理与图 4-18 所示电路的原理相同。LED 灯采用低电平驱动方式，当单片机的端口输出低电平时，LED 灯点亮；端口输出高电平时，LED 灯熄灭。

3. LED 数字显示

常用的 LED 显示器为 8 段（或 7 段，8 段比 7 段多了一个小数点"dp"段），每一段对

应一个发光二极管。LED 显示器有共阳和共阴两种接法，如图 4-20 所示。对于共阴极的数码管，a、b、c、d、e、f、g、dp 均为高电平时点亮；对于共阳极的数码管，a、b、c、d、e、f、g、dp 均为低电平时点亮。

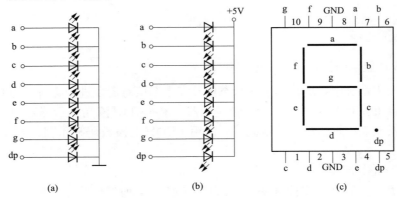

图 4-20 七段数码管结构图

(a) 共阴极；(b) 共阳极；(c) 外形及引脚

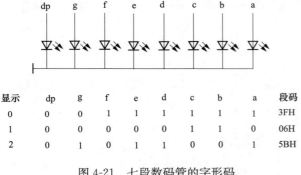

显示	dp	g	f	e	d	c	b	a	段码
0	0	0	1	1	1	1	1	1	3FH
1	0	0	0	0	0	1	1	0	06H
2	0	1	0	1	1	0	0	1	5BH

图 4-21 七段数码管的字形码

LED 显示不同的符号或数字时，则相关的各段点亮或熄灭。如要显示数字"0"，则除了"g"段熄灭外，其余各段均点亮。如果按照图 4-21 中各位的权位分布，则可以得到一个 7（8）位二进制数据 3FH，即数字"0"的字形码，也称段码。同理，数字"1"、"2"的段码分别为 06H、5BH。由此便可以列出常见数字和符号的段码，见表 4-1。显然，共阴数码管和共阳数码管的段码互为反码。

表 4-1 七段 LED 段码表

显示字符	共阴极段码	共阳极段码	显示字符	共阴极段码	共阳极段码
0	3FH	C0H	c	39H	C6H
1	06H	F9H	d	5EH	A1H
2	5BH	A4H	E	79H	86H
3	4FH	B0H	F	71H	8EH
4	66H	99H	P	73H	8CH
5	6DH	92H	U	3EH	C1H
6	7DH	82H	T	31H	CEH
7	07H	F8H	y	6EH	91H
8	7FH	80H	H	76H	89H
9	6FH	90H	L	38H	C7H
A	77FH	88H	"灭"	00H	FFH
b	7CH	83H	…	…	…

4. LED 显示器的连接方式

每个数码管都有一个公共端用于控制该数码管的亮灭。只有当共阴数码管的公共端接低电平或共阳数码管的公共端接高电平时，才可以通过段码线驱动并点亮各个数码管。N 个 LED 数码管有 N 位公共端（即 N 位位选线）和 $8 \times N$ 根段码线。段码线控制显示的字型，位选线控制该显示位的亮或灭。LED 显示器具有静态显示和动态显示两种显示方式。4 位 LED 显示器的结构原理图如图 4-22 所示。

（1）LED 静态显示方式。各个数码管的公共端（位选线）连在一起连接到地线或电源线上（共阴极接地、共阳极接 +5V）。每个数码管的段码线（a～dp）分别由一个 8 位并行口控制，如图 4-23 所示。

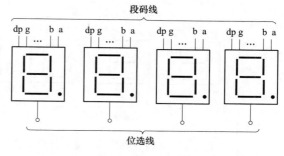

图 4-22　4 位七段数码管的端口结构

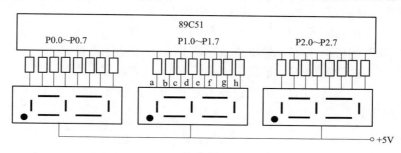

图 4-23　七段数码管的静态显示电路

设 3 位非压缩 BCD 码数据的百位、十位、个位依次存放在片内 RAM 30H 开始的三个连续的单元，通过查表转换可以实现静态显示。根据非压缩 BCD 码数据从段码表 SEGTAB 查找对应段码并送至端口显示的程序如下：

```
MOV DPTR,# SEGTAB          ;段码存放首地址
MOV R0, # 30H             ;BCD 码数据地址
MOV A,@ R0               ;读显示数据
MOVC A,@ A+ DPTR          ;找到对应段码
MOV P0, A                ;送对应端口显示
INC R0
MOV A, @ R0
MOVC A,@ A+ DPTR
MOV P1, A
INC R0
MOV A, @ R0
MOVC A,@ A+ DPTR
MOV P2, A
… …
SEGTAB:DB  3FH, 06H, 5BH, 4FH, 66H, 6DH, 07H, 7FH, … …
```

（2）LED 动态显示方式。所有段码线的相应段并在一起，由一个 8 位 I/O 口控制，使

段码线多路复用，每一数码管的公共端分别由单独的 I/O 线控制，实现各位分时选通的功能。

　　4 位 8 段 LED 动态显示电路如图 4-24 所示。其中段码线占用一个 8 位 I/O 口，而位选线占用一个 4 位 I/O 口。某一时刻，只有一位 LED 被选通显示，其余位则是熄灭的。

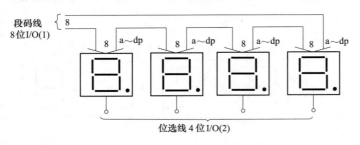

段码线
8位I/O(1)

位选线 4 位I/O(2)

图 4-24　4 位数码管动态显示接口电路

　　由于 LED 的余辉和人眼的"视觉暂留"作用，因此，只要每位显示间隔足够短，造成"多位同时亮"的假象；则人眼看到的便是 4 位稳定且同时显示的字符。

　　将如图 4-24 所示的段码线 a、b、c、d、e、f、g 及 dp 依次接到 P0 口的 P0.0～P0.7，四根位选线依次接 P1 口的 P1.0～P1.3，编写 4 个数码管动态显示 2008 的程序，基本思路如下。

　　（1）输出"8"的段码 FFH，输出位显示码 FEH，选通第 1 位。

　　（2）输出"0"的段码 3FH，输出位显示码 FDH，选通第 2 位。

　　（3）输出"0"的段码 3FH，输出位显示码 FBH，选通第 3 位。

　　（4）输出"2"的段码 5BH，输出位显示码 F7H，选通第 4 位。

　　动态显示程序如下：

```
    DISP:MOV R0,# 30H            ;显示数据存放单元指针
         MOV R7,# 4              ;4 位显示
         MOV DPTR,# SEGTAB       ;段码存放首地址
         MOV B,# 0FEH            ;先显示最低位
   DISP1:MOV A,@ R0              ;读显示数据
         MOVC  A,@ A+ DPTR       ;找到对应段码
         MOV P1,# 0FFH           ;都不亮
         MOV P0,A                ;P0 口输出段码
         MOV P1,B                ;点亮对应位 LED
         LCALL  DELEY            ;延时 1ms
         INC R0                  ;为下一位 LED 显示做准备
         MOV A,B
         RL A
         MOV B,A
         DJNZ  R7,DISP1          ;循环动态显示
         SJMP  DISP
  SEGTAB:DB 3FH, 06H, 5BH, 4FH, 66H, 6DH, 7DH, 07H… …
```

第 5 章

跟我学单片机片内功能模块

单片机除了具备数据运算、输入和输出等基本功能外，芯片内部还包含有中断系统、定时/计数器和串行通信接口等模块。采用中断技术能实时处理和控制现场中的随机事件和突发事件，解决单片机 CPU 与外设之间的速度匹配问题，提高单片机的工作效率；单片机内部硬件定时/计数器可以与单片机并行工作，实现较高精度的定时；串行通信是当前盛行的通信方式，由于能大量地节省 I/O 口线，因此广泛应用在许多设备或者芯片中。本章将依次介绍中断系统，定时/计数器和串行通信接口的基本结构和应用。

5.1 89C51 单片机的中断系统

5.1.1 单片机中的中断过程

在 CPU 执行程序时，由于发生了某种随机的事件（外部或内部），从而引起 CPU 暂时中止正在运行的程序，转去执行一段特殊的服务程序（称为中断服务程序或中断处理程序），以处理该事件，处理完该事件后又返回被中止的程序继续执行，这一过程称为中断。人们在日常生活和工作中经常采用中断方式进行事务的处理，例如：

生活场景：　　　　　　计算处理过程：

中断是因某种随机的、特殊的事件而引起的计算机的执行过程。在较复杂的系统中，可能会出现几个事件接连发生，或几个事件同时发生的情况，这样就存在单片机 CPU 优先处理哪个事件的问题。我们把产生中断请求事件的装置或设备称为中断源；中断源向 CPU 所提出的请求信号称为中断请求；能够实现中断处理功能的部件称为中断系统；若正在执行低级中断服务程序时，被高优先级中断请求中断，则称为中断嵌套。

5.1.2 单片机中断系统的功能

（1）中断请求信号的采集和保存。由于中断信号的随机性和突发性，因此要求中断系统具备捕捉和保存这种信号的能力。

（2）中断允许控制。CPU 同意响应中断则称为中断允许，CPU 不同意响应中断则称为中断禁止。

（3）中断优先权控制。当几个事件同时发生，或 CPU 在处理中断事件时又有新的事件发生时，CPU 能根据事件的紧迫程度优先处理当前的紧迫事件，进行中断优先权的控制。中断优先权控制会导致中断嵌套，即 CPU 正在执行低优先级的中断服务程序时，被高优先级的中断请求中断。

（4）中断类型的自动识别及转入相应的中断服务程序。正如办不同的事件要去不同的窗口一样，不同中断源的中断服务程序在不同的地址空间中，只有识别出请求信号，才能实现谁请求即对应为谁服务的功能。

（5）能够实现中断返回。返回到被打断的程序继续执行。

5.1.3 单片机中断系统结构及中断控制

AT89C51 中断系统通过一些由特殊功能寄存器控制的电子开关实现中断系统的功能。学习中断系统，关键是要掌握这些寄存器的定义和使用方法。单片机系统的中断结构如图 5-1 所示。

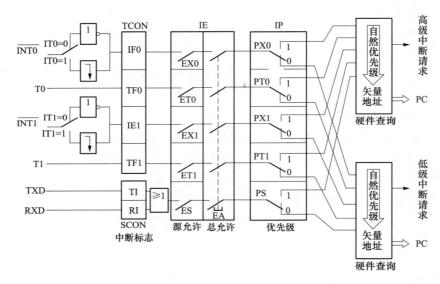

图 5-1　89C51 单片机的中断系统

单片机中断系统结构中从左至右依次为中断请求信号及处理电路、请求信号保存寄存器、中断允许控制寄存器、中断优先权控制寄存器、中断判优及转移电路等部分。

1. 中断请求信号及处理电路

我们把能向单片机中断系统提出中断请求的装置或设备称为中断源。89C51 单片机有 5 个中断源，对应着 5 路中断请求信号。其中，单片机内部有三个中断源，这三个中断源的中断请求信号分别是：定时/计数器 0 的中断请求信号 T0、定时/计数器 1 的中断请求信号 T1、串行口的发送中断请求信号 TXD 和接收中断请求信号 RXD。当中断发生时，这些中断请求信号变为高电平，经由芯片内部直接送往中断请求信号保存寄存器。另外单片机 P3 口的 P3.2 和 P3.3 两条引脚线可以接收单片外部装置或设备发出的中断请求信号，但这两路信号需经由内部信号选择电路才能传送到中断请求信号保存寄存器。我们称这两路信号为外部中断请求信号，其信号的选择电路称为外部中断的触发方式选择电路。触发方式选择电路实质上是由一个可编程位（IT0 或 IT1）控制的双掷电子开关。现以如图 5-2 所示的外部中断 0 的电路为例进行说明，外部中断 1 与外部中断 0 同，只是编程位为 IT1。当执行 SETB IT0 或 SETB IT1 指令后，IT0（IT1）＝1 电子开关向下连接至边沿电路的输入端，当外部中断请求信号 $\overline{INT0}$ 从高电平跳变为低电平时，边沿电路输出高电平"1"，发出中断请求；否则边沿电路输出"0"，则无中断请求。若执行的是 CLR IT0 或 CLR IT1 指令，IT0（IT1）＝0，电子开关向上连接至非门电路的输入端，若外部中断请求信号 $\overline{INT0}$ 为低电平"0"，非门输出为高电平"1"，则发出中断请求，否则无中断请求。因此，我们称外部中断有电平触发和边沿触发两种触发方式，为电平触发方式时低电平有效，为边沿触发方式时下降沿有效。实际应用时，我们根据外部装置或设备发出的中断请求信号的类型编程选择触发方式。

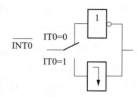

图 5-2　外部中断触发
方式选择电路

2. 请求信号保存寄存器

CPU 总是在每个机器周期自动完成一次中断信号的采集，并将采集结果锁存到两个特殊功能寄存器 TCON 和 SCON 中。

（1）TCON 寄存器是定时器/计数器的控制寄存器，字节地址为 88H，其相关中断标志位如图 5-3 所示。TCON 寄存器中的 8 个位都有定义，且都可以按位访问，其中 TF0、TF1、IE0、IE1 为中断请求标志位，CPU 采集的中断请求信号通过这些标志位进行保存。

TCON	D7	D6	D5	D4	D3	D2	D1	D0	
	TF1	TR1	TF0	TR0	IE1	IT1	IE0	IT0	88H
位地址	8FH	–	8DH	–	8BH	8AH	89H	88H	

图 5-3　TCON 寄存器中的中断标志位

1）TF1：定时/计数器 T1 的中断请求信号位。TF1 为"1"时，向 CPU 申请中断。

2）TF0：定时/计数器 T0 的中断请求信号位，其功能和 TF1 类似。

3）IE1：外部中断请求 1 的中断请求信号位。当单片机外部中断引脚 $\overline{INT1}$ 出现中断请求信号时，自动置该位为"1"，向 CPU 申请中断。

4）IE0：外部中断请求 0 的中断请求信号位，其功能类似于 IE1。

外部中断源的中断请求信号允许有两种触发方式，通过下面两个位进行选择。

1）IT1：选择外部中断请求 1 中断触发方式，可编程置"1"或清"0"。IT1＝0 时，选择电平触发方式，低电平"0"有效；IT1＝1 时，选择边沿触发方式。下降沿"↓"有效。

2）IT0：选择外部中断请求 0 中断触发方式，意义与 IT1 类似。

注意：TR1、TR0 这两个位与中断无关，将在定时/计数器中进行介绍。

（2）SCON 寄存器是串行口控制寄存器，字节地址为 98H。SCON 寄存器中的 8 个位都有定义，都可以按位访问，其中最低两个位 RI 和 TI 为串行口中断请求标志位，CPU 采集的串口中断请求信号通过这两个标志位进行保存，如图 5-4 所示。

1）TI：发送中断请求信号位。串行口每发送完一帧串行数据后，

SCON	D7	D6	D5	D4	D3	D2	D1	D0	
	–	–	–	–	–	–	TI	RI	98H
位地址	–	–	–	–	–	–	99H	98H	

图 5-4　SCON 寄存器中的中断标志位

硬件自动置位 TI 为"1"，向 CPU 发出中断发送请求。

2）RI：接收中断请求信号位。串行口接收完一个数据帧后，硬件自动置位 RI 为"1"，向 CPU 发出中断接收请求。

3. 中断允许控制寄存器

单片机通过编程中断允许控制寄存器 IE 实现两级中断允许控制。所谓中断允许就是把保存在 TCON 和 SCON 中的中断请求信号通过源允许和总允许两个串联的电子开关送往后续的中断判优电路。IE 寄存器的低 5 位为源允许控制位，每个源允许控制位控制着一个电子开关；最高位为总允许控制位，总允许控制位控制着 5 个电子开关。只有总允许控制位和各源允许控制位同时都编程为"1"时，才能开放中断请求信号的传送通路，响应中断。

中断允许寄存器 IE 是一个 8 位的特殊功能寄存器，字节地址为 A8H，可位寻址。其各位的结构如图 5-5 所示。

	D7	D6	D5	D4	D3	D2	D1	D0	
IE	EA	–	–	ES	ET1	EX1	ET0	EX0	A8H
位地址	AFH	–	–	ACH	ABH	AAH	A9H	A8H	

图 5-5　IE 寄存器中的各标志位的定义

（1）IE 的总允许中断控制位 EA（IE.7 位）。EA＝0 时，所有中断请求被禁止，不论是否源允许；EA＝1 时，CPU 开放中断，但 5 个中断源的中断请求是否允许，还要由 IE 中的 5 个中断请求允许控制位决定。

（2）IE 中其他各源允许位。

1）EX0：外部中断 0 中断允许控制位。该位为"0"时禁止中断，为"1"时允许中断。

2）ET0：定时/计数器 T0 的中断允许位。该位为"0"时禁止中断，该位为"1"时允许中断。

3）EX1：外部中断 1 中断允许位。该位为"0"时禁止中断，为"1"时允许中断；

4）ET1：定时器/计数器 T1 的中断允许位。该位为"0"时禁止中断，为"1"时允许中断。

5）ES：串行口中断允许位。串行口有两路中断请求信号，即串行口发送中断和串行口接收中断请求信号，两路中断请求通过一个"或"逻辑门后，都经由 ES 位进行允许控制，该位为"0"时禁止中断，该位为"1"时允许中断。于是串行口中断允许后，串行口发送中断还是接收中断只有通过查询串行口中断标志位 TI 和 RI 才能确定。

值得注意的是，89C51 复位后，中断允许寄存器 IE 的各个位都被清"0"，因此，系统复位后，所有中断请求将被禁止。

（3）中断允许控制编程。中断允许控制是通过编程 IE 寄存器实现的。改变 IE 的内容，可以使用字节操作指令，也可以使用位操作指令。

【例 5-1】　若允许片内两个定时器/计数器中断，禁止其他中断源的中断请求。编写设置 IE 的相应程序段。

（1）用字节操作指令编写。

```
MOV  IE,# 8AH          ;8AH= 10001010B
```

该指令执行后，EA＝1，CPU 允许中断，ET0＝ET1＝1，定时/计数器 T0、T1 允许中断，其他中断源禁止中断。

（2）用位操作指令编写。

```
CLR     ES                      ;禁止串行口中断
CLR     EX1                     ;禁止外部中断1中断
CLR     EX0                     ;禁止外部中断0中断
SETB    ET0                     ;允许定时器/计数器T0中断
SETB    ET1                     ;允许定时器/计数器T1中断
SETB    EA                      ;CPU开中断
```

4. 中断优先权控制寄存器

89C51单片机的优先级分为自然优先级和程序优先级。程序优先级是通过编程IP这个特殊功能寄存器来进行设定的，习惯上称单片机有两个优先级指的是程序优先级，即0级中断和1级中断，其中1级中断为高优先级中断，0级中断为低优先级中断。单片机优先级的控制是基于程序优先级的，它可以归纳为下面两条基本规则。

（1）低优先级可以被高优先级中断，反之则不能。

（2）同级中断不会被它的同级中断源所中断。

根据这一原则，单片机可以实现两级中断嵌套，即单片机在执行中断服务的时候，会被更高级的中断请求所打断，暂停到中断服务程序，转向高级中断服务程序，执行完高级中断服务程序后先返回低级中断服务程序执行，执行完毕后再返回主程序，形成如图5-6所示的嵌套结构。

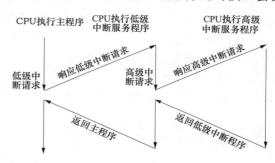

图5-6 中断程序的嵌套调用

中断优先级控制寄存器IP是一个8的特殊功能寄存器，其字节地址为B8H，是可以按位访问的特殊功能寄存器。IP寄存器各位的结构如图5-7所示。其中，高3位没有定义，其他位用于设定各个中断源的优先级别。

IP各位的含义如下。

（1）PS：串行口中断优先级控制位。PS＝1时为高优先级；PS＝0时为低优先级。

	D7	D6	D5	D4	D3	D2	D1	D0	
IP	-	-	-	PS	PT1	PX1	PT0	PX0	B8H
位地址	-	-	-	BCH	BBH	BAH	B9H	B8H	

图5-7 中断优先级寄存器各位的定义

（2）PT1：定时器T1中断优先级控制位。PT1＝1时为高优先级；PT1＝0时为低优先级。

（3）PX1：外部中断1中断优先级控制位。PX1＝1时为高优先级；PX1＝0时为低优先级。

（4）PT0：定时器T0中断优先级控制位。PT0＝1时为高优先级；PT0＝0时为低优先级。

（5）PX0：外部中断0中断优先级控制位。PX0＝1时为高优先级；PX0＝0时为低优先级。

对中断优先权控制寄存器IP的编程可以用字节操作指令，也可以用位操作指令。89C51单片机复位后，中断优先级寄存器IP的各个位都被清"0"，所有中断都默认为0级中断。

跟我学单片机

【例5-2】 设置 IP 寄存器，使两个外部中断请求为高优先级，其他为低优先级。

（1）用位操作指令。

```
SETB  PX0                        ;两个外中断为高优先级
SETB  PX1
CLR   PS                         ;串行口为低优先级中断
CLR   PT0                        ;两个定时器/计数器低优先级中断
CLR   PT1
```

（2）用字节操作指令。

```
MOV  IP,# 05H  或  MOV  0B8H,# 05H
```

进行以上两种操作后 IP 中各位的信息为 00000101B，即 PX0＝1，PX1＝1，其他各位为 0。所以两个外部中断为高优先级中断，其他中断为低优先级中断。

5．中断判优及转移电路

89C51 单片机的中断优先权控制电路把中断源按程序所设定的 1 级和 0 级分两路送往中断判优电路。中断判优电路实质上是一个中断排队查询电路。当几个同一优先级的中断请求信号同时到来时，单片机通过查询确定出同级中的高级中断，中断查询表见表 5-1。表 5-1 中列出了 5 个中断源，都为同级时的查询顺序，先查询的为高级，中断最后查询的级别最低。89C51 单片机中断系统中有两个中断判优电路，分别用于确定多个 0 级（低级）中断中的高级中断和 1 级（高级）中的高级中断。中断转移电路，按以下三个原则进行中断转移。

（1）先高后低原则。多个中断同时有效时 1 级中断优先得到响应，0 级中断暂时得不到响应。当有多个 1 级中断时，通过判优电路查询并响应 "1" 中最高级的中断；当无 1 级中断时，则执行 0 级中断中查询到的最高的 0 级中断。

（2）停 "0" 转 "1" 原则。当前正在执行 0 级中断，当有 1 级中断请求到来时，则暂停当前 0 级中断服务程序，转向 1 级中断服务程序。即 0 级中断能被 1 级中断所中断。

表 5-1 中断查询顺序

中断源	自然优先级顺序
外部中断 0	最高
T0 溢出中断	
外部中断 1	↓
T1 溢出中断	最低
串行口中断	

（3）同级自然原则。当几个同级中断同时到来时，按判优电路所查询的自然优先级顺序进行响应。

为了实现中断优先级控制的三个原则，89C51 单片机系统中设有两个不可寻址的优先级状态标志触发器，用于指示当前是否正在执行中断服务以及中断服务程序的级别。其中 1 级优先触发器标志位为 1，表示当前正在执行 1 级的中断服务程序，因此，所有后来中断均被阻止。0 级优先触发器标志位为 1，表示当前正在执行 0 级的中断服务程序，所有同级中断都会被阻止，但不阻断 1 级的中断请求。两个触发器标志同为 1，说明当前中断进行嵌套操作。该优先级状态标志触发器在执行中断返回指令时会自动清除。单片机同时收到几个同一优先级的中断请求时，优先响应哪一个中断取决于内部的查询顺序，内部查询顺序也称自然优先级顺序。

中断转移电路根据中断矢量表中的地址进行转移，每一个中断源都有一个固定的服务地

址，见表 5-2。当某一中断被判定为当前最高级中断时，中断转移电路自动执行一条长调用

指令 LCALL addr16。其中 addr16 即为表中该中
断源的入口地址。执行该指令时，先将 PC 的内
容压入堆栈，保护断点，再将该中断源的中断入
口地址 addr16 装入 PC 中，然后转入中断服务程
序执行。中断服务程序执行完毕后，执行 RETI
指令恢复保护的断点，返回到被打断的程序继续
执行。实际编写中断程序时，一般是在入口地址
处放一条跳转指令，使程序转移到相应的中断服
务程序。

表 5-2   中 断 矢 量 地 址

中断源	中断源的入口地址
外部中断 0	0003H
T0 溢出中断	000BH
外部中断 1	0013H
T1 溢出中断	001BH
串行口中断	0023H

5.1.4   中断响应的条件

中断响应就是 CPU 接受对中断源提出的中断请求并进行处理。一个中断请求被响应需
要满足以下必要条件。

（1）中断源发出了中断请求，即该中断源对应的中断请求标志为"1"。

（2）中断是允许的，即 IE 寄存器中的中断总允许位 EA＝1，单片机 CPU 同意中断。
请求中断的中断源的允许位也为"1"，即该中断没有被屏蔽。

5.1.5   中断阻塞

当中断响应的必要条件满足时，若遇到下列三种情况之一，则中断请求不能被立即执
行，便会引起中断阻塞。

（1）CPU 正在处理同级的或更高优先级的中断。

（2）硬件查询到中断标志时的机器周期不是当前正在执行指令的最后一个机器周期。在
这种情况下，只有在当前指令执行完毕后，才能进行中断响应。

（3）正在执行的指令是 RETI 或是访问 IE 或 IP 的指令。在这种情况下，需要再执行完
一条指令后，才能响应新的中断请求。

5.1.6   中断响应时间

在使用外部中断时，有时需要考虑从外部中断请求有效（外部中断请求标志 IE0 或 IE1
置"1"）到转入中断入口地址所需要的响应时间。

（1）在无阻塞的情况下，外部中断的最短的响应时间为 3 个机器周期。其中，中断请求
标志位查询占 1 个机器周期，子程序调用指令"LCALL"转到相应的中断服务程序入口需
要两个机器周期。

（2）当前正在执行同级或高优先级的中断，中断请求被阻塞时，中断等待时间的长短取
决于当前中断服务程序的执行时间，当前中断服务程序执行完毕后，还需要 3 个机器周期的
时间才能响应中断。

（3）如果当前指令没有执行完毕，则只有等待当前指令执行完毕后才能响应中断。由于
最长的指令执行时间是 4 个机器周期，除去已经执行的一个机器周期外还剩 3 个机器周期，
因此中断响应时间不会超过 6 个机器周期。

（4）如果当前执行的是 RETI 指令或对 IE/IP 访问的指令，则额外等待时间不会超过 5
个机器周期，中断响应时间不会超过 8 个机器周期。

5.1.7 中断请求信号的撤销

中断请求信号保存在中断标志寄存器中。当中断被响应后，如果不清除中断请求标志，则会再一次响应中断，引起重复中断，所以中断请求信号被响应后一定要撤销。单片机对不同中断源的撤销方法不同。

（1）对于定时/计数器 T0、T1 中断及边沿方式下的外部中断 INT0、INT1，一旦中断得到响应，则在进入中断服务程序时系统会自动撤除中断标志位。

（2）对于串行口的中断，不论是接收中断还是发送中断，都只能在对应的中断服务程序中使用软件清零指令清除中断标志位。例如：CLR TI（CLR RI）。

（3）对于电平方式下的外部中断，即使中断标志被清除，但如果外部中断信号不拉为高电平，由于引脚电平信号每个机器周期被采样后又会置位中断标志。电平方式外部中断请求的完全撤销，除了将中断标志位清"0"之外，还需在中断响应后把中断请求信号引脚从低电平强制改变为高电平，否则便会再次进入中断。

5.1.8 中断系统程序设计

由于系统复位后，中断系统的所有特殊功能寄存器都被清零。IE 为零则所有中断均禁止、IP 为零则所有中断都为 0 级中断、TCON 为零则外部中断默认为电平触发方式。因此在中断编程时，首先要对系统进行初始化，这部分工作在系统上电复位后的主程序中完成。然后为中断源编写中断服务程序。

1. 中断系统主程序的设计步骤和任务

（1）主程序初始化过程中的中断设置。

1）设置中断允许控制寄存器 IE。

2）设置中断优先级寄存器 IP。

3）对外部中断源，设置是采用电平触发还是跳沿触发方式。

（2）中断入口地址表的填写及转中断服务程序。C 语言中采用 interrupt n 语句实现。

2. 采用中断时的主程序结构

常用的主程序结构如下：

```
    ORG    0000H
    LJMP   MAIN
    ORG    0003H              ;中断入口地址表
    LJMP   INT                ;转中断服务程序
     ⋮
    ORG    0030H
MAIN: …                       ;主程序
     ⋮
 INT: …                       ;中断服务程序
```

【例 5-3】 假设允许外部中断 0 中断，并设定它为高级中断，其他中断源为低级中断，采用跳沿触发方式。

在主程序中进行初始化时编写以下程序段：

```
SETB   EA                    ;CPU 开中断
SETB   EX0                   ;允许外部中断 0 产生中断
```

```
SETB    PX0                          ;外部中断 0 为高级中断
SETB    IT0                          ;外部中断 0 为跳沿触发方式
SETB    EX1                          ;允许外部中断 1 产生中断
SETB    ES                           ;允许串行口产生中断
SETB    ET0                          ;允许 T0 产生中断
SETB    ET1                          ;允许 T1 产生中断
```

3. 中断服务程序的流程

中断服务程序的主体功能是服务功能，即编写中断服务程序，处理中断请求。但由于会受到单片机资源的限制，因此必须要做好现场的保护和恢复，中断服务程序包括三个部分的内容：①保护、恢复现场；②处理中断事务；③中断返回。

中断服务程序流程如图 5-8 所示。

(1) 现场保护和现场恢复。

1) 现场保护。现场是指进入中断时单片机寄存器和存储器单元中的数据或状态。中断的发生是不可预知的，为了使中断服务子程序在执行时不破坏这些数据或状态，以免在中断返回后影响主程序的运行结果，就要把不希望被破坏的数据或状态送入堆栈中保存起来。现场保护一定要位于中断处理程序的最前面。

2) 要保护的内容。需要根据中断处理程序的具体情况来决定。一般原则是要保护中断服务子程序影响的那些寄存器或存储单元，如 PSW、ACC 等。注意：工作寄存器的内容一般不进行保护，但要注意不能被破坏和影响。当不使用工作寄存器传递参数时，为了避免工作寄存器相冲突，可以进行工作寄存器组的切换。

3) 现场恢复。中断处理结束后，在返回主程序前，需要把保存的现场内容从堆栈中弹出，以恢复那些寄存器和存储器单元中的原有内容。现场恢复一定要位于中断处理程序的后面。89C51 单片机的堆栈操作指令"PUSH   direct"主要是供现场保护使用；"POP   direct"主要是供现场恢复使用，这两条指令要成对使用。注意堆栈的后进先出原则，例如：

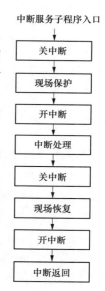

中断服务子程序入口

图 5-8　中断服务
程序结构

```
PUSH ACC
PUSH PSW                             ;后进
        ⋮
POP PSW                              ;先出
POP ACC
```

(2) 关中断和开中断。现场保护前和现场恢复前关中断是为了防止此时有高一级的中断进入，避免现场被破坏；现场保护后开中断是为了允许有更高级的中断进入；现场恢复后开中断是为下一次的中断做好准备。这样，除了现场保护和现场恢复的片刻不能被中断外，其余时刻仍然保持着中断嵌套的功能，又能避免现场被破坏。若一个重要的中断必须执行完毕，不允许被其他的中断嵌套，对此可以在现场保护之前先关闭总中断开关位，彻底关闭其他中断请求，待中断处理完毕后再开启总中断开关位。

(3) 中断处理。中断处理是中断源请求中断的具体目的的实现，是中断服务程序的核心部分。读者应根据中断源的具体要求，来编写该部分的程序。

（4）中断返回。中断服务子程序执行的最后一条指令必须是中断返回指令 RETI。CPU 执行完这条指令后，把响应中断时置"1"的不可寻址的优先级状态触发器清"0"，然后从堆栈中弹出栈顶两个字节的断点地址，将其送到程序计数器 PC，弹出的第 1 个字节送入 PCH，第 2 个字节送入 PCL，CPU 从断点处重新执行被中断的程序。

【例 5-4】 根据如图 5-8 所示的中断服务程序流程，编制出中断服务程序。假设现场保护只需将 PSW 和 A 的内容进行保护。典型的中断子服务程序如下：

```
INT: CLR EA                      ;CPU 关中断
     PUSH   PSW                  ;现场保护
     PUSH   ACC                  ;
     SETB   EA                   ;CPU 开中断
     ;中断处理程序段
     CLR    EA                   ;CPU 关中断
     POP    ACC                  ;现场恢复
     POP    PSW
     SETB   EA                   ;CPU 开中断
     RETI                        ;中断返回,恢复断点
```

5.1.9 多外部中断源系统设计

由于 89C51 的两个外部中断请求源往往不够用，因此需对外部中断源进行扩充。外部中断源扩充必须满足两个条件。

（1）任何一个外部中断源的中断请求都能使外部中断 0 或 1 产生中断请求。

（2）CPU 响应中断后，能够通过查询的方式找到是哪一个中断源的中断请求。

本节主要介绍一种扩充外部中断源的方法。将外部中断按中断请求的轻重缓急进行排队并分为两组，把其中高优先级别的中断请求源分为一组，接到 89C51 的一个外部中断请求源，并设置高优先级。其余为另一组中断请求源，连到 89C51 的另一个外部中断源输入端。

电路如图 5-9 所示，5 个外部中断请求源 IR0～IR4 均为高电平有效，这时可以按中断请求的轻重缓急进行排队，把其中最高级别的中断请求源 IR0 直接接到 AT89C51 的一个外部中断请求源 $\overline{INT0}$ 输入端，并设置为高优先级。IR1～IR4 的 OC 门连到 89C51 的另一个外中断源输入端 $\overline{INT1}$。IR1～IR4 中的任何一个或一个以上为高电平，则 $\overline{INT1}=0$，产生中断请求，89C51 响应中断后，在中断服务子程序中查询 P1.0～P1.3，确定是哪一个中断源的中断请求，查询顺序就是优先响应的顺序。

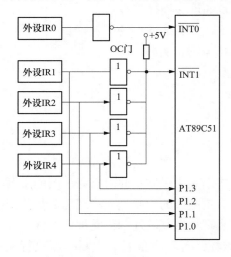

图 5-9 中断源的扩展应用

【例 5-5】 电路如图 4-10 所示，5 个外部中断请求源 IR0～IR4 均为高电平有效，优先级：IR0→IR4，编写程序。要求：IR0 中断，LED1～LED4 全部点亮；IR1 中断，点亮 LED1；IR2 中断，

点亮 LED2；IR3 中断，点亮 LED3；IR4 中断，点亮 LED4。

思路：在主程序中将外部中断 0 设为高优先级，在外部中断 1 中断子程序中，按 IR1→IR4 的顺序进行查询。

源程序如下：

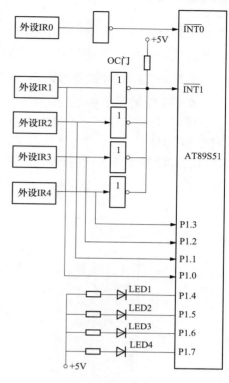

```
        ORG   0000H
        LJMP  STA
        LJMP  DIT0      ;外部中断 0 中断矢量 0003H
        ORG   0013H     ;外部中断 1 中断矢量 0013H
        LJMP  DIT1
        ORG   0030H     ;主程序开始处
  STA:  MOV   P1,# 0FFH ;要输入先输出"1",灯全灭
        SETB  EA        ;CPU 开中断
        SETB  EX0       ;允许外部中断 0 中断
        SETB  EX1       ;允许外部中断 1 中断
        SETB  IT0       ;外部中断 0 为下降沿触发方式
        SETB  IT1       ;外部中断 1 为下降沿触发方式
        SETB  PX0       ;外部中断 0 为高优先级中断
        CLR   PX1       ;外部中断 1 为低优先级中断
  LOOP: SJMP  LOOP      ;等待中断
        ;外部中断 0 程序
  DIT0: MOV   P1,# 0FH  ;LED 全亮
        RETI
        ;外部中断 1 程序
  DIT1: MOV P1,# 0FFH   ;LED 全灭
        JNB P1.0, IR2    ;查询 IR1
        CLR P1.4         ;LED1 亮
  IR2:  JNB   P1.1,IR3  ;查询 IR2
        CLRP1.5          ;LED2 亮
  IR3:  JNB   P1.2,IR4  ;查询 IR3
        CLR P1.6         ;LED3 亮
  IR4:  JNB P1.3,IRRI   ;查询 IR4
        CLR P1.7         ;LED4 亮
  IRRI: RETI            ;中断返回
```

图 5-10　［例 5-5］图

5.2　89C51 单片机定时/计数器

在工业检测和控制的许多场合中都要用到单片机的计数或定时功能。计数是指累计外部脉冲的个数；定时是指产生精确的定时时间。89C51 中有两个可编程的定时/计数器 T1 和 T0。实质上，定时/计数器的核心部件都是加 1 计数器，定时就是对已知周期为 T 的脉冲信号进行加 1 计数，每计一个数的定时时间为一个周期时间，计 N 个数后的定时时间为

跟我学单片机

$N \times T$。

本节应重点掌握 89C51 中定时/计数器的功能和对有关的特殊功能寄存器、工作模式和工作方式的选择，学习 89C51 中定时/计数器的正确使用方法。

5.2.1 定时/计数器的结构

89C51 中的两个可编程的定时/计数器 T1 和 T0 的内部结构如图 5-11 所示。从结构上看，定时/计数器由 6 个特殊功能寄存器组成。其中，TL0 和 TH0 构成 16 位的计数器 T0，TL1 和 TH1 构成 16 位的计数器 T1。定时/计数器的工作模式和工作方式的选择通过编程特殊功能寄存器 TMOD 进行设定，定时/计数器的控制则通过编程特殊功能寄存器 TCON 进行设定。

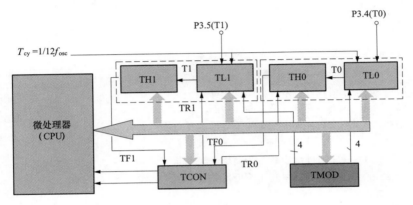

图 5-11 定时/计数器内部结构框图

定时/计数器的核心部件是 16 位的二进制计数器 T0 和 T1，它们都是由高低两个 8 位的计数器级联构成的。其中，T0 由低 8 位的 TL0 和高 8 位的 TH0 组成，T1 由低 8 位的 TL1 和高 8 位的 TH1 组成。计数器的计数脉冲输入信号有两种来源，根据其来源的不同可以分为定时工作模式和计数工作模式。T0、T1 的定时器工作模式也是通过计数器的计数来实现的，只不过此时是对单片机的时钟信号经片内 12 分频后的脉冲进行计数，即一个机器周期计数一次，由于时钟频率是定值，因此可以根据计数值计算出定时时间；T0、T1 的计数器工作模式就是对加在 T0（P3.4）和 T1（P3.5）两个引脚上的外部脉冲进行计数。

5.2.2 工作方式控制寄存器 TMOD

TMOD 用于选择 T0、T1 的工作模式和工作方式，其字节地址为 89H。它是不可位寻址的寄存器，只能通过字节操作指令进行编程。系统复位时 TMOD 寄存器被清"0"，其各位的定义如图 5-12 所示。

8 位的特殊功能寄存器 TMOD 分为两组，高 4 位控制 T1，低 4 位控制 T0，其定义具有相同的含义。

（1）GATE：门控位。用于确定定时/计数器的启动方式，在后面作详细介绍。

（2）M1、M0：工作方式选择位。M1、M0 的四种不同的

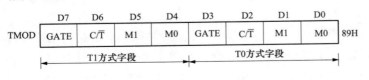

图 5-12 TMOD 各位的定义

取值组合，对应着选择定时器的四种工作方式，见表 5-3。

表 5-3   M1、M0 控制的四种工作方式

M1	M0	工 作 方 式
0	0	方式 0，13 位定时/计数器
0	1	方式 1，16 位定时/计数器
1	0	方式 2，8 位常数自动重新装载
1	1	方式 3，仅适用于 T0，T0 分成两个 8 位计数器

（3）$C/\overline{T}$：计数器模式和定时器模式选择位。$C/\overline{T}=0$ 时为定时器模式；$C/\overline{T}=1$ 时为计数器模式。

（4）工作模式和工作方式的选择——TMOD 的编程。由于 TMOD 是不可以位寻址的特殊功能寄存器，它只能通过字节操作指令进行编程。例如，执行指令 MOV TMOD，♯52H 后，T1 方式的控制字段的信息为 0101，即门控制位 GATE＝0，处于关门状态，$C/\overline{T}=1$ 为计数模式，M1M0＝01 工作在方式 1；T0 方式的控制字段信息为 0010，即门控制位 GATE ＝0，处于关门状态，$C/\overline{T}=0$ 为定时模式，M1M0＝10 工作在方式 2。该指令确定了定时/计数器 T0 和 T1 的工作模式和工作方式以及门控制位的状态。

5.2.3 定时/计数器控制寄存器 TCON

TCON 在中断系统中用于保存外部中断和定时器的中断请求信号，确定外部中断请求信号的触发类型；还有两个位 TR0、TR1 分别用于对定时/计数器 T0 和 T1 的启动和停止的控制，具体控制逻辑与 TMOD 中的门控制位 GATE 有关。当 GATE＝0 时，通过 TCON 中的 TRx（x＝0/1）位来启动定时/计数器运行。其中 TR0 用于启动定时/计数器 T0，TR1 用于启动定时/计数器 T1。

```
SETB    TR0              ;启动 T0 开始计数
SETB    TR1              ;启动 T1 开始计数
```

当 GATE＝1 时，定时计数器 T0 受到外部中断请求信号 $\overline{INT0}$ 的制约，定时计数器 T1 受到外部中断请求信号 $\overline{INT1}$ 的制约，只有当引脚 $\overline{INT0}$（或 $\overline{INT1}$）为高电平以及 TCON 中的 TR0 和 TR1 设置为"1"两个条件同时满足时，才能启动定时/计数器的运行。即使定时/计数器已经启动，但是如果 TR0 和 TR1 为"0"，或 $\overline{INT0}$（或 $\overline{INT1}$）任何信号为低电平，则对应的定时/计数器停止计数。TCON 的位定义如图 5-13 所示。

定时/计数器的中断请求信号 TF1、TF0 是定时/计数器 T0 和 T1 的计数溢出信号。T0 计数溢出时，TF0 ＝1；T1 计数溢出时，TF1 ＝1。中断响应后定时/计数器的中断标志位都会自动清"0"。

	D7	D6	D5	D4	D3	D2	D1	D0	
TCON	TF1	TR1	TF0	TR0	IE1	IT1	IE0	IT0	88H

图 5-13 TCON 各位的定义

5.2.4 定时/计数器的 4 种工作方式

不论是 T0 还是 T1，其方式字段 M1 M0 的信息有四种组合，因此可以选择四种不同的工作方式，即方式 0、方式 1、方式 2、方式 3。在方式 0、方式 1、方式 2 时，两定时/计数

器 T0 和 T1 的工作情况相同，既可以用于定时，也可以用于计数，既可以开门，也可以关门；在方式 3 时，情况则有所不同。

1. 工作方式 0

当 M1 M0＝00 时，则选择工作方式 0。该方式是一个 13 位的定时/计数器，即使用 TL1 的低 5 位与 TH1 的高 8 位级联构成 13 位计数器，由于 TL1 的高 3 位没有使用，因此在计数过程中，当 TL1 的低 5 位计数溢出时，直接向 TH1 进位，若 TH1 计数溢出则产生溢出信号，并置位中断请求标志 TF1，向单片机的 CPU 申请中断。其逻辑结构框图如图 5-14 所示。

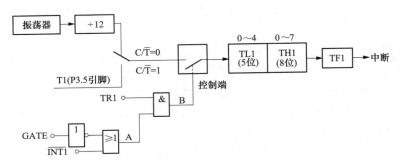

图 5-14　定时/计数器 T1 工作方式 0 的逻辑结构框图

从图 5-14 中可以看出，送往计数器 TL1 的计数脉冲受两个电子开关的控制，其中电子开关 $C/\overline{T}$ 由 TMOD 中的 $C/\overline{T}$ 位控制，选择不同的计数脉冲，以确定是定时模式还是计数模式；由信号 B 控制的电子开关用于控制计数脉冲的输入，当开关闭合时，计数脉冲输入，启动计数；当开关断开时，无计数脉冲信号输入，停止计数。

（1）计数还是定时。当 $C/\overline{T}=0$ 时，电子开关与上面的 12 分频电路连接，为定时器工作模式。由于定时模式下的计数脉冲信号是系统时钟信号的 12 分频信号，因此其计数周期刚好为一个机器周期。计数器的初始值不同，计数的次数就不同，若 TH1＝00H，TL1＝00H，则计数器计满 $2^{13}=8192$ 的长度后计数器的计数将产生溢出，计数器的初值不同，计满数溢出时的数值也不同，若已知定时器的初始值，则定时时间为

$$t=（2^{13}-T0 \text{初值}）\times 振荡周期 \times 12$$

当 $C/\overline{T}=1$ 时，电子开关与 T1 的外部计数脉冲信号引脚相连接（即开关打向下面，连通 P3 口的 P3.5），为计数器工作模式。当 P3.5 引脚上的外部输入脉冲（T0 的计数脉冲来源于 P3.4）发生负跳变时，计数器加 1，这时 T1 成为外部事件的计数器，即为计数工作方式。计数器溢出时的计数值为

$$N=（2^{13}-T0 \text{初值}）$$

（2）定时/计数器的启动和停止。由于定时/计数器的控制逻辑 B＝（$\overline{INT1}+\overline{GATE}$）· TR1；于是，当 GATE＝0 时，$\overline{GATE}=1$，即在关门情况下，B＝TR1，当 TR1＝1 时，定时/计数器启动计数，当 TR1＝0 时，定时/计数器停止计数，定时/计数器由控制位 TR1 进行启停控制；当 GATE＝1 时，$\overline{GATE}=0$，即在开门情况下，B＝$\overline{INT1}$· TR1，当 TR1＝1 且 $\overline{INT1}$ 引脚上出现高电平时，B＝1，启动定时/计数器，若 TR1＝0 或 $\overline{INT1}$ 引脚上跳变到低电平时，B＝0，定时/计数器停止计数。也就是说，在开门情况下，单独设置 TR1 位不能控制定时器的启动和停止。

2. 工作方式 1

当 M1 M0＝01 时，选择工作方式 1。该方式是一个 16 位的定时/计数器，高、低 8 位计数器 TL1 与 TH1 级联构成 16 位计数器。在计数过程中，当 TL1 计数溢出时，直接向 TH1 进位，TH1 计数溢出时则产生溢出信号，并置位中断请求标志 TF1，向单片机的 CPU 申请中断。其逻辑结构框图如图 5-15 所示。

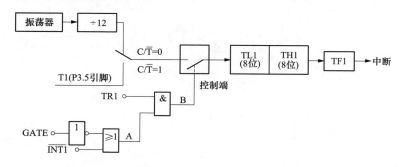

图 5-15　定时/计数器 T1 工作方式 1 的逻辑结构框图

显然，方式 1 除计数的位数不同外，其余均与方式 0 相同。在实际应用时，凡是可以使用方式 0 的地方都可以使用方式 1，所以通常不用方式 0，只用方式 1。方式 0 是为兼容 MCS-48 而设置的。

3. 工作方式 2

当 M1 M0＝10 时，选择工作方式 2。该方式是一个 8 位的自动重装初值的定时/计数器，其中 TL1 为 8 位计数器，而 TH1 不参与计数，只作为 8 位重装寄存器使用。当 TL1 计数溢出时，在置"1"溢出标志 TF1 的同时，会自动地将 TH1 中的数值送至 TL1 作为 TL1 的计数初值，使 TL1 从初值开始重新计数。在循环重复定时或计数时，将初始值同时送 TL1 和 TH1，省去了用户软件中重装初值的程序，定时精确度较高。显然，方式 2 除了计数的位数和重载计数初值的方式与上述工作方式不同外，定时模式和计数模式的选择以及定时/计数器的启停控制与方式 0 和方式 1 是完全相同的。方式 2 的逻辑结构框图如图 5-16 所示。

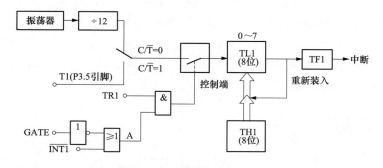

图 5-16　定时/计数器 T1 工作方式 2 的逻辑结构框图

4. 工作方式 3

当 M1 M0＝11 时，选择工作方式 3。方式 3 只适用于定时器/计数器 T0，T1 不能工作在方式 3。若将 T1 方式字段中的 M1 M0 设置为 M1M0＝11，则 T1 停止计数（相当于使 T1

停止工作的命令）。T0 在方式 3 分为两个独立的 8 位计数器，这意味着增加了一个 8 位的定时/计数器，从而具有了 3 个定时/计数器。此时 T1 一般用作串行口波特率发生器。

（1）工作方式 3 下 T0 的使用。

方式 3 下 T0 的逻辑结构如图 5-17 所示。

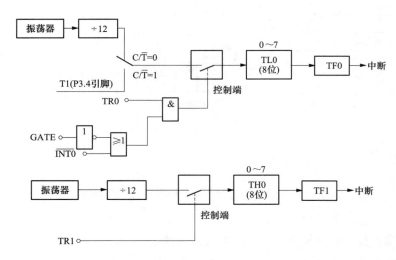

图 5-17　定时/计数器 T0 工作方式 3 的逻辑结构框图

T0 分为两个独立的 8 位计数器 TL0 和 TH0。TL0 既可以用于定时，也可以用于计数，使用 T0 的状态控制位 C/$\overline{T}$、GATE、TR0。而 TH0 被固定为一个 8 位定时器（不能工作在外部计数模式），并使用定时器 T1 的启动控制位 TR1 作为 TH0 的启停控制信号，TH0 计满数溢出将置位 TF1，即占用定时器 T1 的中断请求源 TF1。

（2）方式 3 下 T1 的使用。

T0 为方式 3 时，T1 可以设为方式 0、方式 1 和方式 2 的计数或定时模式，此时没有启动控制位，也没有溢出标志位。设置计数初值后，通过编程 TMOD 寄存器可以选择在定时模式下或计数模式下按方式 0、方式 1 或方式 2 启动。若要停止 T1，则当编程 TMOD 中 T1 控制字段的 M1M0＝11 时，T1 停止计数。方式 3 下的 T1 可以用在不需要启停控制位和不需要中断的场合，它一般用来作为串行口的波特率发生器。

1）T1 工作在方式 0。无启停控制位，无溢出标志位的 13 位定时/计数器，编程 TL1、TH1 设置初始值后，通过编程 TMOD 寄存器即可在方式 0 下启动；当编程 TMOD 中 T1 控制字段的 M1M0 ＝ 11 时，T1 停止定时/计数器，如图 5-18 所示。

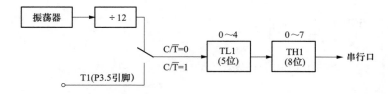

图 5-18　定时/计数器 T0 在方式 3 下、T1 在方式 0 下的逻辑结构框图

2）T1 工作在方式 1。无启停控制位，无溢出标志位的 16 位定时/计数器，其余与方式

0 相同，如图 5-19 所示。

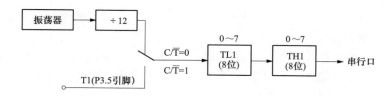

图 5-19　定时/计数器 T0 在方式 3 下、T1 在方式 1 下的逻辑结构框图

3）T1 工作在方式 2。无启停控制位，无溢出标志位的 8 位自动重装的定时/计数器，其余与方式 0 相同，如图 5-20 所示。

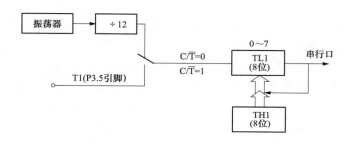

图 5-20　定时/计数器 T0 在方式 3 下、T1 在方式 2 下的逻辑结构框图

5. 计数器模式对输入信号的要求

外部计数脉冲的最高频率为系统振荡器频率的 1/24。例如，选用 12MHz 频率的晶体，则可以输入 500kHz 的外部脉冲。输入信号的高、低电平至少要保持一个机器周期，如图 5-21 所示。其中 T_{cy} 为机器周期。

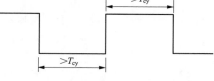

5.2.5　定时/计数器的编程和应用

1. 工作模式和方式的选择

根据实际需要选择定时工作模式是还是计数工

图 5-21　计数脉冲信号的宽度要求

作模式，然后确定工作方式，工作方式的选择取决于定时时间的长短和最大计数值的大小。定时/计数器在各种工作方式下的最长延时时间和最大计数值（以 6MHz 为例）如下。

方式 0 最长延时　$16.384\text{ms}=2^{13}\times12/\ (6\times10^{-6})$；最大计数值 $N=2^{13}=8192$。

方式 1 最长延时　$131.702\text{ms}=2^{16}\times12/\ (6\times10^{-6})$；最大计数值 $N=2^{16}=65536$。

方式 2 最长延时　$512\mu\text{s}=2^{8}\times12/\ (6\times10^{-6})$；最大计数值 $N=2^{8}=256$。

据此可以选择定时/计数器的工作方式。

2. 初值的计算

确定工作方式后要进行定时初值或计数初值的计算，若要求计数值为 Y，即计满 Y 个数后产生溢出，TF0$=1$，则应该在计数器中预先放入初值 $X= N-Y$，N 为所选工作方式下的最大计数值，显然，选择工作方式时取 $Y<N$。定时工作模式也是通过计数器的计数来实现的，只不过此时是对单片机的时钟信号经片内 12 分频后的脉冲进行计数，由于时钟频率是定值，所以可以根据计数值计算出定时时间。设 t 为期望的定时时间，f_{osc} 为系统的晶振频

率，X 为定时初值，N 为所选工作方式下的最大计数值，则定时器初值为

$$X = N - \frac{t \times f_{\text{osc}}}{12}$$

3. 定时/计数器的启停控制方法

当定时/计数器的启停受外部信号的控制时，设定门控制位 GATE=1，并将外部信号连接到 $\overline{\text{INT0}}$（$\overline{\text{INT1}}$）引脚上，在逻辑关系上，当外部信号为高电平时，启动定时/计数器，低电平时停止；否则门控位 GATE 设为 0。

4. 定时/计数器的编程

（1）主程序初始化过程中 TMOD、TCON，以及中断的相关设置。

（2）主程序中需要计数或定时时，将定时或计数初值送入计数器 TL0（TL1）和 TH0（TH1），然后开启定时/计数器。

（3）进入中断服务程序时，由于计数器计满数溢出后，计数器被清"0"，因此要先重载初值（方式 2 因能自动重载初值除外），再进行相关处理。

（4）若采用查询方式编程时，由于不进行中断处理，因此要在程序中不断查询 TF0（TF1）的状态。当查询到 TF0（TF1）=1 时，要进行中断请求信号的撤销。

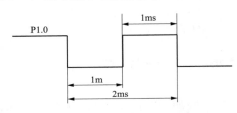

图 5-22　方波信号的宽度要求

【例 5-6】 假设系统时钟频率采用 6MHz，要在 P1.0 上输出一个周期为 2ms 的方波，如图 5-22 所示。

解：方波的周期用 T0 定时来确定，让 T0 每隔 1ms 溢出 1 次，即每 1ms 产生一次中断。CPU 响应中断后，在中断服务程序中对 P1.0 取反。由于方式 2 的定时时间不够，于是选择方式 1。

（1）计算初值。设初值为 X 则有

$$X = 2^{16} - \frac{1 \times 10^{-3} \times 6 \times 10^{6}}{12} = 65536 - 500 = 65036$$

将初值 X 转换为十六进制数，则 X＝FE0CH。于是 T0 的初值为：TH0＝0FEH，TL0＝0CH。

（2）初始化程序设计。

对寄存器 IE、IP、TCON、TMOD 的相应位进行正确的设置，将计数初值送入定时器中。中断要求总允许、源允许开放。于是要求 EA＝1，ET0＝1，或者通过中断允许控制命令字写 IE＝82H。

	D7	D6	D5	D4	D3	D2	D1	D0	
IE	EA	–	–	ES	ET1	EX1	ET0	EX0	A8H

由于只有一个中断源，不存在优先级，因此不需要设置 IP。由于只使用 T0，所以对 TMOD 中 T0 方式字段进行编程，要求 GATE＝0，$\text{C}/\overline{\text{T}}$＝0，M1M0＝01。TMOD 是不能位寻址的，因此需要写命令 TMOD＝01H。

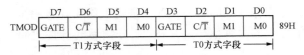

当门控制位 GATE＝0 时，由于 TCON 是可位寻址的，因此只需要编程 TCON 中的 TR0 位为 1 即可启动定时器。

	D7	D6	D5	D4	D3	D2	D1	D0	
TCON	TF1	TR1	TF0	TR0	TE1	IT1	IE0	IT0	88H

（3）中断服务程序设计。

1）注意定时/计数器 T0 的中断服务程序的入口地址是 000BH。在填写入口地址表时，该地址单元处放一条跳转指令，转移到 T0 中断服务程序。

2）在中断服务程序中，由于需要重复定时，因此先将计数初值重新装入定时器中，为下一次中断作准备，然后对 P1.0 取反输出方波信号。

3）在本例中，由于无其他工作任务，所以不需要保护现场。作为一般的情况时，都要保护现场。

（4）采用中断方式的参考程序——主程序。

```
        ORG    0000H
        AJMP   MAIN           ;转主程序
        ORG    000BH          ;T0 的中断入口
        AJMP   IT0P           ;转 T0 中断处理程序 IT0P
        ORG    0100H
MAIN:MOV    SP,# 60H          ;设堆栈指针
        MOV    TMOD,# 01H     ;设置 T0 为方式 1
        SETB   EA             ;总允许
        SETB   ET0            ;源允许
        SETB   TR0            ;启动定时器 T0
HERE: AJMP   HERE             ;自身跳转,相当于程序暂停
```

（5）采用中断方式的参考程序——子程序。

```
IT0P: MOV    TL0,# 0CH       ;T0 中断服务子程序
        MOV    TH0,# 0FEH     ;T0 重新置初值
        CPL    P1.0           ;P1.0 的状态取反
        RETI                  ;中断服务子程序返回
```

（6）采用查询方式的参考程序——子程序。

```
        ORG    0000H
RESET: AJMP   MAIN            ;转主程序
        ORG    0100H
 MAIN: MOV    TMOD ,# 01H     ;设置 T0 为方式 1
 LOOP: MOV    TH0,# 0FEH      ;T0 置初值
        MOV    TL0,#  0CH
        SETB   TR0            ;接通 T0
LOOP1: JNB    TF0 ,LOOP1      ;查询 TF0 标志
        CLR    TF0            ;软件清 T0 溢出标志
        CPL    P1.0           ;P1.0 的状态取反
        SJMP   LOOP
```

编写查询方式的程序时，不需要进行中断初始化，只要进行定时器的初始化即可。在查询方式下，CPU 不断查询并等待 TF0 标志为 1，这样导致了 CPU 的利用效率较低。

5.3　89C51 单片机串行通信口

计算机与外界的信息交换称为通信，单片机的通信方式有以下两种。

（1）并行通信。数据的各位同时进行传送。特点：传送速率快，但数据线较多。89C51 单片机提供了 4 个并行 I/O 口。

（2）串行通信。即数据一位一位地顺序传送。特点：只要一根数据线，设备简单，但传送速率较慢。

89C51 单片机内部有一个全双工串行接口。什么叫全双工串口呢？一般来说，只能接收或只能发送数据的串行口称为单工串行口；既可以接收又可以发送数据，但不能同时进行的串行口称为半双工串行口；能同时接收和发送数据的串行口称为全双工串行口。89C51 串行口的内部结构如图 5-23 所示。其功能是通过图中的 TXD 端将数据串行发送出去，通过 RXD 端接收串行输入数据。串行通信是指数据一位一位地按顺序传送的通信方式，其突出优点是只需要一根传输线，这样可以大大降低硬件成本。串行通信适合远距离通信，但其缺点是传输速度较低。与前面所述的定时/计数器一样，串行通信口通过一些相关的特殊功能寄存器进行管理。定时器 T1 用作于产生串行口通信的时钟信号。

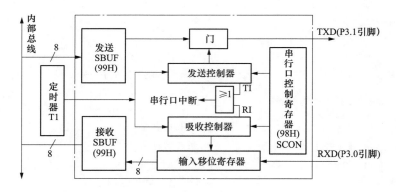

图 5-23　串行口的内部结构框图

首先我们来了解一下与单片机串口相关的寄存器。两个在物理上独立的发送缓冲器和接收缓冲器，可以同时收发数据（全双工）。两个缓冲器共用一个特殊功能寄存器 SBUF（字节地址 99H）。串口的控制寄存器共有两个，其中特殊功能寄存器 SCON 称为串口控制寄存器；PCON 称为电源管理寄存器，它主要用于电源的功耗管理，只有其中的 SMOD 位用于串口。

（1）SBUF 寄存器：这是不能位寻址的缓冲寄存器，它表示两个在物理上独立的接收、发送缓冲器，可以同时发送、接收数据，可以通过指令对 SBUF 的读写来区别是对接收缓冲器的操作还是对发送缓冲器的操作，从而控制外部两条独立的收发信号线 RXD（P3.0）、TXD（P3.1）同时发送、接收数据，实现全双工通信。

（2）串行口控制寄存器 SCON：这个 8 位寄存器的每一位都有特定的含义，是可以位寻址的特殊功能寄存器，其字节地址为98H，各位的定义如图5-24所示。

图5-24中各位（从左至右为从高位到低位）的含义如下。

1）SM0和SM1：串行口工作方式控制位，其定义见表5-4。其中，f_{osc}为单片机的时钟频率；波特率是指串行口每秒钟发送（或接收）的位数。

	D7	D6	D5	D4	D3	D2	D1	D0	
SCON	SM0	SM1	SM2	REN	TB8	RB8	TI	RI	98H
位地址	9FH	9EH	9DH	9CH	9BH	9AH	99H	98H	

图 5-24　SCON 各位的定义

表 5-4 串行口工作方式控制位

SM0	SM1	工作方式	功 能	波 特 率
0	0	方式 0	同步移位寄存器输出方式	$f_{osc}/12$
0	1	方式 1	10 位异步通信方式	可变，取决于定时器 1 溢出率
1	0	方式 2	11 位异步通信方式	$f_{osc}/32$ 或 $f_{osc}/64$
1	1	方式 3	11 位异步通信方式	可变，取决于定时器 1 溢出率

2）SM2：多机通信控制位。该位仅用于方式2和方式3的多机通信。其中发送机SM2＝1（需要程序控制设置）。当接收机的串行口工作于方式2或3，SM2＝1时，只有当接收到的第9位数据（RB8）为1时，才把接收到的前8位数据送入SBUF，且置位RI发出中断请求引发串行口接收中断，否则会将接受到的数据放弃。当SM2＝0时，就不管第9位数据是0还是1，都将数据送入SBUF，并置位RI发出中断请求。工作于方式0时，SM2设置为0。

3）REN：串行接收允许位。REN＝0时，禁止接收；REN＝1时，允许接收。

4）TB8：在方式2、3中，TB8是发送机要发送的第9位数据；在多机通信中它代表传输的地址或数据，TB8＝0时为数据，TB8＝1时为地址。

5）RB8：在方式2、3中，RB8是接收机接收到的第9位数据，该数据正好来自于发送机的TB8，从而识别接收到的数据特征。

6）TI：串行口发送中断请求标志位。当CPU发送完一串行数据后，此时SBUF寄存器为空，硬件使TI置1，请求中断。CPU响应中断后，由软件对TI清零。

7）RI：串行口接收中断请求标志位。当串行口接收完一帧串行数据时，此时SBUF寄存器为满，硬件使RI置1，请求中断。CPU响应中断后，用软件对RI清零。

（3）电源管理寄存器PCON：这是一个8位寄存器，字节地址为87H，不能位寻址，其格式如图5-25所示。

PCON	D7	D6	D5	D4	D3	D2	D1	D0
	SMOD	−	−	−	GF1	GF0	PD	IDL

图 5-25　PCON 各位的定义

图5-25中各位（从左至右为从高位到低位）的含义如下。

1）SMOD：波特率加倍位。若SMOD＝1，则当串行口工作于方式1、2、3时，波特率加倍；若SMOD＝0，则波特率不变。

2）GF1、GF0：通用标志位。

3）PD（PCON.1）：掉电方式位。当PD＝1时，进入掉电方式。

4）IDL（PCON.0）：待机方式位。当 IDL＝1 时，进入待机方式。

另外，与串行口相关的寄存器还有前面提到的与定时器相关寄存器和中断寄存器。定时器寄存器用来设定波特率。中断允许寄存器 IE 中的 ES 位也用来作为串行 I/O 中断允许位。当 ES＝1 时，允许串行 I/O 中断；当 ES＝0 时，禁止串行 I/O 中断。中断优先级寄存器 IP 的 PS 位则用作串行 I/O 中断优先级控制位。当 PS＝1 时，设定为高优先级；当 PS＝0 时，设定为低优先级。

（4）波特率：串行口每秒钟发送（或接收）的位数称为波特率。设发送每一位数据所需要的时间为 T，则波特率＝$1/T$。在了解了与串行口相关的寄存器之后，我们可得出其通信波特率的一些结论。

1）方式 0 和方式 2 的波特率是固定的。在方式 0 中，波特率为时钟频率的 $1/12$，即 $f_{osc}/12$，固定不变。在方式 2 中，波特率取决于 PCON 中的 SMOD 值，即方式 2 的波特率 $＝(2^{SMOD}/64)\times f_{osc}$。其中，SMOD 为 PCON 寄存器最高位的值（0 或 1）。当 SMOD＝0 时，波特率为 $f_{osc}/64$；当 SMOD＝1 时，波特率为 $f_{osc}/32$。

2）方式 1 和方式 3 的波特率可变，由定时器 1 的溢出率决定。方式 1 波特率＝$(2^{SMOD}/32)\times$定时器 T1 的溢出率；当定时器 T1 用作波特率发生器时，通常选用定时初值自动重装的工作方式 2（注意：不要把定时器的工作方式与串行口的工作方式搞混了）。其计数结构为 8 位，假定计数初值为 Y，单片机的机器周期为 $f_{osc}/12$，则定时时间为 $(256-Y)\times f_{osc}/12$。从而在 1s 内发生溢出的次数（即溢出率）可由下式表示为

$$\text{定时器 T1 的溢出率}=\frac{12}{(256-Y)\times f_{osc}}, \quad \text{方式 1 波特率}=\frac{2^{SMOD}}{32}\times\frac{12}{(256-Y)\times f_{osc}}$$

在实际应用中，通常是先确定波特率，然后再根据波特率求 T1 的定时初值，因此上式又可写为

$$\text{初值 } Y=256-\frac{2^{SMOD}}{32}\times\frac{f_{osc}}{12\times\text{波特率}}$$

（5）异步通信：通信双方没有统一的时钟信号，使用各自的时钟控制发送和接收，用起始位和停止位表示一个数据帧的开始和结束。数据帧是串行通信的基本单位，一个数据帧由起始位、停止位、数据位和校验位四部分组成，TXD 引脚从高电平跳变到低电平时表示一个数据帧的开始，即起始位为"0"，然后是 5～8 位数据（低位在前），奇偶校验位或多机标志位（可无），最后是一个停止位"1"。

如图 5-26 所示是数据 42H 的帧结构（8 位数据，1 位偶校验位）。

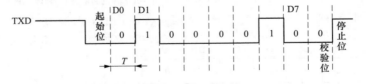

图 5-26 数据帧格式

（6）奇校验还是偶校验：对数据传输正确性的一种校验方法。在数据传输前附加一位校验位，用来表示传输的数据中"1"的个数是奇数还是偶数，"1"的个数为奇数时，校验位置为"0"，否则置为"1"。用以保持数据中"1"的个数为奇数的校验称为奇校验。若传输的数据中"1"的个数为奇数时，校验位置为"1"，为偶数时置为"0"，保持数据中"1"的

个数为偶数的校验称为偶校验。例如，需要传输"11001110"，该数据中含 5 个"1"，所以其奇校验位为"0"，同时把"110011100"传输给接收方，接收方收到数据后再一次计算奇偶性，"110011100"中仍然含有 5 个"1"，所以接收方计算出的奇校验位还是"0"，与发送方一致，表示在此次传输过程中未发生错误。奇偶校验就是接收方用来验证发送方在传输过程中所传送的数据是否由于某些原因造成破坏的方法。

5.3.1 串行口的 4 种工作方式

串行口分为四种工作方式，由 SCON 中的 SM0、SM1 两位选择决定。

1. 方式 0 下的数据发送与接收

在方式 0 下，串行口实际上是一个同步移位寄存器，该方式下只发送或接收 8 位数据。方式 0 以 8 位数据为一帧，不设起始位和停止位，不论是发送数据还是接收数据，都是先从最低位开始的。方式 0 下数据由单片机的 RXD 端（10 管脚）发送或接收，而 TXD 端（11 管脚）发送或接收移位脉冲。发送或接收数据时，低位数据在前，高位数据在后。方式 0 下串行口控制寄存器 SCON 的 SM2 位应设为 0，且 TB8 位无用。该模式下串行口通信的波特率固定为晶振频率的 1/12。

（1）方式 0 发送。首先，通过指令"MOV SCON，♯00H"设置串行口工作在模式 0 下发送数据。将要发送的 8 位数据载入串行口缓冲寄存器 SBUF，串行口就会自动将 SBUF 中的数据转换成 8 位的串行数据，并以固定的波特率从 RXD 端发送出去。当数据发送完成后，SCON 中的标志位 TI 会被硬件置"1"。这时，可用指令"JBC TI，CHECK"来检测 TI 位并将其清"0"。方式 0 下的发送时序如图 5-27 所示。

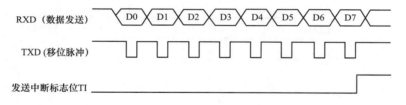

图 5-27　方式 0 数据发送时序

（2）方式 0 接收。首先，通过指令"MOV SCON，♯10H"设置串行口工作在模式 0 下接收数据（RI＝0、REN＝1）。串行口随即启动接收数据，此时 RXD 端为数据接收端，TXD 端仍然为移位脉冲输出端。当一个字节的数据接收完毕后保存在 SBUF 中，同时标志位 RI 被置"1"，可用指令"JBC RI，LOOP"来检测 RI 位并将其清"0"。方式 0 下的接收时序如图 5-28 所示。

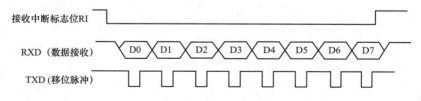

图 5-28　方式 0 数据接收时序

2. 方式 1 下的数据发送与接收

在方式 1 下，串行口每一帧发送或接收 10 位数据。这 10 个位分别是一个起始位"0"、

8 个数据位、一个停止位 "1"。在该模式下，单片机的 TXD 端为数据发送端口，RXD 端为数据接收端口。在方式 1 下不考虑多机通信，即 SM2＝0。

在方式 1 下串行通信的波特率是可变的，由定时/计数器 1 工作在方式 2 下，通过载入 Timer 寄存器 TH1 和 TL1 的计数初始值来设置波特率。在模式 1 下，单片机会自动根据 T1 的计数初始值得出波特率。这个计算基于以下的公式得出

$$波特率＝\frac{2^{SMOD}}{32}\times\frac{12}{[256-(TH1)]\times f_{osc}}$$

TH1 是 T1 寄存器的高 8 位。SMOD 是电源控制寄存器 PCON 中的第 7 位，如果 SMOD＝0 则为单倍波特率，如果 SMOD＝1 则为双倍波特率。假设使用单倍波特率，即 SMOD＝0，晶振频率＝11.0592MHz，向 T1 寄存器 TH1（＝TL1）中载入 F3H，即 TH1 ＝243，根据公式可得

$$波特率＝\frac{2^{SMOD}}{32}\times\frac{12}{[256-(TH1)]\times f_{osc}}=\frac{2^0}{32}\times\frac{11.0592}{12\times[256-243]}=2400$$

（1）方式 1 发送。当执行一条数据写发送缓冲器 SBUF 的指令，就启动数据发送。串行口首先将起始位 0 向 TXD 输出，此后，每经过一个 TX 时钟周期，便产生一个移位脉冲，并由 TXD 输出一个数据位。8 位数据位全部发送完毕后，置 TI 为 "1" 产生中断。方式 1 发送数据的时序如图 5-29 所示。其中 TX 时钟是发送的波特率时钟。

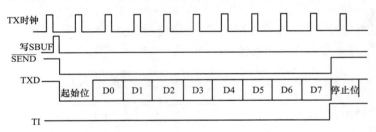

图 5-29　方式 1 数据发送时序

（2）方式 1 接收。当 REN＝1 时，启动接收。串行口启动后，在采样到 RXD 端从 1 到 0 的跳变，确认起始位后，开始接收一帧数据。方式 1 接收数据的时序如图 5-30 所示。

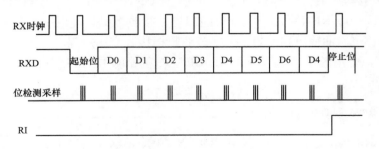

图 5-30　方式 1 数据接收时序

在方式 1 下，一帧数据接收完毕后，是否装入接收 SBUF 取决于接收缓冲器 SBUF 的状态。若 RI＝0，表示接收缓冲器 SBUF 为 "空"，则数据自动装入接收 SBUF；若 RI＝1，表示接收缓冲器 SBUF 为 "满"，则收到的数据不能装入接收 SBUF，意味着该帧接收数据丢失。

3. 方式 2 下的数据发送与接收

在模式 2 下，串行口是一个 9 位的异步通信口，每一帧共发送或接收 11 位数据。这 11 位数据由一个起始位"0"、8 个数据位、第 9 位数据（TB8 位，位于 SCON 内）、一个停止位"1"组成。该模式下的波特率为晶振频率的 1/32 或 1/64，这取决于 PCON 寄存器中 SMOD 的设置，计算公式为

$$波特率 = \frac{2^{\text{SMOD}}}{64} \times f_{\text{osc}}$$

（1）方式 2 发送。在方式 2 下发送数据时，数据由 TXD 端送出。在双机通信时，第 9 位数据作为奇偶校验位；在多机通信时，第 9 位作为地址/数据的标志位，且该位为"1"时为地址帧，表示该帧信息为地址信息，该位为"0"时为数据帧，表示该帧信息为数据信息。不论是双机通信还是多机通信，在数据发送前，均要预先编程 TB8。若作为奇偶校验位，则按 8 个数据位中"1"的个数预置 TB8。若是偶校验，则要求 8 位数据位和校验位共 9 位数据中"1"的个数为偶数；若是奇校验，则要求 8 位数据位和校验位共 9 位数据中"1"的个数为奇数，可以用"MOV TB8，C"指令为 TB8 位载入数据。与其他模式相同，向 SBUF 写入数据后数据即自动发送。发送完一帧数据后，发送中断标志位 TI=1，所以可以用指令"JBC TI，CHECK"来检测 TI 并将其清"0"。方式 2 发送数据时序如图 5-31 所示。

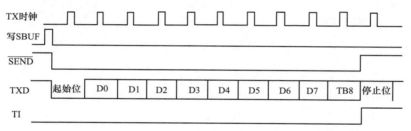

图 5-31　方式 2 数据发送时序

（2）方式 2 接收。方式 2 下接收数据时，需要将串行口控制寄存器 SCON 中的 REN 位置"1"，串行口就会启动接收过程。当采样到 RXD 端从 1 到 0 的跳变，确认起始位后，则开始接收一帧数据。方式 2 接收数据的时序如图 5-32 所示。

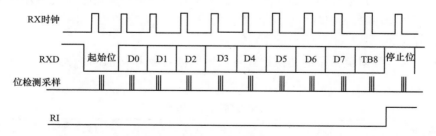

图 5-32　方式 2 数据接收时序

在方式 2 下接收完第 9 位数据后，需满足两个条件才能将接收到的数据送入 SBUF。

1）SM2=0、RI=0，双机通信且接收缓冲器为"空"。

2）SM2=1、RI=0，接收到的第 9 位数据位 RB8=1（多机通信时，接收的第 9 位

为1）。

当上述两个条件满足时，接收到的数据才能送入接收 SBUF 缓冲器，第 9 位数据送入 RB8，并置 RI 为"1"。否则，接收的信息将被丢弃。可以用指令"JB RI，CHECK"来检测 RI 位以判断接收的完成情况。

【例 5-7】 方式 2 下，发送方和接收方数据奇偶校验的方法。

偶校验方法：发送方保证发送的一帧数据的 9 位中，"1"的个数为偶数。实现方法是将要发送的数据传送到 A，获得奇/偶标志信息 P。将 P（PSW.0）传送到 TB8（数据第 9 位）。

PSW	Cy	AC	F0	RS1	RS0	OV	—	P

例程：
```
MOV A, @ R0      ;待发送的数据传送到 A
MOV C, P         ;取奇/偶标志 P
MOV TB8, C       ;以偶校验方式填充 TB8
MOV SBUF,A       ;启动串行口发送
```

例程中 A 中"1"的个数为奇数时 P=1；A 中"1"的个数为偶数时 P=0。于是发送的 9 位数据中，A 中"1"的个数和 P 中"1"的个数之和一定是偶数。

接收方则要对接收的数据按约定的偶校验方法进行验证。验证接收的一帧数据的 9 位中，"1"的个数为偶数。实现方法是将接收数据传送到 A，将接收的第 9 位数据 RB8 与 P 进行比较，结果相等则正确。

例程：
```
MOV A ,SBUF      ;接收数据送 A
MOV C, P         ;取校验位 P
JNC   L1         ;C＝0,即 P=0,转 L1
JNB RB8,ERP      ;P= 1,RB8=0,出错
AJMP L2          ;P= 1,RB8=1,正确
L1:JB  RB8,ERP   ;P= 0,RB8＝1,出错
```

4.方式 3 下的数据发送与接收

方式 3 与方式 2 的串行口功能、发送/接收过程几乎相同，只是方式 3 的波特率可控，方式 3 与方式 1 具有相同的计算公式。

从前面对 4 种方式的分析知道，除了方式 0 下作为一个移位寄存器使用外（倾向于扩展 I/O 口），方式 1 和方式 3 都具有灵活设置波特率的特点，所以在应用中可以"偏爱地"使用方式 1 和方式 3。

实际使用时，为避免繁杂的初值计算，常用的波特率和初值间的关系见表 5-5，以供查询使用。

表 5-5　　　　　　　常用波特率及设置表

波　特　率	f_{osc}	SMOD 位	方式	初值（TH1）
62.5kbit/s	12MHz	1	2	FFH
19.2kbit/s	11.0592MHz	1	2	FDH
9.6kbit/s	11.0592MHz	0	2	FDH
4.8kbit/s	11.0592MHz	0	2	FAH

波　特　率	f_{osc}	SMOD 位	方式	初值（TH1）
2.4kbit/s	11.0592MHz	0	2	F4H
1.2kbit/s	11.0592MHz	0	2	E8H

5.3.2　串行口通信的编程步骤

1．编程前准备

（1）确定工作方式，确定 TMOD、SCON、PCON、IE、IP 等相关 SFR 的值。

（2）根据波特率计算或查表确定定时器 T1 的初值。

2．发送编程

（1）主程序。

1）在主程序中初始化各相关 SFR 设置，开启波特率定时器。

2）确定发送的数据序列，找到第 1 个发送数据。

3）预置要发送的第 9 位到 TB8（只用于方式 2、3），将第 1 个发送数据写入 SBUF，启动串行口发送。

（2）中断服务程序。

1）判断当前一帧数据是否发送完毕，即检查 TI 是否为"1"。

2）若 TI 为"1"，则清 TI 为"0"，并检查数据序列是否发送完毕。

3）若未发送完毕，则找到要发送的下个数据。

4）预置下一个要发送的数据的第 9 位到 TB8，将要发送的下一个数据写入 SBUF。

3．接收编程

（1）主程序。

1）主程序中初始化各相关 SFR 设置，开启波特率定时器。

2）安排接收数据存储空间，确定指针。

3）REN 置"1"，启动接收。

（2）中断服务程序。

1）判断当前一帧数据是否接收完毕，即检查 RI 是否为"1"；若 RI 为"1"，则清 RI 为"0"。

2）从 SBUF 读出接收数据，并读出 RB8 进行奇偶校验。

3）将接收正确的数据放入指定的存储空间，接收错误则另行处理。

4）判断是否接收完毕，若接收完毕则将 REN 位清"0"，关闭接收。

5.3.3　串行口方式 1 应用编程

【例 5-8】　用方式 1 双机串行通信，甲机发送数据，乙机接收数据。收发双方均采用 6MHz 晶振，波特率为 2400b/s，发送方把以 78H、77H 单元的内容作为首地址，以 76H、75H 单元内容减 1 为末地址的数据块通过串行口发送给接收方。

题意分析：设发送方要发送的数据块的地址为 2000H～203FH。发送时先发送地址帧，再发送数据帧；接收方在接收时使用一个标志位来区分接收的是地址帧还是数据帧，并将其分别存放到指定的单元中。当接收的是地址时，将其放在 78H～75H 中；接收的是数据时，将其放在 78H～75H 指定的地址中。

通信协议：接收方和发送方都使用 6MHz 晶振，波特率为 2400b/s。在方式 1 下，每一帧信息为 10 位，第 0 位为起始位，第 1~8 位为数据位，最后一位为停止位。

编程准备：波特率为 2400b/s，T1 用作波特率发生器，采用定时模式，方式 2，SMOD＝1，根据计算公式求得定时器的初值为 F3H。编程使 TH1＝TL1＝F3H；PCON＝80H，如图 5-33 所示；TCON＝20H，如图 5-34 所示；串行口工作在方式 1，如图 5-35 所示。

	D7	D6	D5	D4	D3	D2	D1	D0
PCON	SMOD	–	–	–	GF1	GF0	PD	IDL
各位取值：	1	0	0	0	0	0	0	0

图 5-33　PCON 控制字设置为 80H

	D7	D6	D5	D4	D3	D2	D1	D0
TCON	GATE	C/$\overline{\text{T}}$	M1	M0	GATE	C/$\overline{\text{T}}$	M1	M0
各位取值：	0	0	1	0	0	0	0	0

图 5-34　TCON 控制字设置为 20H

	D7	D6	D5	D4	D3	D2	D1	D0
SCON	SM0	SM1	SM2	REN	TB8	RB8	TI	RI
各位取值：	0	0	0	0/1	0	0	0	0

图 5-35　SCON 控制字发送方设置为 40H，接收方设置为 50H

发送方甲机程序设计思想如下。

（1）在主程序中，调用发送子程序。

（2）发送子程序。

1）初始化处理，设置相关的特殊功能寄存器。

2）先关闭中断，采用查询的方式发送地址帧，共发送 4 帧。

3）发送地址帧完成后，为发送数据帧做准备，将首地址送 DPTR；开中断，发送第 1 帧数据，然后再在中断服务子程序中发送其他数据帧。

4）判断是否有数据帧发送完毕标志（F0＝1），若有标志则返回。

（3）中断服务子程序。

1）数据指针下移，发送一帧数据。

2）判断数据帧是否发送完毕，若已发送完毕，则设置数据帧发送完毕标志（F0＝1）。

程序如下：

```
;甲机发送程序——中断方式：
ORG 0000H
LJMP MAIN
ORG 0023H              ;串行口中断地址
LJMP COM_INT
ORG 1000H
MAIN:MOV SP,#53H       ;设置堆栈指针
MOV 78H,#20H           ;设置发送数据块的首、末地址
MOV 77H,#00H
MOV 76H,#20H
```

```
        MOV 75H,# 40H
        ACALL TRANS                      ;调用发送子程序
  HERE:SJMP HERE
 TRANS:MOV TMOD,# 20H                     ;设置定时器工作方式
        MOV TH1,# 0F3H                    ;设置计数器初值
        MOV TL1,# 0F3H
        MOV PCON,# 80H                    ;波特率加倍
        SETB TR1                          ;启动 T1 计数器计数
        MOV SCON,# 40H                    ;设置串行口工作方式
        MOV IE,# 00H                      ;先关中断,利用查询发送地址帧
        CLR F0
        MOV SBUF,78H                      ;发送首地址的高 8 位数据
 WAIT1:JNB TI,WAIT1
        CLR TI
        MOV SBUF,77H                      ;发送首地址的低 8 位数据
 WAIT2:JNB TI,WAIT2
        CLR TI
        MOV SBUF,76H                      ;发送末地址的高 8 位数据
 WAIT3:JNB TI,WAIT3
        CLR TI
        MOV SBUF,75H                      ;发送末地址的低 8 位数据
 WAIT4:JNB TI,WAIT4
        CLR TI
        MOV IE,# 90H                      ;开中断,采用中断方式发送数据
        MOV DPH,78H
        MOV DPL,77H
        MOVX A,@ DPTR
        MOV SBUF,A                        ;发送首个数据
  WAIT:JNB F0,WAIT                        ;发送等待
        RET
        COM_INT:CLR TI                    ;发送中断标志位 TI 清零
        INC DPTR                          ;数据指针加 1,准备发送下一个数据
        MOV A,DPH                         ;判断当前是否为发送数据的末地址
        CJNE A,76H,END1                   ;不是末地址则跳转
        MOV A,DPL                         ;同上
        CJNE A,75H,END1
        SETB F0                           ;数据发送完毕,置 1 标志位
        CLR ES                            ;关串行口中断
        CLR EA                            ;关中断
        RETI                              ;中断返回
 END1:MOVX A,@ DPTR                       ;将要发送的数据送 A,准备发送
        MOV SBUF,A                        ;发送数据
        RETI                              ;中断返回
        END
```

接收方乙机程序设计思想如下。

（1）在主程序中，调用接收子程序。

（2）接收子程序。

1）初始化处理，设置相关的特殊功能寄存器。

2）设置两个标志，F0＝1 表示地址帧收完毕，（7FH）＝1 表示数据帧接收完毕。

3）开中断，在中断服务子程序中接收。

4）判断是否有数据帧接收完毕的标志，若有标志则返回。

（3）中断服务子程序。

1）判断 F0，是接收地址，还是数据，分别放入不同位置；

2）F0＝0 是地址，判断地址帧是否接收完毕，若接收完毕设置 F0＝1。

3）F0＝1 是数据，判断数据帧是否接收完毕，若接收完毕设置（7FH）＝1。

程序如下：

```
        ;乙机接收程序——中断方式
        ORG 0000H
        LJMP MAIN
        ORG 0023H
        LJMP COM_INT
        ORG 1000H
   MAIN:MOV SP,# 53H            ;设置堆栈指针
        ACALL RECEI             ;调用接收子程序
   HERE:SJMP  HERE
   RECEI:MOV R0,# 78H           ;设置地址接收区
        MOV TMOD,# 20H          ;设置定时/计数器工作方式
        MOV TH1,# 0F3H          ;设置波特率
        MOV TL1,# 0F3H
        MOV PCON,# 80H          ;波特率加倍
        SETB TR1                ;开计数器
        MOV SCON,# 50H          ;设置串行口工作方式 1,接收
        MOV IE,# 90H            ;开中断
        CLR F0                  ;标志位清"0",先接收的是地址帧
        CLR 7FH                 ;(7FH)= 1,表示接收数据结束
   WAIT:JNB 7F,WAIT             ;查询标志位,等待接收
        RET
COM_INT:PUSH DPL                ;压栈,保护现场
        PUSH DPH
        PUSH ACC
        CLR  RI                 ;接收中断标志位清"0"
        JB F0,R_DATA            ;判断接收的是数据帧还是地址帧,若 F0=0 则为地址帧
        MOV A,SBUF              ;接收的是地址帧数据
        MOV @ R0,A              ;将地址帧送指定的寄存器
        DEC R0
        CJNE R0,# 74H,RETN
        SETB F0                 ;置标志位,地址接收完毕
   RETN: POP ACC                ;出栈,恢复现场
```

```
            POP DPH
            POP DPL
            RETI                        ;中断返回
  R_DATA:MOV DPH,78H                     ;数据接收程序区
            MOV DPL, 77H
            MOV A,SBUF                   ;接收数据
            MOVX @ DPTR,A                ;送到指定的数据存储单元中
            INC 77H                      ;地址加 1
            MOV A,77H                    ;判断当前接收数据的地址
            JNZ END2                     ;是否应向高 8 位进位
            INC 78H
  END2:MOV A,76H
            CJNE A,78H,RETN              ;是否为最后一帧数据,若不是则继续
            MOV A,75H
            CJNE A,77H,RETN              ;若是最后一帧,则各种标志位清"0"
            CLR ES                       ;关闭串行口中断
            CLR EA                       ;关中断
            SETB 7FH                     ;设置数据接收完毕标志
            SJMP RETN                    ;转返回
            END
```

5.3.4　串行口方式 2 应用编程

方式 2 和方式 1 有两点不同之处。

第一，数据帧的格式不同，方式 2 是 11 位数据帧。第 0 位为起始位；第 1~8 位为数据位；第 9 位是程序控制位（即 TB8/RB8），该位的具体意义取决于用户协议，在双机通信时该位常用作校验位，在多机通信时该位为地址或数据帧的标识位，用户可以使用位操作指令编程 TB8；第 10 位是停止位"1"。

第二，方式 2 的波特率基本固定为：波特率＝振荡器频率/n。当 SMOD＝0 时，n＝64。当 SMOD＝1 时，n＝32。方式 2 的使用和方式 3 基本一样，由于方式 3 的波特率可由定时器的溢出率确定，因此其应用较多。方式 2 的编程应用，可参照方式 3 的应用编程进行。

5.3.5　串行口方式 3 应用编程

【例 5-9】　如图 5-36 所示，实现甲、乙双机串行通信。要求：波特率为 9600b/s，采用偶校验方式；甲机读入 P1 口 8 个开关的状态后，通过串行口发送到乙机，乙机将接收到的甲机的 8 个开关的状态数据送入 P1 口，由 P1 口的 8 个发光二极管来显示 8 个开关的状态。双方晶振均采用 11.0592MHz。

分析：根据题目要求可知，波特率为 9600b/s，采用偶校验，若取 SMOD＝0，则定时器 T1 用作波特率发生器，工作在方式 2，查表可得定时初值为 FDH。于是要求编程 TMOD＝20H，PCON＝00H，又因串行口工作在方式 3，中断设置为串行口、定时器 T1 中断允许。要求 IE＝90H，甲机发送时 SCON＝C0H，乙机接收时 SCON＝D0H。

程序设计思想——采用中断方式。

（1）发送方。

1）主程序：①设置相关 SFR；②读出 P1 口的开关状态作为发送数据，确定第 9 位

127

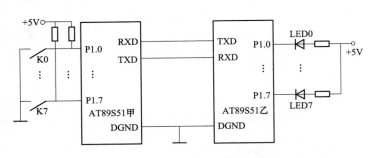

图 5-36 双机通信接口电路

TB8，将发送数据放入 SBUF。

2）中断服务程序：①TI 清 "0"；②读出 P1 口的开关状态作为发送数据，确定第 9 位 TB8，将发送数据放入 SBUF。

（2）接收方。

1）主程序：主程序中，设置相关 SFR。

2）中断服务程序：①RI 清 "0"；②读出 SBUF 中的接收数据，并进行偶检验。若 RB8＝P，则接收正确，若 RB8≠P，则接收出错；③若接收正确，则将接收数据从 P1 输出控制 LED。

程序如下：

```
                ;甲机发送程序
                ORG 0000H
                LJMP MAIN
                ORG 0023H              ;串行口中断地址
                LJMP COM_INT
        MAIN:MOV SP,# 60H             ;设置堆栈指针
                MOV  TMOD,# 20H       ;设置定时器工作方式
                MOV TH1,# 0FDH        ;设置计数器初值
                MOV TL1,# 0FDH
                MOV PCON,# 00H        ;波特率不加倍
                SETB TR1              ;启动 T1 计数器计数
                MOV SCON,# 0C0H       ;设置串行口为工作方式 3
                MOV IE,# 90H          ;开中断,仅允许串行口中断
                MOV P1,# 0FFH         ;要输入,先输出"1"
                MOV A,P1              ;读出 P1 口
                MOV  C,P              ; A中"1" 和 P中"1" 一定是偶数
                MOV TB8,C            ; 校验位送 TB8,采用偶校验
                MOV SBUF,A           ; 发送一次
        HERE:SJMP HERE
        COM_INT:CLR TI               ;发送中断标志位 TI 清"0"
                MOV A, P1
                MOV  C, P            ;A中"1"的个数为奇数,P= 1
                MOV TB8,C            ;校验位送 TB8,采用偶校验
                MOV SBUF,A           ;启动发送
                RETI                 ;中断返回
                END
                ;乙机接收程序
                ORG 0000H
                LJMP MAIN
                ORG 0023H             ;串行口中断地址
                LJMP COM_INT
```

```
MAIN:MOV SP,# 60H                    ;设置堆栈指针
     MOV TMOD,# 20H                  ;设置定时器工作方式
     MOV TH1,# 0FDH                  ;设置计数器初值
     MOV TL1,# 0FDH
     MOV PCON,# 00H                  ;波特率不加倍
     SETB TR1                        ;启动 T1 计数器计数
     MOV SCON,# 0D0H                 ;设置串行口工作方式,开启接收
     MOV IE,# 90H                    ;开中断, 仅允许串行口中断
HERE:SJMP HERE
     COM_INT:CLR RI                  ;接收中断标志位 TI 清"0"
     MOV A,SBUF                      ; 接收的数据送 A
     JNB P,L1                        ;P= 0,转 L1
     JNB RB8,L3                      ;P= 1,RB8=0,出错
     SJMP L2                         ;P= 1,RB8=1,正确
L1:JB  RB8,L3                        ;P= 0,RB8=1,出错
L2:MOV P1,A                          ;接收数据正确,控制 LED
L3:RETI
     END
```

5.3.6　多机通信的工作原理

在单片机应用项目中,有时需要多个单片机参与联合控制,来共同构成一个分布式的多机控制系统,这就需要使多个单片机之间相互通信,构成多机通信系统。

AT89C51 的多机通信是指一台主机与多台从机之间的通信,由一台主机与多台从机构成主从式多机分布通信系统。主机发送的信息可以传输到各个从机或指定从机,从机发送的信息只能被主机接收,从机之间不能相互通信。从机和从机的通信只能经过主机才能实现。

要保证主机与所选择的从机实现可靠的通信,就必须保证串口具有识别功能。AT89C51 中特殊功能寄存器 SCON 中的 SM2 位就是为满足这一条件而设置的多机通信控制位。

在串行口以方式 2（或方式 3）接收数据时,若设置 SM2=1,表示多机通信功能有效,这时可能出现以下两种情况。

（1）接收到的第 9 位数据为 1 时,数据才装入 SBUF,并置中断标志 RI=1,向 CPU 发出中断请求。

（2）接收到的第 9 位数据为 0 时,不产生中断标志,信息将被抛弃。

若设置 SM2=0,表示不是多机通信,则接收的第 9 位数据不论是 0 还是 1,都会产生 RI=1 中断标志,将接收的数据装入 SBUF 中。

应用 AT89C51 单片机串行口的这一功能,便可以实现 AT89C51 的多机通信。

设多机系统如图 5-37 所示。主机的 RXD 端与从机的 TXD 端相连,主机的 TXD 端与从机的 RXD 端相连。从机地址分别为 00H、01H、02H。

多机通信工作过程如下。

（1）从机串行口编程为方式 2 或方式 3 接收,且设置 SM2 和 REN 位为"1",使从机只处于多机通信且接收地址帧的状态。

（2）主机先将从机地址（指定的从机）发给各从机,主机发出的地址信息的第 9 位为"1",尽管各从机的 SM2=1,但各从机接收到 RB8 为"1"时,数据才装入 SBUF,置 RI

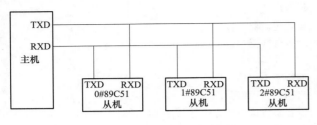

图 5-37 多机通信系统

为"1"，各从机都响应中断，执行中断程序。在中断服务子程序中，判断主机送来的地址是否和本机地址相符合，若相符则该从机的 SM2 位清"0"，准备接收主机的数据或命令；若不相符，则保持 SM2＝1 状态。

（3）接着主机发送数据帧，第 9 位为"0"，各从机串行口接收到的 RB8＝0，只有地址相符合的从机（即已将 SM2 位清"0"的从机）才能激活 RI，从而进入中断，在中断程序中接收主机的数据；其他从机因 SM2＝1，又因 RB8＝0 不激活中断标志 RI，不能进入中断，因此接收的数据丢失。

（4）指定的从机接收数据后，可以回发数据，然后又设置 SM2＝1。

第 6 章

跟我学单片机 C 语言程序设计

单片机的应用程序设计可以采用汇编语言实现，也可以采用 C 语言实现，还可以在一个程序中使用 C 语言和汇编语言混合编程。

目前用于 51 系列单片机编程的 C 语言都采用 Keil C51（简称 C51）。C51 是在标准 C 语言的基础上，根据 51 系列单片机的硬件结构及内部资源进行的扩展。

本章教学内容是在读者已掌握标准 C 语言前提下，初步介绍如何使用 C51 语言来编写 89C51 单片机的应用程序，重点内容放在 C51 对标准 C 语言所扩展的部分。

6.1　编程语言 C51 简介

在单片机的应用开发中，软件编程占有非常重要的地位。软件编程不但要求编写出执行效率高、运行可靠的程序代码，而且对程序的可读性、升级与维护，以及模块化的要求越来越高，以便多人协同开发。

（1）汇编语言优缺点。

1）运行速度快，运行速度可以掌控，在一些对时序要求非常严格的实时控制场合，汇编语言有着不可替代的作用。

2）程序代码短，占用的存储空间小。

3）编程复杂，编写及调试程序相对于高级语言程序要困难、复杂，尤其是在进行数据处理、数值混合运算时更是如此。

4）可移植性差，对于不同种类的单片机，汇编语言各不相同。

（2）C51 语言进行软件开发的优缺点。

1）可读性好。C51 语言程序比汇编语言程序的可读性好，因此它的编程效率高，程序便于修改、维护以及升级。

2）模块化开发与资源共享。C51 语言能很好地利用已有的标准 C 程序资源与丰富的库函数，减少重复劳动，也有利于多个工程师的协同开发。

3）可移植性好。为某型号单片机开发的 C51 程序，只需将与硬件相关之处和编译链接的参数进行适当修改，就可以方便地移植到其他型号的单片机上。

4）实时性略差。

C 语言是美国国家标准协会（ANSI）制定的编程语言标准。1987 年 ANSI 公布了 87 ANSI C，即标准 C 语言。

Keil　C51 语言是在标准 C 语言的基础上，根据 51 系列单片机的硬件结构及内部资源进行的扩展。C51 在语法规定、程序结构与设计方法上，都与标准 C 语言相同。经多年发展，C51 语言已成为公认的高效、简洁的 51 系列单片机的实用高级编程语言。

深入理解 C51 对标准 C 语言的扩展部分以及不同之处，是掌握 C51 语言的关键之一。

6.1.1　C51 的标识符与关键字

1. 标识符

标识符是用来标识源程序中的某个对象的名字的，这些对象可以是语句、数据类型、函数、变量、常量、数组等。

C 语言标识符的命名规定：一个标识符由字母、数字和下划线组成，第一个字符必须是字母或下划线。通常以下划线开头的标识符是编译系统专用的，所以在编写 C 语言程序时，最好不要使用以下划线开头的标识符，但是下划线可以用在第一个字符以后的任何位置。

标识符的长度不要超过 32 个字符。尽管 C 语言规定标识符的长度最大可达 255 个字符，但是在实际编译时，只有前面 32 个字符能够被正确识别。对于一般的应用程序来说，32 个字符的标识符长度已经足够用了。

C 语言对大小写字符敏感，所以在编写程序时要注意大小写字符的区分。例如：对于 sec 和 SEC 这两个标识符来说，C 语言会认为这是两个完全不同的标识符。

C 语言程序中的标识符命名应做到简洁明了、含义清晰，这样便于程序的阅读和维护。例如，在比较最大值时，最好使用 max 来定义该标识符。

2. 关键字

在 C 语言编程中，为了定义变量、表达语句功能和对一些文件进行预处理，还必须用到一些具有特殊意义的字符，这就是关键字。

关键字已被编译系统本身使用，所以用户编写程序时不能使用这些关键字作为用户标识符。C 语言中的关键字主要有以下三类。

（1）类型说明符：用来定义变量、函数或其他数据结构的类型，如 unsigned char、int、long 等。

（2）语句定义符：用来标示一个语句的功能，如 if、for 等。

（3）预处理命令字：用来表示预处理命令的关键字，如 include、define 等。

6.1.2　C51 扩展的关键字

C51 包含了标准 C 语言的 32 个关键字，并根据 51 系列单片机的特点扩展了以下 20 个关键字。

_at_	idata	sfr	alien
Interrupt	sfr16	bdata	large
small	bit	pdata	_task_
code	_priority_	using	compact
reentrant	xdata	data	sbit

C51 的扩展关键字从某种程度上体现出了 C51 语言与标准 C 语言的不同。在相关部分的介绍时，我们再来具体解释关键字。

6.1.3　C51 与标准 C 语言的主要区别

（1）库函数的不同。标准 C 语言中部分库函数不适用于 51 系列单片机，被排除在 C51

之外。

（2）数据类型有一定的区别。C51 在标准 C 语言的基础上又扩展了 4 种数据类型。例如，51 单片机具有位操作指令，因此，C51 语言相应地增加了位类型。

（3）数据存储类型的不同。标准 C 语言是为通用计算机设计的，通用计算机中存储器统一寻址，而 51 系列单片机的存储器采用哈佛结构，在逻辑上分为内部数据存储区、外部数据存储区以及程序存储区等三个区域。为了说明数据的存储区，C51 增加了数据存储类型的定义。

（4）为了进行中断编程，C51 中定义了中断函数。

（5）输入/输出处理不一样。C51 语言中的输入/输出是通过 51 单片机的串行口来完成的，因此，在输入/输出指令执行前必须对串行口进行初始化。

（6）头文件的不同。为了便于直接对 51 单片机的硬件资源进行操作，C51 头文件中包含了 51 单片机内部的硬件资源，如与定时器、中断、I/O 等所对应的功能寄存器等。

（7）程序结构的差异。标准 C 语言所具备的递归特性不被 C51 支持。在 C51 中，要使用递归特性，必须使用关键字 reentrant 进行声明才能使用。

从数据运算操作、程序控制语句以及函数使用来说，C51 与标准 C 语言几乎没有什么明显差别。只要具备 C 语言编程基础，注意 C51 与标准 C 语言的不同，并熟悉 51 单片机硬件结构，就能够较快地掌握 C51 编程。

6.1.4　Keil C51 的开发工具

目前，Keil C51 已经被完全集成到一个功能强大的全新集成开发环境 Keil μVision4 中，该开发环境下集成了文件编辑处理、编译链接、项目（Project）管理、窗口、工具引用和仿真软件模拟器以及 Monitor51 硬件目标调试器等多种功能，所有功能均可以在 Keil μVision4 的开发环境中极为简便地进行操作。

我们经常用到 Keil C51 和 Keil μVision4 两个术语。Keil C51 一般简写为 C51，指的是 51 单片机编程所使用的 C51 语言；而 Keil μVision4 可以简写为 μVision4，指的是用于 51 单片机的 C51 程序编写、调试的集成开发环境。

6.2　C51 语言程序基础

在程序中总离不开对数据的处理，数据类型定义了该类数据的取值范围以及所能执行的操作。C51 在标准 C 语言的基础上扩展了 4 种数据类型，见表 6-1 中最后部分。

表 6-1　　　　　　　　　　　　C51 中 的 数 据 类 型

数据类型		位数	取 值 范 围
字符型	signed char	8	$-128 \sim +127$
	unsigned char	8	$0 \sim 255$
整型	signed int	16	$-32768 \sim +32767$
	unsigned int	16	$0 \sim 65535$
长整型	signed long	32	$-2147483648 \sim +2147483647$
	unsigned long	32	$0 \sim +4294967295$

续表

数据类型		位数	取 值 范 围
浮点型	float	32	±3.402823 E+38
位类型	bit	1	0/1
	sbit	1	0/1
特殊功能寄存器类型	sfr	8	0～255
	Sfr16	16	0～65535

6.2.1 C51 的扩展数据类型

1. 四种扩展数据类型

（1）bit 型：bit 用于定义位变量的名称，编辑器会在片内 RAM 的可位寻址空间中为其分配地址。

（2）sfr 型：sfr 用于定义 8 位特殊功能寄存器的名称并为特殊功能寄存器指定地址。

（3）sfr 16 型：sfr16 用于定义 16 位特殊功能寄存器的名称并指定其地址。

（4）sbit 型：sbit 用于定义位变量的名称并指定地址，其地址可以是特殊功能寄存器的位地址，也可以是片内 RAM 可位寻址空间中的位地址。

2. C51 的扩展数据类型的应用

在程序中可以用扩展数据类型定义一个变量。例如：

```
bit      flags              // 定义一个名为 flags 的位变量，flags 的值为 0 或 1
sfr      P1= 0x90           // 定义 P1 为片内 P1 端口寄存器，地址为 90H
sfr      SCON = 0x98        // 定义 SCON 为片内串行口控制寄存器 SCON，地址为 98H
sfr16    DPTR= 0x82         // 定义 DPTR 为片内 16 位数据指针 DPTR，地址为 82H、83H
sbit     P1_0 = P1^0        // 定义 P1_0 为 P1 端口寄存器的 D0 位
```

6.2.2 单片机的存储类型

51 系列单片机有片内数据存储器、片外数据存储器和程序存储器，因此，在定义变量的数据类型时，还必须指定它的存储类型，即该变量所在的存储区。C51 的数据存储类型与单片机存储器的对应关系见表 6-2。

表 6-2   C51 存储类型与 51 单片机存储器类型对应表

存储类型	存储区	单片机存储器单元
bdata	片内 RAM	位寻址区，20H～2FH，共 16 字节，128 位
data		直接寻址，00H～7FH，共 128 字节
idata		间接寻址，00H～FFH，共 256 字节
pdata	片外 RAM	分页寻址的片外区，00H～FFH，共 256 字节（MOVX @Ri）
xdata		间接寻址，共 64K 字节（MOVX @DPTR）
code	ROM	间接寻址，共 64K 字节（MOVC @A+DPTR）

存储类型的应用举例如下。

在程序中定义一个变量的同时并说明变量的存储类型。例如：

```
bit   bdata   flags;                              //位变量 flags 定位在片内 RAM 位寻址区
char data  var;                                   //字符变量 var 定位在片内 RAM 区
unsigned  char pdata  z;                          //无符号字符变量 z 定位在片外分页间址 RAM 区
unsigned  char xdata  status_byte = 0;            //变量 status_byte 定位在片外 RAM 区
unsigned  char  code  a[ ] = {0x00,0x01,0x02,0x03,0x04,0x05};//ROM 区数组变量
```

6.2.3 数据存储模式

如果在变量定义时没有指定存储类型，则 C51 编译器采用默认的存储类型。默认的存储类型由编译器控制命令中的存储器模式指令进行限制。在 u Vision4 中，在"Options for Target 1"｜"Target"｜"Memory Model"中有三种存储模式可供选择，见表 6-3。

表 6-3   C51 存储模式与默认的存储类型对应表

存储模式	默认存储类型	特　　　点
SMALL	data	小模式，变量默认在片内 RAM
COMPACT	pdata	紧凑模式，变量默认在片外 RAM 的页
LARGE	xdata	大模式，变量默认在片外 RAM

例如：char var//在 SMALL 模式 var 定位在 data 存储区

对于单片机的 C51 编程，正确地定义数据类型以及存储类型，可以提高运行速度，节省存储单元。

6.2.4 定义变量数据类型的原则

（1）使用短变量。考虑到变量可能的取值范围，尽量选择 char 型。

（2）使用无符号类型。由于单片机本身不支持符号运算，因此应尽量避免使用带符号的变量，否则会在无形中增加额外代码来处理这些带符号数。

（3）尽量避免使用浮点类型。对于 51 系列这样的定点机而言，浮点类型变量将明显增加运算时间和程序长度。

6.2.5 定义变量存储类型的原则

考虑到程序的运行速度，一般按照先片内再片外、先直接再间接的顺序定义变量存储类型，即按 data、idata、pdata、xdata 的顺序定义变量。在不超过 data 的空间时，尽量把频繁使用的变量定义为 data 类型。

6.2.6 C51 语言的 SFR 及位变量定义

1. 特殊功能寄存器的 C51 定义

单片机中的 SFR 和 SFR 的可寻址位，必须先在 C 程序中定义才能引用。既可以自行在程序中定义，也可以引用编译器提供的头文件进行定义。

（1）使用关键字 sfr、sfr16 定义 SFR。

sfr 语法：sfr 特殊功能寄存器名字＝特殊功能寄存器地址；

例如：

```
sfr IE= 0xA8;          //中断允许寄存器,地址为 A8H
sfr SCON= 0x98;        //串行口控制寄存器,地址为 98H
sfr16 DPTR= 0x82;      //数据指针 DPTR 的低 8 位,地址为 82H
```

（2）使用关键字 sbit 定义 SFR 中的可寻址位，共有以下 3 种方法。

1）sbit 位名＝SFR 符号^位序号；

例如：

```
sfr PSW= 0xD0;              // 定义 PSW 寄存器的字节地址为 0xD0
sbit CY= PSW^7;            // 定义 CY 位为 PSW.7,位地址为 0xD7
sbit OV= PSW^2;           // 定义 OV 位为 PSW.2,位地址为 0xD2
```

2）sbit 位名＝字节地址^位置；

例如：

```
sbit  CY= 0xD0^7;         // CY 位为字节 0xD0 的 D7 位,位地址为 0xD7
sbit OV= 0xD0^2;          // OV 位为字节 0xD0 的 D2 位,位地址为 0xD2
```

3）sbit 位名＝位地址；

例如：

```
sbit CY= 0xD7;            // CY 的位地址为 0xD7
sbit OV= 0xD2;            // OV 的位地址为 0xD2
```

（3）通过头文件访问 SFR。

在 51（52）单片机的头文件"reg51.h"（"reg52.h"）中，已经对 SFR 和其中的可寻址位进行了定义。用户只需在程序中使用♯include< reg51.h>指令把这个头文件包含到程序中，就可以使用 SFR 名和其中可以寻址的位名称了。

reg51.h 头文件中的部分定义如下：

sfr PSW = 0xD0;	sbit AC = 0xD6;	sbit TF1 = 0x8F;
sfr ACC = 0xE0;	sbit F0 = 0xD5;	sbit TR1 = 0x8E;
sfr B = 0xF0;	sbit RS1 = 0xD4;	sbit TF0 = 0x8D;
sfr SP = 0x81;	sbit RS0 = 0xD3;	sbit TR0 = 0x8C;
sfr DPL = 0x82;	sbit OV = 0xD2;	sbit IE1 = 0x8B;
sfr DPH = 0x83;	sbit P = 0xD0	sbit IT1 = 0x8A;

（4）应用举例。

1）在程序中，经自行定义后的特殊功能寄存器 SFR 和 SFR 的可寻址位可以在程序中引用，例如：

```
void  main(void)
{
    sfr   TL0= 0x8A;        //定义 TL0 为定时器 T0 低字节 TL0,地址为 8AH
    sfr   TH0= 0x8C;        //定义 TH0 为定时器 T0 高字节 TH0,地址为 8CH
    sfr   TCON = 0x88;      //定义 TCON 为定时/计数器控制寄存器 TCON
    sbit TR0= TCON^4;       // 定义 TR0 位为 TCON.4,地址为 8CH
    TL0= 0xF0;              // T0 低字节 TL0 送时间常数
    TH0= 0x3F;              // T0 高字节 TH0 设时间常数
    TR0= 1;                 // 启动定时器 0
    ......
}
```

2）使用#include< reg51.h>，访问 SFR 和 SFR 的可寻址位。

```
# include< reg51.h>              //头文件为 51 型单片机的头文件
void  main(void)
{
    TL0= 0xF0;                   // T0 低字节 TL0 送时间常数,TL0 在"reg51.h"中定义
    TH0= 0x3F;                   // T0 高字节 TH0 设时间常数,TH0 在"reg51.h"中定义
    TR0= 1;                      // 启动定时器 0 ,TR0 在"reg51.h"中定义
     ……
}
```

2. 位变量的 C51 定义

C51 支持 bit 类型的变量，与 sbit 不同的是，bit 类型的变量不要求位于可位寻址区，但不能位于片外 RAM 区，现说明如下。

（1）位变量 C51 定义。采用关键字 "bit" 定义的一般格式为：bit bit_name;

例如：
```
bit  ov_flag;          // 将 ov_flag 定义为位变量
     bit  lock_pointer;     // 将 lock_pointer 定义为位变量
```

（2）函数可以包含类型为 bit 的参数，也可以将其作为返回值。例如：

```
bit  func(bit b0, bit b1);     // 位变量 b0 与 b1 作为函数 func 的参数
{……
     return(b1);               // 位变量 b1 作为函数的返回值
}
```

（3）位变量定义的限制。位变量不能用来定义指针和数组。例如：

```
bit  * ptr;                    // 错误,不能用位变量来定义指针
bit  array[ ];                 // 错误,不能用位变量来定义数组 array[ ]
```

6.2.7　C51 语言的绝对地址访问

在利用 Keil 进行 89C51 单片机编程的时候，常常需要进行绝对地址访问，如对指定的存储单元的操作和对 I/O 设备进行操作等。C51 语言提供了三种常用的访问绝对地址的方法来实现对片内 RAM、片外 RAM、ROM 及 I/O 的访问。

1. 绝对宏

在程序中，将有关绝对地址访问的宏定义文件 "absacc.h" 包含在程序当中，即将代码 "#include <absacc.h>" 加到源程序文件中，就可以使用其中定义的宏来访问各个存储空间中的绝对地址。这些宏定义包括以下几个。

（1）CBYTE：以字节形式对 code 区寻址。

（2）CWORD：以字形式对 code 区寻址。

（3）DBYTE：以字节形式对 data 区寻址。

（4）DWORD：以字形式对 data 区寻址。

（5）XBYTE：以字节形式对 xdata 区寻址。

（6）XWORD：以字形式对 xdata 区寻址。

（7）PBYTE：以字节形式对 pdata 区寻址。

(8) PWORD：以字形式对 pdata 区寻址。

【例 6-1】 对片内 RAM、片外 RAM 及 I/O 进行定义。

程序如下：

```
# include< absacc.h>
# define PORTA XBYTE[0xFFC0]          //定义 PORTA 为 I/O 口,地址为 0xFFC0
# define NRAM DBYTE[0x40]             //定义 NRAM 为片内 RAM,地址为 0x40
main(  )
{
    PORTA= 0x3D;                      //数据 3DH 写入地址 0xFFC0 的外部 I/O 口
    NRAM= 0x01;                       //数据 01H 写入片内 RAM 的 40H 单元
    XBYTE[0x0341]= 0x05;              //数据 05H 写入片外 RAM 的 0341H 单元
}
```

2. 使用_at_关键字

在 C51 中扩展了_at_关键字用于在源程序中为变量分配绝对地址，使用的格式为：

[存储器类型]　数据类型　变量名 _at_地址常数

_at_定义的变量必须为全局变量，地址常数用于指定变量的绝对地址。

使用关键字_at_实现绝对地址的访问的程序如下：

```
void  main(void)
  { data unsigned char y1_at_ 0x50;    //定义字节变量 y1 在 data 区,地址为 50H
  xdata unsigned int y2 _at_ 0x4000;   //定义字变量 y2 在 xdata 区,地址为 4000H
  y1= 0xff;
  y2= 0x1234;
  ……
  while(1);
  }
```

【例 6-2】 将从片外 RAM 2000H 开始的连续 20 个字节单元的内容清"0"。

程序如下：

```
xdata unsigned char buffer[20]_at_ 0x2000;
void main (void)
{    unsigned char i;
    for (i= 0; i< 20; i++ )   buffer [i] = 0;
}
```

如果把片内 RAM 从 40H 单元开始的 8 个单元的内容清"0"，则程序如下：

```
data unsigned char buffer[8]_at_ 0x40;
void  main (void)
{    unsigned char j ;
    for (j= 0; j< 8; j++ )   buffer [j] = 0;
}
```

3. 利用指针

定义指针变量，把访问的绝对地址值赋给指针，再通过指针访问绝对地址空间。例如：

```
void func1(){
    data char Var;
    data char* pint1;
    xdata char * pint2;
    pint1= 0x30;        //指针指向单片机片内 RAM 的 30H 单元
    pint2= 0x40;        //指针指向单片机片外 RAM 的 40H 单元
    * pint1= 1;         //给片内 RAM 的 30H 单元赋值
    * pint2= 2;         //给片外 RAM 的 40H 单元赋值
    Var= * pint1;       //片内 RAM 30H 单元的值赋给变量 Var
    }
```

6.3 C51 的基本运算

C51 语言的基本运算与标准 C 语言类似，主要包括算术运算、关系运算、逻辑运算、位运算以及赋值运算及其表达式等。

1. 算术运算符

C51 支持加、减、乘、除、求余、增 1 和减 1 这七种算术运算，见表 6-4。

表 6-4   **七 种 算 术 运 算 符**

符号	说明	符号	说明	符号	说明	符号	说明
＋	加法运算	*	乘法运算	％	取模运算	——	自减 1
—	减法运算	/	除法运算	＋＋	自增 1		

（1）"/"运算为取商，如 X＝5/3，则 X＝1。

（2）"％"运算为取余数，如 X＝5％3，则 X＝2。

（3）"＋＋"、"——"运算符位于变量之前和变量之后的运算顺序不同。

1）运算符位于变量之前，如＋＋i、——i 分别表示在使用 i 之前，先使 i 的值加 1 或减 1。

2）运算符位于变量之后，如 i＋＋、i—— 分别表示在使用 i 之后，再使 i 的值加 1 或减 1；

例如，若 i＝4，执行 x＝＋＋i 后，运算结果为 i＝5，x＝5；若 i＝4，执行 x＝i＋＋后，运算结果为 i＝5，x＝4。

2. 逻辑运算符与关系运算

C51 提供了三种逻辑运算符，分别用来实现逻辑与、或、非运算。6 种关系运算符用于实现数据的比较运算。C51 提供的逻辑运算符和关系运算符分别见表 6-5 和表 6-6。

表 6-5   **逻 辑 运 算 符**

符号	说明	符号	说明
&&	逻辑与	!	逻辑非
||	逻辑或		

表6-6 关 系 运 算 符

符号	说明	符号	说明	符号	说明
>	大于	>=	大于或等于	==	等于
<	小于	<=	小于或等于	!=	不等于

逻辑运算和关系运算说明如下。

1）逻辑运算和关系运算的值或为 1（真），或为 0（假）。

2）一个变量非 0 为真，0 为假。

3）逻辑运算从左至右运算，即左结合性。

3. 位运算

位运算符用来对二进制位进行操作。位运算符中，除了"～"以外，其余均为二目运算符。操作数只能为整型和字符型数据。位逻辑运算是指对参加运算的二元数据的对应位按位进行逻辑"与"、"或"、"异或"运算，这三种运算相当于汇编指令 ANL（与）、ORL（或）、XRL（异或）；位取反即求一个数据的反码（相当于汇编指令 CPL）；移位运算实现数据按位左移或右移若干位（不能循环移位）的运算。移位运算表达式为

运算对象 移位运算符（<<或>>）移位位数 n

例如，x<<4；即将变量 x 中的数据左移 4 位。C51 提供的 6 种位运算符见表6-7。

表6-7 位 运 算 符

符号	说明	符号	说明	符号	说明
&	按位逻辑与	^	按位逻辑异或	<<	按位左移
|	按位逻辑或	~	按位取反	>>	按位右移

4. 指针和取址运算符

C51 程序中与地址相关的两个运算符是取址运算符"&"和指针运算符"*"，见表6-8。这两个运算符都是单值运算符，也就是说它们只带一个操作数。用取址运算符"&"可以取得一个变量的地址。"&"在操作数的左边，如 &myAge；这行代码表示返回变量 myAge的地址。

表6-8 指 针 和 取 址 运 算 符

符号	说明	符号	说明
*	取内容	&	取变量地址

指针运算符"*"则与取址运算符"&"的功能相反。"*"也在操作数的左边，该操作数是一地址，用"*"可以取得该地址处存储的变量的值。例如，程序 *（&myAge）= 42；是指先用"&"取得变量 myAge 的地址，再用"*"访问该地址处的变量，即 myAge，并对该变量赋值为 42。

在实际应用中，常常需要改变 I/O 口某一位的值，而不影响其他位，若 I/O 口是不可位寻址的，就要采用位运算方式。

【例6-3】 编程将某 I/O 口 PORTA 的 D5 清"0"，D1 置"1"。

程序如下：

```
# define < absacc. h>
# define PORTA XBYTE[0xFFC0]
void main( )
{   ……
     PORTA= ( PORTA&0xDF) | 0x02;
     ……

}
```

6.4　C51 的分支与循环程序结构

C51 程序在结构上可以分为三类，即顺序结构、分支结构和循环结构。顺序结构即程序自上而下按照顺序运行，顺序结构程序比较简单，便于理解，因此这里仅介绍分支结构和循环结构。

6.4.1　分支控制语句

实现分支控制的语句有 if 语句和 switch 语句。

1. if 语句

if 语句的基本结构为：if（表达式）　　｛语句｝

if 语句括号中的表达式成立时，程序执行花括号内的语句，否则程序跳过花括号中的语句部分，而直接执行下面的其他语句。

C51 语言提供了以下三种形式的 if 语句。

（1）单分支：if（表达式）　　｛语句｝

若表达式成立，则执行语句，否则不执行，如图 6-1 所示。

（2）双分支：if（表达式）　　｛语句 1;｝

　　　　　　　else｛语句 2;｝

若表达式成立则执行语句 1，否则执行语句 2，如图 6-2 所示。

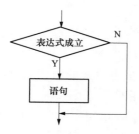

图 6-1　单分支结构流程图

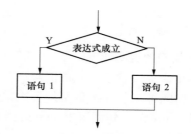

图 6-2　双分支结构流程图

例如：if (x> y)　｛max= x; min= y;｝

若 x＞y，则将 x 赋值给 max，将 y 赋值给 min；否则不执行赋值运算。

例如：if (x> y) ｛max= x; ｝

　　　　else ｛max= y;｝

若 x>y，则将 x 赋值给 max，否则将 y 赋值给 max。

（3）多分支：在 if 语句中又包含一个或多个 if 语句，称为 if 语句的嵌套。值得注意的是，else 总是与它前面最近的一个 if 语句相对应，如图 6-3 所示。

```
if (表达式 1) {语句 1;}
else  if (表达式 2) {语句 2;}
else  if (表达式 3) {语句 3;}
……
else  {语句 n;}
```

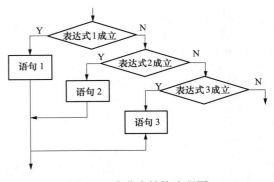

图 6-3　多分支结构流程图

例如：

```
if (x> 100) {y= 1;}
else if (x> 50) {y= 2;}
    else if (x> 30) {y= 3;}
        else if (x> 20) {y= 4;}
            else  {y= 5;}
```

2. switch 语句

switch 语句是一个多分支选择语句，用于在实际应用的多种情况中，选择一种情况执行某一部分语句；当然此时也可以使用嵌套的 if 或 if…else if 语句来处理，但这样分支过多，程序冗长、难读，不够灵巧。switch 语句为 C51 处理多路选择问题提供了一种更加直观和有效的手段。在测试某个表达式是否与一组常量表达式的值相配时，switch 语句显得更为方便。switch 语句的一般形式如下：

```
switch      (表达式)
{ case      常量表达式 1:{语句 1;}break;
  case      常量表达式 2:{语句 2;}break;
  ……
  case      常量表达式 n; {语句 n;}break;
  default: {语句 n+ 1;}
}
```

对 switch 语句的说明如下。

（1）当 switch 括号内表达式的值与某 case 后面常量表达式的值相同时，就执行该 case 后面的语句，因此每一个 case 的常量表达式必须互不相同。

（2）若遇到 break 语句则退出 switch 语句，若在 case 语句中遗忘了 break，则在执行了本行之后将继续执行后续的 case 语句。

【例 6-4】　在单片机程序设计中，使用 switch 语句，根据按下键的键值转向各自的分支处理程序。

```
keynum= keyscan();
Switch (keynum)
{ case 1:  key1();  break;
```

```
case  2:      key2();    break;
case  3:      key3();    break;
case  4:      key4();    break;
......
default:    goto input
}
```

程序中 keyscan（ ）是一个键盘扫描函数。如果有键按下，该函数就会得到按下按键的键值并赋给变量 keynum。其流程如图 6-4 所示。

6.4.2 循环控制语句

许多的实用程序都包含有循环结构。熟练地掌握和运用循环结构的程序设计，是 C51 语言程序设计的基本要求。实现循环结构的语句有三种：while 语句、do-while 语句和 for 语句。

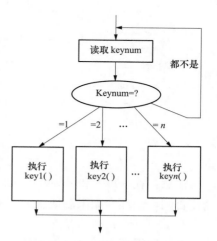

图 6-4   switch 语句程序流程图

1. while 语句

while 语句的意思不难理解。在英语中，它的意思是"当…的时候…"，在这里我们可以理解为"当条件为真的时候就执行后面的语句"。它的语法如下：

```
while(表达式)
{
循环体语句;
}
```

while 语句中的表达式是 while 循环能否继续的条件。如果表达式为真，则重复执行循环体语句；反之则终止循环。

while 循环结构的特点在于：循环条件测试在循环体的开头，即先测试循环条件再执行循环体，如果条件不成立，则循环体内的重复操作一次也不能执行。

while 循环结构举例如下：

```
while((P1&0x80)= = 0)
{    }
```

while 中的条件语句对 89C51 单片机 P1 口的 P1.7 进行测试。如果 P1.7 为低电平（0），由于循环体中无实际操作语句，因此继续测试下去，一旦 P1.7 的电平变高（1），则循环终止，即在 P1.7＝0 时一直等待，直到 P1.7＝1 才继续往后执行。

2. do-while 语句

do-while 语句的特点是先执行循环体语句，再判断表达式。若表达式的值非 0，则继续执行循环体语句，直到表达式的值为 0 时结束循环。它的语法如下：

```
do
{ 循环体语句;}
while(表达式);
```

do-while 与 while 构成的循环十分相似，其主要区别有以下几点。

（1）while 循环的控制出现在循环体之前，即先进行判断，只有条件成立后才执行循环体。

（2）do-while 构成的循环中，总是先执行一次循环体，然后再判断表达式的值，因此无论如何，循环体至少要被执行一次。

（3）do-while 循环用得并不多，大多数的循环用 while 来实现会更加直观。

【例 6-5】 实型数组 sample 中存有 10 个采样值，编写程序段，要求返回其平均值（平均值滤波）。

```
float avg(float * sample)
{   float sum= 0;
    char n= 0;
    do
     {   sum+ = sample[n];        // sum= sum+ sample[n],sample[n]是数组
         n+ + ;
     }  while(n< 10);
    return(sum/10);
}
```

注意：在 while 和 do-while 循环体中，要有能使 while 后表达式的值变为 0 的操作指令，否则，循环会无限制地进行下去。

3. 基于 for 语句的循环

在三种循环中，经常使用的是由 for 语句构成的循环，它可以完全替代 while 语句。在明确循环次数的情况下，for 语句比上面介绍的循环语句都要方便简单。它的语法如下：

for (表达式 1;表达式 2;表达式 3)
　{　循环体语句;}
表达式 1:初值设定表达式。设定循环控制变量等的初值。
表达式 2:终值条件表达式。判断循环条件是否满足。
表达式 3:更新表达式。用于更新循环控制变量,若不更新则是死循环。

在执行 for 语句时，先代入初值，再判断条件是否为真，当条件满足时执行循环体并更新条件，再判断条件是否为真……直到条件为假时，退出循环。

【例 6-6】 求 1＋2＋3＋…＋100 的累加和。

for(sum= 0,i= 1;i< = 100;i+ +)　　sum+ = i;　　//累加求和

for 语句的执行过程如下。
（1）表达式 1，设循环控制变量、循环初值。
（2）判断表达式 2，若满足条件就继续执行，否则退出循环。
（3）执行一次 for 循环体。
（4）计算表达式 3，更新循环控制变量，然后转到第（2）步。
（5）结束循环。

下面对 for 语句的几个特例进行说明。
（1）循环控制 3 个表达式均缺省。例如：

```
for(;;)
{
    循环体语句;
}
```

无循环控制变量，无初值，无判断条件，无更新，其作用相当于 while（1），这样将会导致一个无限循环。

（2）表达式1缺省。例如：

```
for (;i< = 100;i+ + )
       sum= sum+ i;
```

即不设 i 的初值，i 的初值此前已有。

（3）表达式2缺省。例如：

```
for (i= 1;;i+ + )
{   sum= sum+ i;
    if(sum> 1000) break;
}
```

即不以循环控制变量作为循环条件。

（4）表达式1、表达式3缺省。例如：

```
for(;i< = 100;)
{   sum=  sum+ i;
    i+ + ;
}
```

（5）没有循环体的 for 语句。例如：

```
int a= 1000;
for(t= 0;t< a;t+ + )
{;}
```

在程序的设计中，经常会用到软件延时，没有循环体的 for 语句没有任何实质性的操作，实现的就是软件延时功能，即循环执行指令，消磨一段已知的时间。

【例6-7】 编写一个延时 1ms 的程序。

```
void delayms( unsigned char int j)
{   unsigned char i;
    while(j- - )
    {for(i= 0;i< 125;i+ + )
     {;}          //循环体为空
    }
}
```

采用 C 语言进行软件延时的时间不精确，不同的编译器会产生不同的延时，因此应根据实际测试的情况调整 j、i 的值，达到 1ms 延时的目的。

【例6-8】 求 1＋2＋3＋…＋100 的累加和。

```
# include < reg51. h>
# include < stdio. h>
void main( )
{   int   sum, i;
    for(sum= 0,i= 1;i< = 100;i+ + )
    sum+ = i;      //累加求和
    while(1);      //死循环,程序不再往下执行,保证运算后结果不变
}
```

在 C51 中经常使用无限循环结构终止程序的继续执行。【例 6-8】中，如果没有 while
（1）语句，则程序执行完后不能停止，会继续往下执行程序存储器空间中的不确定内容（乱
码），这样可能导致 sum 的值发生变化。

无限循环的结构实现可以使用以下三种结构。

（1）使用 while（1）的结构。

```
while(1)
{
  代码段;
}
```

（2）使用 for（;;）的结构。

```
for(;;)
{
  代码段;
}
```

（3）使用 do-while（1）的结构。

```
do
{
  代码段;
} while(1);
```

6. 4. 3　break 语句、continue 语句和 goto 语句

1. break 语句

break 语句有两种用途：用于 switch 语句中，可以从中途退出 switch 语句；用于循环
语句中，可以从循环体内直接退出当前循环。对于嵌套的循环语句和 switch 语句，break 语
句的执行只能退出直接包含 break 的那一层结构。

2. continue 语句

当前循环遇到 continue 语句时，并不结束循环，而仅仅是结束本次循环，即跳过循环
体下面的语句，接着进行下一次是否执行循环的判断。

3. goto 语句

goto 语句是无条件转移语句。当执行 goto 语句时，会将程序指针跳转到 goto 给出的下
一条代码。其基本格式为：goto 标号。

【例 6-9】　　将 break 语句用在循环程序中提前终止循环。

```
void  main(void)
{  int i, sum;
    sum= 0;
    for(i= 1;i< = 10;i+ + )
  {  sum= sum+ i;
      if(sum> 5) break;
      printf("sum= % d\n", sum);
      /* 通过串口输出 sum 值* /
  }
}
```

此例中，如果没有 break 语句，则程序将会进行 10 次循环；当 i＝3 时，sum 的值为 6，此时，if 语句的表达式"sum＞5"的值为 1，于是执行 break 语句，跳出 for 循环，从而提前终止了循环。

因此，在一个循环程序中，既可通过循环语句中的表达式来控制循环是否结束，还可直接通过 break 语句强行退出循环结构。

【例 6-10】 continue 语句举例，求整数 1～100 中除去个位为 3 的数的累加值并输出。

```
void  main(void)
{  int  i, sum= 0;
  for(i= 1;i< = 100;i+ + )
    {  if(i% 10= = 3)continue;
        sum= sum+ i;
    }
print("sum= % d\n", sum);
/* 通过串行口输出 sum 值* /
}
```

为达到要求，在循环中加入了一个判断，若该数个位是 3，就通过 continue 语句跳过求和。如何来判断 1～100 的数中哪些位的个数是 3 呢？用求余数的运算符"％"，将一个两位以内的正整数除以 10 后，余数是 3，就说明这个数的个位为 3。例如，对于数 73，除以 10 后，余数就是 3。

【例 6-11】 goto 语句举例，计算整数 1～100 的累加值，存放到 sum 中。

```
void  main(void)
{  unsigned char i
    int  sum;
sumadd:  sum= sum+ i;
    i+ + ;
    if(i< 101) goto sumadd;
}
```

goto 语句在 C51 中经常用于无条件跳转到某条必须执行的语句以及用于在死循环程序中退出循环。为了方便阅读，也为了避免跳转时发生错误，在程序设计中要慎重使用 goto 语句。

6.5 C51 的构造数据类型

构造数据类型是基本数据类型的扩展，构造数据类型包括：数组、指针、结构、共用体和枚举等。

6.5.1 数组

数组是同类数据的一个有序组合，用数组名来标识。整型变量的有序组合称为整型数组，字符型变量的有序组合称为字符型数组。数组中的数据称为数组元素。

数组中各元素的顺序用下标表示，下标为 n 的元素可以表示为：数组名［n］。改变［］中的下标就可以访问数组中的所有的元素。

数组有一维、二维、三维和多维数组之分。C51 语言中常用一维、二维数组和字符数组。

1. 一维数组

一维数组即具有一个下标的数组元素组成的数组。一维数组的定义为：

类型说明符　数组名［元素个数］；

数组名是一个标识符，元素个数是一个常量表达式，不能是含有变量的表达式。

例如：int array1[8];　　//定义了一个名为 array1 的数组,其中包含 8 个整型元素。

在定义数组时，可以对数组进行整体初始化。若定义后对数组赋值，则只能对每个元素分别赋值。例如：

```
int a[3]= {2,4,6};        // 给全部元素赋值,a[0] = 2,a[1] = 4,a[2] = 6
int b[4];
b[0] = 5;                 // 每个元素分别赋值
```

2. 二维数组或多维数组

二维数组或多维数组即具有两个或两个以上下标的数组。二维数组的一般形式为：

类型说明符　数组名［行数］［列数］；

数组名是一个标识符，行数和列数都是常量表达式。例如：

```
float  array2 [4] [3]     // 定义了一个名为 array2 数组,有 4 行 3 列共 12 个浮点型元素
```

二维数组可以在定义时进行整体初始化，也可在定义后单个地进行赋值。例如：

```
int a[3] [4]= {1,2,3,4},{5,6,7,8},{9,10,11,12};
/* a 数组全部初始化,初始化结果:a[0] [0]= 1, a[0] [1]= 2, a[0] [2]= 3,…,a[1] [3]= 8 */
int b[3] [4]= {1,3,5,7},{2,4,6,8},{ };   // b 数组部分初始化,未初始化的元素为 0
b[2] [0]= 15;                            // 每个元素分别赋值
```

3. 字符数组

字符数组的元素是字符类型的元素。例如：

```
char  a[10]= {'B','E','I',' ','J','I','N','G', '\0'};
```

字符串数组 a［］有 10 个数组元素，将 9 个字符的 ASCII 码分别赋给了 a［0］～a

［8］，其中 '＼0'是字符串结束标志，剩余的 a［9］被系统自动赋予空格字符的 ASCII 码。

注意：单引号括起来的字符为字符的 ASCII 码值。

C51 允许用字符串直接给字符数组置初值。例如：

char b[10]= {"BEI JING"};

用双引号括起来的一串字符称为字符串常量，C51 编译器会自动地在字符串末尾加上结束符'＼0'。此处数组 a［］与数组 b［］的初值相同。

一个字符串可以用一维数组来装入，但数组的元素数目一定要比字符多一个，以便 C51 编译器自动在其后面加入结束符'＼0'。

4. 数组的应用

在 C51 的编程中，数组的一个非常有用的功能，就是查表操作。

（1）对于传感器的非线性转换需要进行补偿，使用查表法就要有效得多。

例如，感应无线位置检测中，检测分辨率为 1mm。若处于位置 P，根据检测数据计算的位置数据为 D，实测数据如下：

P（mm）：0　0.5　1　1.5　2　2.5　3　3.5　4　4.5　5　5.5　6

D（mm）：0.2　0.7　1.4　1.9　2.5　3　3.5　4.1　4.5　5　5.4　5.8　6.3

定义一个数组：float B［101］= {0, 0.7, 1.9, 3, 4.1, 5, 5.8 …}，即 B[0]=0，B[1]=0.7，B[2]=1.9，B[3]=3，B[4]=4.1，

若检测数据 D 满足 B［i］≤D<B［i+1］，则实际位置为 i mm。例如，D=2.7mm，由于 B［2］=1.9≤D<3=B［3］，所以实际位置为 2mm。

（2）在 LED 显示程序中根据要显示的数值，查表找到数据对应的显示段码，将数据显示在七段数码管上。程序如下：

```
# define uchar unsigned char
   uchar code table[10]= {0x7e, 0x30, 0x6d, 0x79, 0x33, 0x5b, 0x1f, 0x70, 0x7f, 0x73};
                      //共阴极数码管段码表
   uchar  data i;      //存放要显示的 BCD 码
   sfr  P1= 0x90;       // 定义 P1 为片内 P1 端口寄
   存器
   P1= table[i];       //显示 i 表示的数字
```

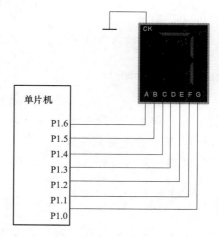

例如，i=7，P1= table［7］= 0x70，即 P1 口输出数据为 70H（01110000B），七段数码管的 a、b、c 三段为高电平"1"点亮，其他段为低电平"0"不亮，七段数码管显示数据"7"。即

a b c d e f g
1 1 1 0 0 0 0

（3）数学运算时，查表比公式计算更方便将事先计算好的数据放在表中即可。例如，使用查表法计算数 0～9 的平方的程序如下：

```
# define uchar unsigned char
```

```
uchar code square[10]= {0,1,4,9,16,25,36,49,64,81};/* 0～9 的平方表,在程序存储器中* /
uchar data number ;              //需要计算的数的存放单元
uchar data result ;              //计算结果的存放单元
result= square [number];      //将 number 的平方存入 result 单元
```

在程序的开始处，定义了一个无符号字符型的数组 square［］，并对其进行了初始化，将数 0～9 的平方值赋予了数组 square［］。类型代码 code 指定编译器将平方表的数据放在程序存储器中。

5. 数组与存储空间

当程序中设定了一个数组后，C51 编译器就会在系统的存储空间中开辟一个区域，用于存放数组的内容。数组就包含在这个由连续存储单元组成的模块的存储体内。

当一维数组被创建后，C51 编译器就会根据数组的类型在内存空间中开辟一块大小等于数组长度乘以数据类型长度的区域。对于整型数据，如 a［］＝{515，516，517}，存放在 xdata 0100 开始的单元：02，03，02，04，02，05。

对于二维数组 a［m］［n］，存储顺序是按行存储，即先存第 0 行元素的第 0 列、第 1 列、…，直至第 n−1 列，然后再存第 1 行元素的第 0 列、第 1 列、…

51 单片机的 RAM 资源极为有限，因此在进行编程开发时，要仔细地根据需要来选择数组的大小。当然，数组占用的 ROM 资源又另当别论。

6.5.2 指针

在 C51 语言中，指针为变量的访问提供了一种特殊的方式。指针是专门用来存放地址的。由于 89C51 单片机的存储器类型不同，存储空间的地址长度不同，因此指针的类型也就不同。

C51 支持以下两种指针类型。

（1）基于存储器的指针：定义指针时，就指定了所指向对象的存储类型。

（2）通用指针：定义指针时，未指定所指向对象的存储类型。

例如：

```
int  i;                       // 定义一个整型变量 i
int  j;                       // 定义一个整型变量 j
int  * pointer1;              // 定义一个指向整型变量的指针 pointer1
pointer1= &i;                 // 将 i 的地址赋给指针 pointer1
j= * pointer1;                // 通过指针访问变量 i,将 i 的值赋给 j
```

示例中，"＊"和"&"运算符属于单目运算符，"&"称为取地址运算符，放在变量的前面用于取得变量的地址；"＊"是一种间接访问运算符，称为指针运算符。

1. 基于存储器的指针

例如：

```
char xdata  * px ;            // 定义一个指向 xdata 空间的指针 px,px 指向 char 型数据
int data   * num ;            // 定义一个指向 data 空间的指针 num,num 指向 int 型数据
```

由于指向对象的存储器是确定的，所以指针的长度也就确定了。单字节长度的指针，指向的对象位于 idata 、data、pdata 存储区；双字节长度的指针所指的对象位于 xdata 和

code 区。

另外，还可以在定义时指定指针本身的存储器空间。例如：

```
char xdata  * xdata  px ;    // 与上相同,指针本身存于 xdata 空间
int data  * xdata  num ;    // 可以 xdata int data *  num,指针存于 xdata 空间
```

由于基于存储器的指针长度较短，因此可以节省存储空间，运行速度快；但它所指的对象具有确定的存储空间，其兼容性不好。

2. 通用指针

C51 中通用指针占用 3 个字节的长度，包含 1 字节的存储类型和 2 字节的偏移地址，即：

地址	+0	+1	+2
内容	存储器类型	偏移地址高位字节	偏移地址低位字节

存储器类型编码表如下：

存储器类型	bdata/data/idata	xdata	pdata	code
编码	0x00	0x01	0xef	0xff

例如，当指向的变量为 xdata 存储类型，地址为 0x1234 的指针，则在存储器中表示为：第 1 字节存放存储类型 0x01，第 2 字节存放地址高位 0x12，第 3 字节存放地址低位 0x34。

在 C51 中，通用指针的定义与使用和标准 C 语言相同。它可以用于访问所有类型的变量，而不必考虑变量在单片机存储空间的位置，因此许多库函数都使用通用指针。当然，通用指针也可以在定义时指定指针本身的存储器空间。

例如：

```
char  * str ;             // 定义指向 char 的一般指针 str
char  * data  str ;       // 同上，str 本身存于 data 空间
```

使用一般指针时，增加了程序代码的长度，增加了程序的运行时间，但其兼容性较好。

6.6 C51 中函数的分类

从结构上分，C51 语言函数可以分为主函数 main（ ）和普通函数两种，而普通函数又可以分为标准库函数和用户自定义函数。

（1）标准库函数。标准库函数是由 C51 编译器提供的函数。用户在进行程序设计时，可直接调用 C51 库函数，而不需要再为这个函数编写任何代码，只需要包含具有该函数说明的头文件即可。读者应该做到善于充分利用这些功能强大、资源丰富的标准库函数资源，以提高编程效率。

例如，在调用输出函数 printf 时，要求程序在调用输出库函数前使用包含命令 include。即

```
# include < stdio. h>                    //包含输入/输出函数的头文件
```

（2）用户自定义函数——用户根据需要所编写的函数。用户自定义的函数，从函数定义的形式分为无参函数、有参函数和空函数。

1）无参函数。无参数输入，一般也不返回结果，只是为了完成某种操作。无参函数的定义形式为：

```
返回值类型标识符    函数名()
{
    函数体;
}
```

无参函数一般不带返回值，因此函数的返回值类型标识符可以省略。

例如，函数 main（）为无参函数，返回值类型的标识符可以省略，默认值是 int 类型。

2）有参函数。调用此种函数时，需要提供实际输入参数。有参函数定义形式为：

```
返回值类型标识符    函数名(形式参数列表)
形式参数说明
{
    函数体;
}
```

例如，定义一个函数 max（），用于求两个数中的大数。

```
int max(a, b)
int a,b
{  if (a> b) return (a);
   else  return (b);
}
```

3）空函数。此种函数体内是空白的。调用空函数时，什么工作也不做，空函数不起任何作用。定义空函数的目的，是为了以后扩充程序的功能。先将一些基本模块的功能函数定义成空函数，占好位置，并写好注释，以后再用一个编写好的函数来代替它。这样使整个程序的结构清晰，可读性好，方便以后扩充新功能。空函数的定义形式为：

```
返回值类型标识符    函数名(   )
{   }
```

例如：

```
float min(   )
{   } /* 空函数,占好位置* /
```

6.6.1 函数的参数与返回值

1. 函数的参数

C 语言通过函数之间的参数传递方式，使一个函数能对不同的变量进行功能相同的处理，从而大大提高了函数的通用性与灵活性。

函数之间的参数传递，由主调函数调用时主调函数的实际参数与被调函数的形式参数之间进行数据传递来实现。

函数的参数包括形式参数和实际参数。

（1）形式参数：定义函数时，函数名后面括号中的变量名为形式参数，简称形参。

（2）实际参数：调用函数时，函数名后面括号中的表达式称为实际参数，简称实参。实参可以是常量、变量或表达式。

例如：

```
int max(x,y)                    //x,y为形参,函数的返回值为 int 型
int x, int y;
{int z;
z= x> y?    x: y;
return (z); }
main(  )
{...
 pz = max(5, 9);               //5,9实参
}
```

2. 函数的返回值

被调用函数的最后结果由被调用函数的 return 语句返回给调用函数，如 pz ＝ max（5，9）；被调用函数一定只能返回一个变量值。但是，一个函数可以有一个以上的 return 语句。在这种情况下，必须在选择结构中使用。

例如：

```
if (a> b) return (a);
else  return (b);
```

函数返回值的类型在定义函数时，由返回值的类型定义关键字来指定。例如，在 max 函数名之前的 int 用于指定函数的返回值的类型为整型数（int）。若没有指定函数的返回值类型，则默认返回值为整型类型。当函数没有返回值时，则使用标识符 void 进行说明。

例如，无返回值的主函数 main 如下：

```
void main()
    {   }
```

6.6.2 函数的调用

在一个函数中需要用到某个函数的功能时，可以调用该函数。此时，调用者称为主调函数，被调用者称为被调函数。

1. 函数调用的一般形式

函数调用的一般形式为：

函数名(实际参数列表);

若被调函数是有参函数，则主调函数必须把被调函数所需的参数传递给被调函数，即将实参传递给形参。由于数据传递是单向的，因此实参与形参的类型必须一致，否则会发生类型不匹配的错误。

形参在函数未调用之前并不占用实际内存单元。只有当调用函数时，形参才分配内存单元，这时实参和形参位于内存中不同的单元。调用结束后，形参占有的内存释放，而实参所占有的单元中的内容仍保留并维持原值。

2. 函数调用的三种方式

(1) 函数的语句调用。被调用的函数名作为调用函数的一个语句。

例如：

```
print_message( );
```

此时，并不要求函数返回结果数值，只要求函数完成某种操作。

(2) 函数的表达式调用。函数结果作为表达式的一个运算对象。

例如：

```
result= 2* gcd(a,b);
```

被调用的函数 gcd 的返回值参与表达式的运算，即乘 2 后再赋给 result。

(3) 函数结果作为另一个函数的实参。

例如：

```
m= max(a,gcd(u,v));
```

其中：gcd（u，v）是一次函数调用，它的返回值作为另一个函数 max（ ）的实参之一。

3. 对调用函数的说明

当一个函数调用另一个函数时，必须具备以下条件。

(1) 被调用的函数必须是已经存在的函数（库函数或用户自定义的函数）。

(2) 如果程序中使用了库函数，或使用了不在同一文件中的另外的自定义函数，则应该在程序的开头处使用 ♯include 语句将所有的函数信息包含到程序中来。

例如，使用 ♯include＜stdio. h＞语句将标准的输入/输出头文件 stdio. h（在函数库中）包含到程序中来。在程序编译时，系统会自动将函数库中的有关函数调入到程序中去，编译出完整的程序代码。

(3) 若自定义函数与调用它的函数同在一个文件中，则应根据调用函数与被调用函数在文件中的位置决定是否对被调用函数作出说明。

1) 若被调用函数定义在后，一般应在调用函数调用之前，对被调用函数作出说明。

2) 若被调用函数定义在前，则不用对被调用函数进行说明。

3) 若在所有函数定义之前，在文件的开头处，在函数的外部已经说明了函数的类型，则在主调用函数中不必对所调用的函数进行说明。

例如：

```
void main( )
{   int   max(x,y);            //对被调用函数进行说明
    int a= 10,b= 5,c;
    c= max(a,b);
    …
```

```
}
int  max(x,y)                      //函数定义
int x,y;
{…}
```

4. 中断函数

由于标准 C 语言中没有处理单片机中断的定义，由此 C51 增加了一个扩展关键字 inter-rupt。使用 interrupt 可以将一个函数定义成中断服务函数。对于中断服务函数，编译时会自动添加相应的现场保护、恢复现场等，因此用户在编程时不必考虑这些问题，这样便减小了编程的繁琐程度。

中断函数一般形式为：`void 函数名( ) interrupt n using n`

interrupt 后的 n 是中断号，n 的取值为 0～4，分别对应 5 个中断源：外部中断 0、T0 中断、外部中断 1、T1 中断、串行口中断。

using 后的 n 是中断函数中所采用的工作寄存器组号，n 的取值为 0～3，分别对应通用工作寄存器区：第 0 组、第 1 组、第 2 组、第 3 组。

using 是可省略选项。若没有使用 using，中断函数中使用原来指定的工作寄存器组，但使用前将其内容保存到堆栈中，返回时复原。

6.6.3 变量及存储方式

1. 变量及其作用域

C51 中的变量都有自己的作用域。申明变量的类型不同，其作用域也不同。C 语言中的变量按照作用域的范围可以分为两种，即局部变量和全局变量。

（1）局部变量：在一个函数内部定义的变量叫作局部变量，它只在该函数的内部有效。

（2）全局变量：在函数外定义的变量叫作全局变量，其有效区间是从定义开始到源文件结束，其间的所有函数都可以直接访问该变量。如果全局变量定义前的函数或本文件之外的源文件需要访问该变量，则要使用 extern 关键词对该变量进行说明。

例如：

```
int  m;                        //全局变量定义
void main( )
{  int a,c;                    // 局部变量定义
    extern int z;              //全局变量说明
    …
}
int z                          //全局变量定义
int  max(x,y)                  //函数定义
int x,y;                       //形参说明
{…
  m= x+ z;
}
```

使用全局变量的利弊说明如下。

（1）使用全局变量增加了函数间数据联系的渠道。由于函数调用只有一个返回值，因此

只要在函数中改变全局变量的值，就能影响其他函数，相当于各函数间有直接的数据传递通道。在中断函数中，往往通过全局变量来进行数据交换。

（2）若没有必要，应尽量少用全局变量。主要原因有以下几点。

1）全局变量一直要占用内存单元，而不是在需要时占用。

2）使用全局变量降低了函数的通用性，不利于程序的移植或复用。

3）使用全局变量过多会使程序的清晰性变低。调试时，若发现一个全局变量的值与设想不符，则很难判断是哪一个函数出错。

2. 变量的存储方式

变量的存储从变量的作用范围看，分为全局变量和局部变量；若从变量值存在的时间看，则分为静态存储方式和动态存储方式。

（1）静态存储方式。在程序运行期间分配固定的存储空间。静态方式在变量定义时加static，如 static int a。

（2）动态存储方式。在程序运行期间根据需要进行动态分配存储空间。动态方式在变量定义时加 auto，如 auto int a；其中 auto 可以省略。

局部变量若不声明为 static 类别，则是动态存储方式，函数调用结束后，存储单元释放；若声明为 static 类别则是静态存储方式，函数调用结束后，存储单元不释放，变量值不变。但该变量同样不能为其他函数所调用。

全局变量分配固定的存储空间。若使用 static 定义，则该变量只能在本源文件内使用，不能被其他源文件引用，称为静态全局变量。

6.7 宏定义与文件包含

用 C51 进行编程的时候，可以在源程序中包括一些编译命令，以告诉编译器如何对源程序进行编译。这些命令包括：宏定义、文件包含和条件编译。由于这些命令是在程序编译的时候被执行的，也就是说，在源程序编译以前，预先处理这些编译命令。所以，我们也称之为编译预处理。

6.7.1 宏定义

宏定义语句属于预处理指令，它分为简单的宏定义和带参数的宏定义。

1. 简单的宏定义

格式为：# define 宏替换名 宏替换体

#define 是关键词，宏替换体可以是常数、表达式、字符和字符串等。例如，在某程序开头，进行了两个宏定义：

```
# defineuchar unsigned char // 宏定义无符号字符型变量,方便书写
# definegain 4                // 宏定义增益
```

在宏定义后，编程时用 uchar 表示无符号字符型变量，即 uchar a；编译时会把程序中的"uchar"用"unsigned char"来替代，使编程书写方便。

当增益需要变化时，只需要修改增益 gain 的宏替换体 4 即可，而不必在程序的每处进行修改，这样大大增加了程序的可读性和可维护性。

2. 带参数的宏定义

格式为：＃define 宏替换名（形参）　　带形参的宏替换体

带参数的宏定义不是简单的字符串替换，它还要进行参数替换，即将形参用实参代替。例如：

```
# define S(a,b) a* b            //带参数的宏定义
...
area = S(3,2);                  //编译后为：area = 3* 2
```

由于可以带参数，因此这样就增强了带参数的宏定义的应用。

6.7.2　文件包含

文件包含是指一个程序文件将另一个指定文件的内容包含进去。文件包含的一般格式为：

```
# include < 文件名>   或   # include"文件名"
```

两种格式的差别为：采用<文件名>格式时，在头文件目录中查找指定文件；采用"文件名"格式时，在当前的目录中查找指定文件。

文件包含举例：

```
# include< reg51. h>        //将 51 单片机的 SFR 定义文件包含到程序中来
# include< stdio. h>        //包含函数库标准输入/输出头文件 stdio. h
# include< math. h>         //包含函数库中专用数学库的函数
```

当程序中需要调用 C51 语言编译器提供的各种库函数时，必须在文件的开头使用＃include 命令将相应函数的说明文件包含进来。

C51 的强大功能及高效率在于它提供了丰富的可直接调用的库函数。下面介绍几类重要的库函数。

（1）特殊功能寄存器包含文件 reg51. h 或 reg52. h。reg51. h（reg52. h）中包含所有的 8051（2）的 SFR 及其位定义，一般系统都包含 reg51. h 或 reg52. h。

（2）绝对地址包含文件 absacc. h。该文件定义了几个宏，以确定各类存储空间的绝对地址。

（3）输入/输出流函数位于 stadio. h 文件中。流函数默认以 8051 的串行口作为数据的输入/输出端口。

（4）动态内存分配函数位于 stdlib. h 中。

（5）能够方便地对缓冲区进行处理的缓冲区处理函数位于 string. h 中。其中包括复制、移动、比较等函数。

第 7 章

跟我学单片机并行总线扩展设计

单片机片内集成了计算机最基本的功能部件，如 CPU、RAM、ROM、中断系统、定时/计数器、并行 I/O 口和串行口等，其结构紧凑，使用方便。在一些功能要求比较简单的场合，直接使用单片机的片内资源，搭建少量的电路就可以构成应用系统。对于较复杂的场合，为了弥补单片机片内硬件资源的不足，还需要对单片机系统进行扩展设计。所谓扩展也就是在单片机的芯片之外，增加某些资源部件，这些部件与单片机连接构成一个有机的整体。根据接口规范的不同，单片机的扩展可以分为并行总线扩展和串行总线扩展。

本章主要介绍并行总线扩展技术，包括存储器的扩展和 I/O 口的扩展。

7.1 并 行 总 线 结 构

并行总线扩展是指以单片机为核心，通过并行总线把单片机与各个扩展部件连接起来。因此，首先要利用单片机的 I/O 口构造并行总线。单片机的并行总线按总线传送信息的不同可以分为以下三种总线，其结构如图 7-1 所示。符合并行总线接口规范的芯片或设备可以直接与总线连接，扩展灵活方便。

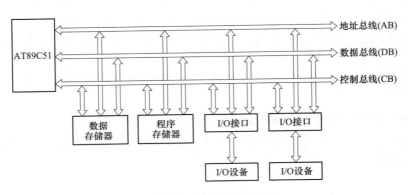

图 7-1 单片机并行总线结构

（1）地址总线。地址总线（Adress Bus，AB）用于传送单片机发出的地址信号，以便进行存储单元和 I/O 接口芯片中端口的选择。地址总线是单向传输的。

（2）数据总线。数据总线（Data Bus，DB）用于在单片机与存储器之间或单片机与 I/O 端口之间传送数据。数据总线是双向传输的。

（3）控制总线。控制总线（Control Bus，CB）实际上就是单片机发出的各种控制信号线。

89C51 并行总线的形成介绍如下。

1. 以 P0 口作为低 8 位地址/数据总线

由于 89C51 受引脚数目的限制，数据线和低 8 位地址线分时复用。为了将它们分离出来，需要外加地址锁存器，从而构成了与一般 CPU 相类似的片外三总线，如图 7-2 所示。

2. 以 P2 口的口线作为高位地址线

P2 口用作高 8 位地址线，再加上 P0 口经地址锁存器提供的低 8 位地址，便组成了完整的 16 位地址总线，使寻址范围达到了 64KB。

3. 控制信号线

（1）$\overline{PSEN}$ 信号作为外部扩展程序存储器的读选通控制信号。

（2）$\overline{RD}$ 和 $\overline{WR}$ 作为外部扩展数据存储器和 I/O 接口的读、写选通控制信号。

（3）ALE 信号作为低 8 位地址的锁存控制信号。

（4）$\overline{EA}$ 信号作为内部和外部程序存储器的选择控制信号。

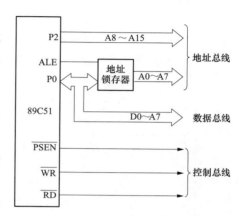

图 7-2　89C51 单片机并行三总线

89C51 单片机的程序存储器和数据存储器使用相同的地址总线和数据总线，它们通过不同的控制信号相区别，因此不会发生冲突。

7.2　扩展连接时的地址空间分配

89C51 单片机片内集成了 4KB 的程序存储器和 128 字节的数据存储器。当片内的存储器资源不能满足需要时，首先应寻找系列芯片中是否有满足存储器资源需要的芯片（如，89C52 片内有 8KB 的 ROM 空间，256B 的 RAM 空间），若无满足存储器资源需要的单片机芯片，则需要对单片机进行存储器的外部扩展。由于 89C51 单片机采用哈佛结构，因此扩展后系统形成了两个 64KB 的并行的外部存储器空间。其中一个空间分配给外部程序存储器，另一个空间分配给外部数据存储器。如何在 64KB 的外部存储空间中分别为程序存储器和数据存储器分配地址，保证单片机在访问片外程序或数据存储器时发出一个地址，只访问一个单元，避免发生数据冲突，这就是存储器地址空间分配需要解决的问题。

7.2.1　存储器地址空间分配

所谓存储器的地址空间的分配，也就是把外部的两个 64KB 空间分配给程序存储器和数据存储器芯片，使各个芯片中的任何一个存储器单元对应唯一的地址。

当外扩多片存储器芯片时，89C51 要完成芯片的选择（片选）和芯片内部存储单元的选择。

(1)"片选"。每个存储器芯片都有片选信号引脚；只有片选引脚上的信号有效时，被"选中"的存储器芯片才允许由 89C51 单片机进行访问。

(2)"单元选择"。任何一块存储芯片都有若干根地址线，用于选择该芯片内部的某一存储单元。

如图 7-3 所示的程序存储器芯片 27128，其存储容量为 16KB，含有一根片选线，14 根地址线 A0～A13，每根线上的地址数据可以是"0"，也可是"1"，于是便可以得到各个存储单元的地址。

A13	A12	A11	A10	A9	A8	A7	A6	A5	A4	A3	A2	A1	A0
0	0	0	0	0	0	0	0	0	0	0	0	0	0
0	0	0	0	0	0	0	0	0	0	0	0	0	1

·········

1	1	1	1	1	1	1	1	1	1	1	1	1	1

上面三行所列的地址数据表明了程序存储器 27128 芯片的地址范围为 0000H～3FFFH，对应着 16KB 的地址空间。

单片机含有 16 根地址线，访问 27128 芯片内部的存储单元需要 14 根地址线（A0～A13），还剩余两根地址线 A15、A14 可以用于芯片的选择，即进行片选。若片选信号 $\overline{CE}$ 为低电平，则选中 27128 存储芯片。

(3)高位地址与低位地址概念。在单片机的 16 条地址线中，经常把 A0～A7 称为低 8 位地址，A8～A15 称为高 8 位地址，于是在习惯上，把用于存储器"单元选择"的地址线，称为低位地址线，其余则称为高位地址线。显然，用于"片选"的地址线称为高位地址线。

例如，单片机存储器扩展如图 7-4 所示，图中使用 4 片容量为 8KB 的存储芯片扩展了 32KB 的存储器，用于芯片片内单元地址选择的 A0～A12 称为低位地址线；A13、A14、A15 都称为高位地址线。作为"片选"的地址线，A13、A14 通过二线—四线译码器译码输出 $\overline{Y0}$～$\overline{Y3}$，连接 4 块芯片的片选信号 $\overline{CE}$ 引脚，A15 未使用，A15 上的地址信息不影响对芯片的访问。在实际扩展设计时，剩余的高位地址线的数量取决于芯片的容量，图 7-3 中剩余两根高位地址线，图 7-4 中剩余 3 根高位地址线。

使用高位地址线进行芯片选择的方法有两种：线选法和译码法。

1. 线选法

直接利用剩余的高位地址线作为存储器芯片的"片选"控制信号，即把剩余的高位地址线与存储器芯片的"片选"端直接连接起来，一根高位地址线选择一块芯片。

(1)线选法的优点：电路简单，不需要另外增加地址译码器硬件电路。

(2)线选法的缺点：可寻址的芯片数目受到限制，地址空间不连续，不能充分有效地利用存储空间，这给程序设计带来了一些不便。

线选法只适用于对外扩芯片数目不多的单片机系统进行存储器扩展。外部存储器扩展

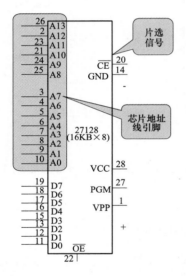

图 7-3 程序存储器芯片引脚

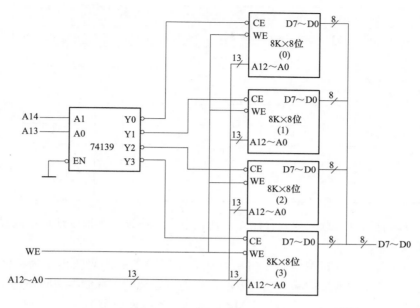

图 7-4　片选信号的产生方法

后，必须确定每一个存储器芯片的地址范围。

（3）芯片地址范围确定方法。片选信号确定后，保持片选地址不变，取芯片地址的最小值和最大值，就确定了该芯片的地址范围。

例如，单片机扩展片外数据存储器时，使用三片 6264 芯片，每片芯片的容量为 8KB，扩展电路如图 7-5 所示。芯片片内单元地址选择需要 12 根地址线，即 A0～A12；P2 口提供的高 8 位地址线中的 A13（对应 P2.5）、A14（对应 P2.6）、A15（对应 P2.7）作为“片选”的地址线，对应连接 3 块芯片的片选信号 $\overline{CE}$ 引脚（线选法）。

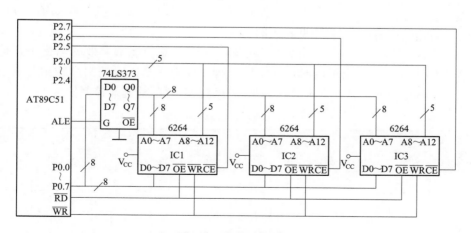

图 7-5　线选法的连接

图 7-5 中各芯片的地址范围见表 7-1。

表 7-1　　　　　　　　　　　　图 7-5 中各芯片的地址范围

高位地址（片选）			单元地址														地址范围	
A15	A14	A13	A12	A11	A10	A9	A8	A7	A6	A5	A4	A3	A2	A1	A0	芯片	地址范围
1	1	0	0	0	0	0	0	0	0	0	0	0	0	0	0	IC1	C000H~
1	1	0	1	1	1	1	1	1	1	1	1	1	1	1	1	IC1	DFFFH
1	0	1	0	0	0	0	0	0	0	0	0	0	0	0	0	IC2	A000H~
1	0	1	1	1	1	1	1	1	1	1	1	1	1	1	1	IC2	BFFFH
0	1	1	0	0	0	0	0	0	0	0	0	0	0	0	0	IC3	6000H~
0	1	1	1	1	1	1	1	1	1	1	1	1	1	1	1	IC3	7FFFH

从上例可以看出，线选法导致存储器的地址空间不连续，大部分地址空间没有使用。

2. 译码法

使用译码器对 89C51 的高位地址进行译码，将译码器的译码输出作为存储器芯片的片选信号。这是最常用的地址空间分配的方法，它能有效地利用存储器空间，适用于多芯片的存储器扩展。常用的译码器芯片有 74LS138（3 线—8 线译码器）、74LS139（双 2 线—4 线译码器）和 74LS154（4 线—16 线译码器）。

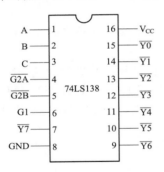

图 7-6　74LS138 引脚图

89C51 的程序存储器和数据存储器都使用 16 位地址，若全部高位地址线参加译码，称为全译码；若仅有部分高位地址线参加译码，称为部分译码，此时未用到的高位地址可以为任意状态。部分译码存在着存储器地址空间重叠的情况。

3. 两种常用的译码器芯片

（1）74LS138。74LS138 是 3 线—8 线译码器，有 3 个地址数据输入端 C、B、A，三个使能控制端 G1，$\overline{G2A}$，$\overline{G2B}$ 经译码产生 8 种状态信息（$\overline{Y0}$~$\overline{Y1}$）输出。其引脚如图 7-6 所示，真值表见表 7-2。

由表 7-2 可见，在译码器使能端有效的前提下，地址数据 C、B、A 的输入为某一固定编码时，其输出引脚中仅有一个固定的引脚输出为低电平，其余为高电平。输出为低电平的引脚就作为某一存储器芯片的片选端控制信号。

表 7-2　　　　　　　　　　　74LS138 集成译码器功能表

输入						输出							
G1	$\overline{G2A}$	$\overline{G2B}$	A2	A1	A0	$\overline{Y0}$	$\overline{Y1}$	$\overline{Y2}$	$\overline{Y3}$	$\overline{Y4}$	$\overline{Y5}$	$\overline{Y6}$	$\overline{Y7}$
×	1	×	×	×	×	1	1	1	1	1	1	1	1
×	×	1	×	×	×	1	1	1	1	1	1	1	1
0	×	×	×	×	×	1	1	1	1	1	1	1	1
1	0	0	0	0	0	0	1	1	1	1	1	1	1
1	0	0	0	0	1	1	0	1	1	1	1	1	1
1	0	0	0	1	0	1	1	0	1	1	1	1	1

续表

输　入						输　出							
G1	$\overline{G2A}$	$\overline{G2B}$	A2	A1	A0	$\overline{Y0}$	$\overline{Y1}$	$\overline{Y2}$	$\overline{Y3}$	$\overline{Y4}$	$\overline{Y5}$	$\overline{Y6}$	$\overline{Y7}$
1	0	0	0	1	1	1	1	1	0	1	1	1	1
1	0	0	1	0	0	1	1	1	1	0	1	1	1
1	0	0	1	0	1	1	1	1	1	1	0	1	1
1	0	0	1	1	0	1	1	1	1	1	1	0	1
1	0	0	1	1	1	1	1	1	1	1	1	1	0

（2）74LS139。74LS139 是双 2 线—4 线译码器。两个译码器完全独立，分别有各自的数据输入端、译码状态输出端以及数据输入允许端。其引脚如图 7-7 所示，真值表见表 7-3。

表 7-3　　　　　　　　　74LS139 集成译码器功能表

使能	输入		输　出			
$\overline{G}$	A	B	$\overline{Y0}$	$\overline{Y1}$	$\overline{Y2}$	$\overline{Y3}$
0	0	0	0	1	1	1
0	0	1	1	0	1	1
0	1	0	1	1	0	1
0	1	1	1	1	1	0
1	×	×	1	1	1	1

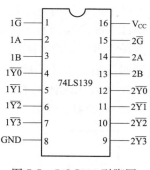

图 7-7　74LS139 引脚图

由表 7-3 可见，在译码器的使能端有效的前提下，地址数据 B、A 输入为某一固定编码时，其输出引脚中仅有一个对应引脚输出为低电平，其余为高电平。而输出为低电平的引脚就作为某一存储器芯片片选端的控制信号。下面以 74LS138 为例，介绍如何进行地址分配。

【例 7-1】　若外扩 8 片 8KB 的数据存储器芯片 6264，如何通过 74LS138 把 64KB 的地址空间分配给各个芯片？

解： 8KB 地址空间，即 $8KB=2^3 \times 2^{10}B=2^{13}B$，需要芯片单元地址线 13 根，即 A0～A12。

A12	A11	A10	A9	A8	A7	A6	A5	A4	A3	A2	A1	A0	
0	0	0	0	0	0	0	0	0	0	0	0	0	0000H
1	1	1	1	1	1	1	1	1	1	1	1	1	1FFFH

64KB 的地址空间，即 $64KB=2^6 \times 2^{10}B=2^{16}B$，需要地址线 16 根，即 A0～A15。

高位地址线 A15～A13 用作片选信号，经 74LS138 译码后选择各存储芯片（全译码），于是各芯片的地址空间安排如下。

A15A14A13＝000 时，$\overline{Y0}$＝0，选中片 0，片 0 地址范围为 0000H～1FFFH。

A15A14A13＝001 时，$\overline{Y1}$＝0，选中片 1，片 1 地址范围为 2000H～3FFFH。

A15A14A13＝010 时，$\overline{Y2}$＝0，选中片 2，片 0 地址范围为 4000H～5FFFH。

A15A14A13＝011 时，$\overline{Y3}$＝0，选中片 3，片 1 地址范围为 6000H～7FFFH。

依此类推：

A15A14A13＝110 时，$\overline{Y6}$＝0，选中片 6，片 6 地址范围为 C000H～DFFFH。

A15A14A13＝111 时，$\overline{Y7}$＝0，选中片 7，片 7 地址范围为 E000H ～FFFFH。地址空间分配如图 7-8 所示。

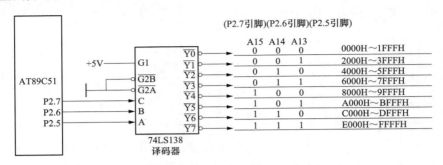

图 7-8　扩展 8 片 8KB 存储器的地址空间分配图

本例中，如果每片存储芯片的存储容量为 4KB，那么如何用 74LS138 进行译码呢？

74LS138 译码器有 8 个输出端，可以选择 8 个 4KB 的芯片，划分为 8 个 4KB 的空间，共 32KB 空间，因此 64KB 空间需要两片 74LS138。4KB 空间需要 12 条地址线（A0～A11），而译码器输入有 3 条地址线（A14～A12）。将 P2.7（A15）引脚信号通过一个非门分别连接到两片 74LS138 译码器，P2.7 发出"0"时选择 64KB 存储器空间前 32KB 的空间；P2.7 发出"1"时选择 64KB 存储器空间后 32KB 的空间，如图 7-9 所示。

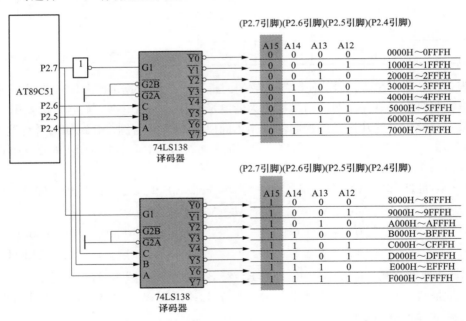

图 7-9　扩展 16 片 4KB 存储器的地址空间分配图

7.2.2　外部地址锁存器

由于 89C51 受引脚数目限制，P0 口数据总线和低 8 位地址线分时复用。为了将它们分离出来，需要在单片机外部增加地址锁存器，从而构成了与一般 CPU 相类似的片外三总线。

所谓地址/数据分时复用，就是指单片机在访问外部存储器时，在不同的时间节拍分时传送地址或数据信息，进行地址线和数据线的切换。即 P0 口先输出低 8 位的地址，同时

跟我学单片机

ALE 信号也有效，在 ALE 控制信号的作用下，将 P0 口输出的低 8 位地址信号保存到一个外部地址锁存器中（即地址锁存）。于是外部地址锁存器锁存的低 8 位地址与 P2 口输出的高 8 位地址信号组成了 16 位的地址总线。地址锁存后 P0 口自动切换为数据总线，在进行存储器的"读/写"操作时，P0 口作为双向数据总线。

常用的地址锁存器芯片有：74LS373、8282、74LS573 等。

1. 锁存器 74LS373

74LS373 是带三态门的八 D 锁存器，其引脚及内部结构如图 7-10 所示。

引脚说明如下。

(1) D7～D0：8 位数据输入。

(2) Q7～Q0：8 位数据输出。

(3) G：数据输入锁存选通信号。

(4) $\overline{OE}$：数据输出允许信号。

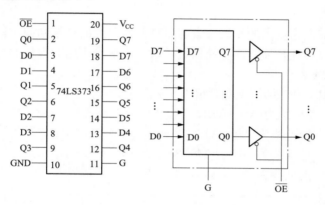

图 7-10 地址锁存器 74LS237 引脚图

74LS 373 的逻辑功能为：当 G 为高电平时，Qi＝Di，G 的下降沿到来时，输入数据 D7～D0 进行锁存，Qi 不再随 Di 变化。当三态允许控制端 $\overline{OE}$＝ 0 时，锁存的数据输出；当 $\overline{OE}$＝1 时，输出呈高阻态。

2. 89C51 与 74LS373 的连接

如图 7-11 所示，$\overline{OE}$ 与地线相连接，地址输出始终允许。当 ALE＝1，P0 输出的低 8 位地址信号通过数据端 D0～D7 进入锁存器，且 74LS373 锁存器的输出 Q0～Q7 随输入变化；当 ALE ＝ 0 时，地址被锁存，且输出 Q0～Q7 不再受输入地址数据 D0～D7 变化的影响。当 ALE＝0 时，74LS373 输出的低 8 位地址与 P2 口输出的高 8 位地址共同组成 16 位的地址总线。

目前，许多公司生产的以 8051 为内

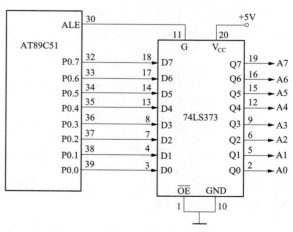

图 7-11 89C51 单片机与地址锁存器的连接

核的单片机在芯片内部大多集成了数量不等的 Flash ROM。例如，美国 Atmel 公司生产的与 51 系列单片机兼容的产品 89C2051/89C51/89C52/89C55 的片内分别有 2KB/4KB/8KB/20KB 的 Flash ROM 作为 EPROM 使用。对于这类单片机，在片内的 Flash ROM 满足要求的情况下，扩展外部程序存储器的工作就可以省去。

7.3 程序存储器的扩展

程序存储器的扩展可以根据需要使用各种只读存储器芯片，目前使用较多的是 EPROM。EPROM 的典型芯片是 27 系列产品，如 2764（8KB×8）、27128（16KB×8）、27256（32KB×8）、27512（64KB×8）等。

27 系列产品都是 8 位数据宽度，"27"后面的数字表示其位存储容量。例如，2764 的存储容量 $M=8K×8=64KB$，$2^{13}=2^3×2^{10}=8KB$，即芯片内部存储单位选择需要 13 根地址线 A0～A12。

随着大规模集成电路技术的发展，大容量存储器芯片的产量剧增，售价不断下降，其性价比明显升高。所以，在扩展程序存储器设计时，应尽量采用大容量的存储器芯片。

1. 常用 EPROM 芯片

（1）27 系列 EPROM 芯片的引脚如图 7-12 所示。

1）2764 芯片，地址线为 A0～A12，$2^{13}=2^3×2^{10}=8KB$。

2）27128 芯片，地址线为 A0～A13，$2^{14}=2^4×2^{10}=16KB$。

3）27256 芯片，地址线为 A0～A14，$2^{15}=2^5×2^{10}=32KB$。

4）27512 芯片，地址线为 A0～A15，$2^{16}=26×2^{10}=64KB$。

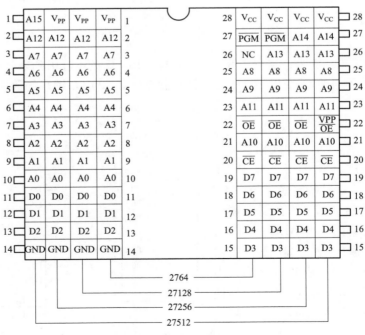

图 7-12　27 系列 EPROM 芯片引脚图

（2）27 系列 EPROM 芯片的引脚功能如下。

1）A0～A15：地址线引脚，存储容量决定于地址线的数目，用来进行单元选择。

2）D7～D0：数据线引脚。

3）$\overline{CE}$：片选输入端。

4）$\overline{OE}$：输出允许控制端。

5）$\overline{PGM}$：编程时，加编程脉冲的输入端。

6）Vpp：编程时的编程电压（＋12V 或＋25V）输入端。

7）V_{CC}：＋5V，芯片的工作电压。

8）GND：数字地。

9）NC：空闲端。

2. 访问程序存储器的控制信号

单片机执行程序时，先要在程序存储器中取出指令，即以程序计数器 PC（PCH、PCL）的值作为地址，访问程序存储器，取出指令。

89C51 访问片外 EPROM 时，所用的控制信号有 ALE、$\overline{PSEN}$、$\overline{EA}$ 3 个，在程序执行过程中，ALE、$\overline{PSEN}$自动有序地在引脚出现。

（1）ALE：连接锁存器，用于低 8 位地址的锁存，下降沿时锁存数据。

（2）$\overline{PSEN}$：片外程序存储器读选通信号，连接外部 EPROM 的$\overline{OE}$脚。

（3）$\overline{EA}$：内外程序存储器的选择控制端。$\overline{EA}$引脚接地时，只访问外部程序存储器；$\overline{EA}$引脚接电源时，访问片内程序存储器，但当片内程序存储器的空间超过 0FFFH 时，则自动转向外部程序存储器内的程序进行执行。

3. 89C51 与 EPROM 的接口电路设计

EPROM 正常使用时只能读，不能写，因此芯片没有写入控制脚，只有读出控制脚，记为$\overline{OE}$。进行扩展时的硬件连接方法如下。

1）构成单片机的三总线，将地址锁存器输出的 A0～A7 与 EPROM 的 A0～A7 连接起来，P2 口输出的高位地址与 EPROM 的高位地址连接起来，剩余的高位地址可以采用线选法或译码法对 EPROM 的片选端进行控制。

2）将 EPROM 的数据线与 89C51 的数据线（P0 口）连接起来。

3）EPROM 的$\overline{OE}$引脚与 89C51 单片机的$\overline{PSEN}$引脚相连。

（1）单片 EPROM 硬件接口电路。如图 7-13 所示为扩展一片 EPROM 的连接电路。单片机的高位地址 A14、A15 没有使用，单片机的低位地址连接芯片的地址线 A0～A13，片选信号直接接地，即总是选中该芯片。因此，单片机通过输出 13 位的地址信息访问程序存储器 27128。由于 A14、A15 地址信号对寻址没有影响，不论其值为 0 还是为 1 都不影响对该芯片的访问，因此导致虽然高位地址空间不同，而对应的实际地址空间是相同的，这种现象称为地址空间重叠，即一个物理单元对应着多个地址码。

如图 7-13 所示，当 A15A14＝00H 时，芯片的地址空间为 0000H～3FFFH；当 A15A14＝01H 时，芯片的地址空间为 40000H～7FFFH；当 A15A14＝10H 时，芯片的地址空间为 80000H～BFFFH；当 A15A14＝11H 时，芯片的地址空间为 C0000H～FFFFH。实际上这 4 组地址空间范围对应的都是图 7-13 中的同一片 27128 EPROM 芯片。

（2）使用多片 EPROM 的扩展电路。与单片 EPROM 扩展电路相比，在多片 EPROM

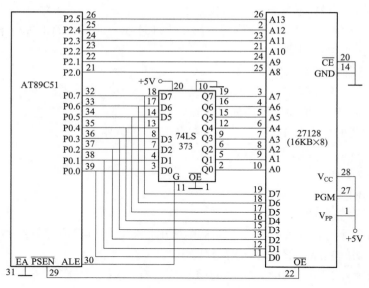

图 7-13　外扩一片 27128 的接口电路图

的扩展电路中，除了片选线 $\overline{CE}$ 外，其他连接均相同。如图 7-14 所示为用 4 片 27128 EPROM 扩展了 64KB 的程序存储器的接口电路图，片选控制信号由译码器产生。各芯片的地址空间确定如下：

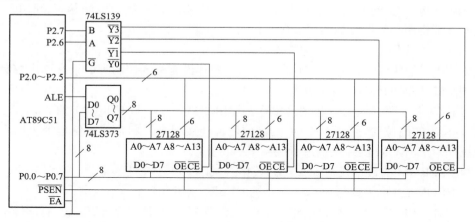

图 7-14　外扩 4 片 27128 的接口电路图

A13～A0 用于芯片片内单元地址的寻址，其寻址范围为 0000H～3FFFH；A15、A14 经译码后产生 4 个片选信号，可以选择 4 片 27128 芯片；由于片选信号是最高的两位地址，其几种取值分别为 00、01、10、11，将它与芯片的 16 位单位地址 0000H～3FFFH 的最高两位相加，即可得每块芯片的地址空间。

1）0 号芯片，$\overline{Y0}$ 有效时，地址空间为 0000H～3FFFH。

2）1 号芯片，$\overline{Y1}$ 有效时，地址空间为 4000H～7FFFH。

3）2 号芯片，$\overline{Y2}$ 有效时，地址空间为 8000H～BFFFH。

4）3 号芯片，$\overline{Y3}$ 有效时，地址空间为 C000H～FFFFH。

7.4　静态数据存储器的扩展

在单片机应用系统中，外扩的数据存储器都采用静态数据存储器（SRAM），所以这里只讨论 SRAM 与 89C51 的接口电路。同程序存储器的扩展类似，单片机构成三总线，由 P2 口提供高 8 位地址，P0 口分时提供低 8 位地址和作为 8 位的双向数据总线，ALE 对低 8 位地址进行锁存。不同于程序存储器的是，片外数据存储器 RAM 的读和写由 89C51 的 $\overline{RD}$（P3.7）和 $\overline{WR}$（P3.6）信号控制，而片外程序存储器 EPROM 的输出允许端（$\overline{OE}$）由 89C51 的程序存储器读选通信号 $\overline{PSEN}$ 控制。尽管 SRAM 的地址空间范围与 EPROM 的地址空间范围是相同的，但由于控制信号不同，因此不会发生总线冲突。

1. 常用的静态芯片

（1）常用的 RAM 芯片的典型型号有以下几种。

1）6116 芯片，存储容量为 $2K \times 8 = 16KB$，地址线为 A0～A10，$2^{11} = 2^1 \times 2^{10} = 2KB$。

2）6264 芯片，存储容量为 $8K \times 8 = 64KB$，地址线为 A0～A12，$2^{13} = 2^3 \times 2^{10} = 8KB$。

3）27128 芯片，存储容量为 $16K \times 8 = 128KB$，地址线为 A0～A13，$2^{14} = 2^4 \times 2^{10} = 16KB$。

4）27256 芯片，存储容量为 $32K \times 8 = 256KB$，地址线为 A0～A14，$2^{15} = 2^5 \times 2^{10} = 32KB$。

芯片的引脚如图 7-15 所示。

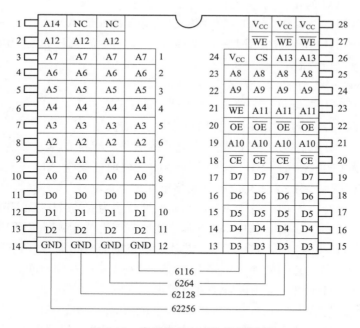

图 7-15　常用的 RAM 芯片引脚图

（2）各引脚的功能如下。

1）0～A14：地址输入线。

2）D0～D7：双向三态数据线。

3）$\overline{CE}$：片选信号输入。CE 为低电平时才选中该片。

4）$\overline{OE}$：读选通信号输入线，低电平有效。

5）$\overline{WE}$：写允许信号输入线，低电平有效。

6）V_{CC}：工作电源＋5V。

7）GND：接地端。

静态RAM有读出、写入、维持三种工作方式，三种工作方式下的操作控制见表7-4。

表 7-4　　　　　　　　　　　　　　静态 RAM 的工作方式

工作方式	信　号			
	$\overline{CE}$	$\overline{OE}$	$\overline{WE}$	D0～D7
读出	0	0	1	数据输出
写入	0	1	0	数据输入
维持	1	×	×	高阻状态

2. 访问数据存储器的控制信号

（1）$\overline{CE}$：片选信号输入。

（2）$\overline{OE}$：读选通信号输入线。

（3）$\overline{WE}$：写允许信号输入线，低电平有效。

3. 89C51 与 RAM 的接口电路设计

（1）构成单片机的三总线，地址锁存器输出的低 8 位地址 A0～A7 与 RAM 的 A0～A7 连接，P2 口输出的高位地址与 RAM 的高位地址连接，高位地址可以采用线选法或译码法对 RAM 的片选端进行控制。

（2）RAM 的数据线与 89C51 的数据线（P0）相连。

（3）RAM 的$\overline{OE}$引脚与 89C51 单片机的$\overline{RD}$引脚相连。

（4）RAM 的$\overline{WE}$引脚与 89C51 单片机的$\overline{WR}$引脚相连。

如图 7-16 所示为线选法扩展外部数据存储器的电路。6264 的地址线为 A0～A12，芯片的单元地址范围为 0000H～1FFFH，89C51 剩余的三根地址线为 A15、A14、A13，用线选法可以扩展 3 片 6264。3 片 6264 对应的存储器空间如下。

（1）A15A14A13＝110 时，选中 IC1，芯片地址范围为 C000H～DFFFH。

（2）A15A14A13＝101 时，选中 IC2，芯片地址范围为 A000H～BFFFH。

（3）A15A14A13＝011 时，选中 IC3，芯片地址范围为 6000H～7FFFH。

线选法扩展会导致芯片间的地址空间不连续，浪费大量的存储空间。

数据存储器 RAM 也可以采用译码法进行扩展，如图 7-17 所示。

62128 的地址线为 A0～A13，芯片的单元地址范围为 0000H～3FFFH，89C51 剩余两根高位地址线 A15、A14。对 A15、A14 进行译码输出，4 根信号线可以扩展 4 片 62128。4 片 62128 对应的存储器空间如下。

（1）A15A14＝00 时，选中 IC1，芯片地址范围为 0000H～3FFFH。

（2）A15A14＝01 时，选中 IC2，芯片地址范围为 4000H～7FFFH。

（3）A15A14＝10 时，选中 IC3，芯片地址范围为 8000H～BFFFH。

（4）A15A14＝11 时，选中 IC4，芯片地址范围为 C000H～FFFFH。

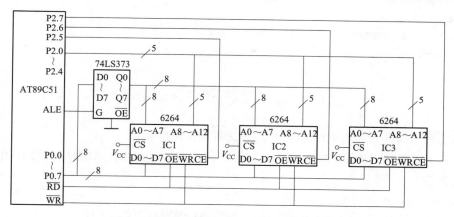

图 7-16　线选法的 RAM 芯片扩展连接图

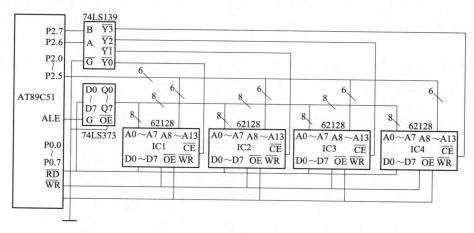

图 7-17　译码法的 RAM 芯片扩展连接图

采用译码法扩展数据存储器时，芯片间的地址空间是连续的。

【例 7-2】　编写程序将片外数据存储器中 5000H～50FFH 单元全部清零。

方法 1：用 DPTR 作为数据区地址指针，同时使用字节计数器。

```
       MOV DPTR,# 5000H      ;设置数据块指针的初值
       MOV R7,# 00H          ;设置块长度计数器的初值
       CLR   A
LOOP:MOVX  @ DPTR,A          ;把某一单元清零
       INC DPTR              ;地址指针加 1
       DJNZ R7,LOOP          ;数据块长度减 1,若不为 0 则继续
HERE: SJMP HERE              ;执行完毕,原地踏步
```

方法 2：用 DPTR 作为数据区地址指针，但不使用字节计数器，而是比较特征地址。

```
       MOV DPTR,# 5000H
       CLR   A
LOOP:MOVX @ DPTR,A
       INC   DPTR
```

```
        MOV  R7,DPL
        CJNE R7,# 0,LOOP          ;与末地址加 1 比较
HERE: SJMP HERE
```

7.5　综合扩展的硬件接口电路

所谓综合扩展是指既有 EPROM 扩展，又有 RAM 扩展。

（1）将 EPROM、RAM 按照各自的方法进行扩展，地址线、数据线的连接方法相同，控制线的连接方法不同。

1）EPROM：单片机的 $\overline{PSEN}$ 与 $\overline{OE}$ 相连接。

2）RAM：单片机的 $\overline{RD}$ 与 $\overline{OE}$ 相连接，单片机的 $\overline{WR}$ 与 $\overline{WE}$ 相连接。

（2）允许 EPROM 与 RAM 具有相同的地址。$\overline{PSEN}$、$\overline{RD}$、$\overline{WR}$ 3 个信号是在取出指令或执行指令时自动有序地产生的，由于任何时刻只有一个信号有效，所以不会发生数据冲突。

【例 7-3】　采用线选法扩展两片 8KB 的 RAM 和两片 8KB 的 EPROM。RAM 选择 6264 芯片，EPROM 选择 2764 芯片。扩展接口电路如图 7-18 所示。

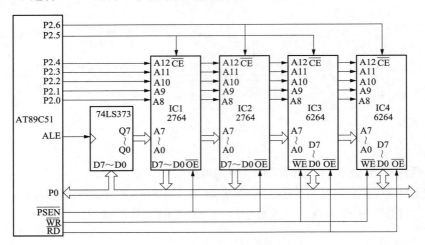

图 7-18　线选法的存储器综合扩展连接图

两片 8KB 的数据存储器 6264 和两片 8KB 的程序存储器 2764 的地址线均为 A0～A12，故 89C51 剩余的地址线为 3 根。用线选法可以扩展两片 6264 和两片 2764。高位地址 A13、A14 用于线选选，A15 不使用。各芯片对应的地址空间如下。

（1）IC1 的地址空间为 4000H～5FFFH。

（2）IC2 的地址空间为 2000H～3FFFH。

（3）IC3 的地址空间为 4000H～5FFFH。

（4）IC4 的地址空间为 2000H～3FFFH。

【例 7-4】　　将程序存储器中以 TAB 为首地址的 32 个单元的内容依次传送到外部 RAM 以 5000H 为首地址的区域中。

解：使用 DPTR 指向标号 TAB 的首地址。R0 指示外部 RAM 的地址，R0 的值为 0～31，R0 的值达到 32 则结束循环。程序如下：

```
        MOV    P2,# 50H           ;高 8 位地址保持为 50H 不变
        MOV    DPTR,# TAB         ;DPTR 指向 TAB
        MOV    R0,# 0             ;外部 RAM 低位地址
AGIN:MOV    A,R0               ;R0 又表示数据标号 TAB 的偏移量
        MOVC   A,@ A+ DPTR        ;取程序存储器的数据
        MOVX   @ R0,A             ;送到外部数据存储区对应单元
        INC    R0
        CJNE   R0,# 32,AGIN       ;判断是否结束
HERE:SJMP HERE
        TAB:DB ……               ;程序存储器空间定义的数据
```

7.6　89C51 扩展 I/O 接口的设计

单片机的 I/O 接口电路是与外部设备交换信息的桥梁。89C51 单片机本身已经有 4 个并行的 I/O 口，但其他功能使用后，真正用作 I/O 口的只有 P1 口和 P3 口的某些位。因此在应用系统中，单片机有时需要外扩 I/O 接口电路。89C51 系列单片机扩展 I/O 口的时候，扩展的 I/O 口与片外数据存储器统一编址。因此，扩展 I/O 口的电路与扩展存储器的电路的差别不大，而且对片外 I/O 口的输入/输出指令就是访问片外 RAM 的 MOVX 指令。

7.6.1　I/O 接口的功能

89C51 扩展的 I/O 接口电路应满足以下要求。

（1）实现和不同外设的速度匹配。大多数外设的速度很慢，无法与单片机的速度相比。单片机只有在确认外设已经为数据传送做好准备的前提下才能进行 I/O 操作。确认外设是否准备好，就需要在 I/O 接口电路与外设之间传送状态信息。

（2）输出数据锁存。单片机向外设输出的数据在数据总线上保留的时间很短，无法满足慢速外设接收的要求，因此输出接口电路应具有数据锁存器，保证外设能够接收数据。

（3）输入数据三态缓冲。数据总线上"挂"有多个外设，单片机从外设读取数据时，为了不发生冲突，输入接口电路应具有三态缓冲功能，只允许当前正在进行数据传送的外设向数据总线提供数据，其余的外设应处于隔离状态。

7.6.2　简单 I/O 口的扩展

1. 用 74LS377 扩展并行输出接口

74LS377 是由 8 位 D 触发器构成的寄存器，其引脚定义及功能特性如图 7-19 所示。

【例 7-5】　在扩展外部 RAM 的同时，利用 74LS377 扩展并行输出口，采用线选法实现片选。RAM 的地址范围是 4000H～5FFFH，74LS377 的端口地址为 8000H。

分析：RAM 的地址范围是 4000H～5FFFH，说明 RAM 的容量为 8KB，因此对芯片内部存储单元的访问需要 13 根地址线 A12～A0，剩余的 3 根高位地址线 A15、A14、A13 采用线选法扩展连接，A13 不使用，A15 连接数据存储器 RAM 的片选线 $\overline{CE}$，A14 用于对 I/O 端口的选择，$\overline{WR}$ 信号即用于数据存储器的写入，同时它也作为 74LS377 的锁存脉冲。连接

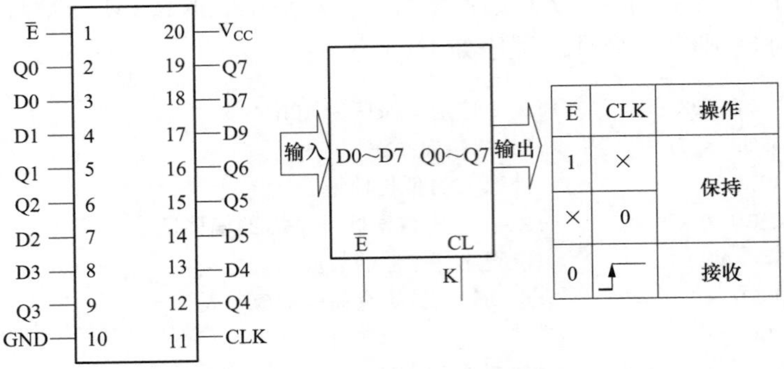

图 7-19　74LS377 的引脚图及功能表

电路如图 7-20 所示。

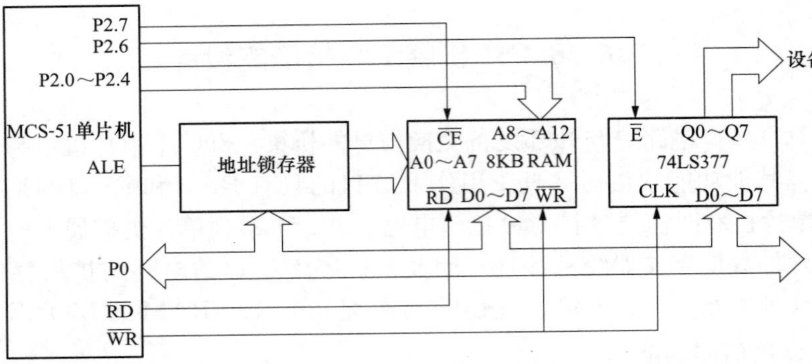

图 7-20 ［例 7-5］中 RAM 和 I/O 端口同时扩展时的连接电路图

【例 7-6】 编程将［例 7-5］RAM 中 4000H 单元内的数据传送到 8000H 端口输出。

解： 将 DPTR 指向 RAM 的 4000H 单元，先读取数据存储器中的数据，然后修改地址指向端口，取数据向端口输出。

```
MOV DPTR,# 4000H          ;DPTR 指向 RAM 的 4000H 单元
MOVX A,@ DPTR             ;取 RAM 4000H 单元的数据到累加器 A
MOV DPTR,# 8000H          ;DPTR 指向端口地址 8000H 单元
MOVX @ DPTR,A             ;传数据到端口输出
```

2. 用 74LS245 扩展并行输入接口

74LS245 是三态输出 8 总线收发/驱动器，无数据锁存功能，但它可以控制数据的传送方向，可以用于扩展并行 I/O 输入接口。

74LS245 的引脚功能如图 7-21 所示。当其控制引脚 $\overline{G}$ 为低电平时，芯片工作在传输状态，数据传输方向受 DIR 引脚信号控制，可以将 A 端数据传输到 B 端（DIR = 1）或将 B 端数据传输到 A 端（DIR = 0）。

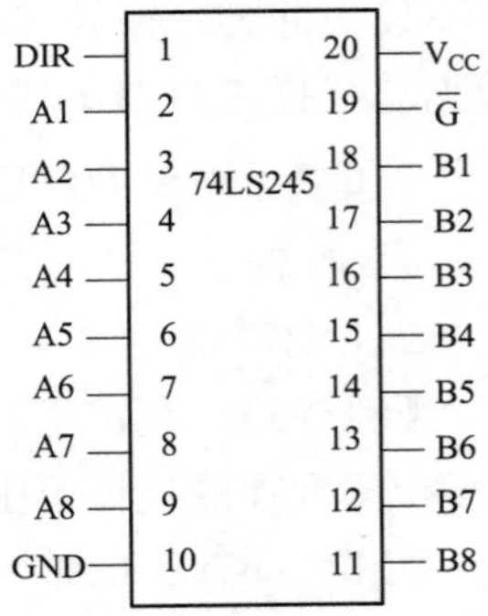

图 7-21　74LS245 的引脚定义图

【例 7-7】 如图 7-22 所示为利用 74LS245 扩展并行输入接口的电路。图中采用线选法选中 74LS245。74LS245 的端口地址为 8000H，而 RAM 的地址范围为 4000H～5FFFH。

分析： 与【例 7-6】 相同，RAM 的地址范围是 4000H～5FFFH，说明 RAM 的容量为 8KB，对芯片内部存储单元的访问需要 13 根地址线 A12～A0，剩余 3 根高位地址线 A15、A14、A13，采用线选法扩展连接，A13 不使用，A15 连接数据存储器 RAM 的片选线 $\overline{CE}$，A14 用于 I/O 端口的选择，$\overline{RD}$ 信号用作 74LS245 的数据方向控制信号，实现数据的输入操作。连接电路如图 7-22 所示。

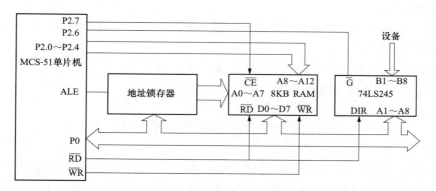

图 7-22　［例 7-7］中 RAM 和 I/O 输入口同时扩展时的连接电路图

【例 7-8】 编写程序，把按钮开关的状态通过如图 7-23 所示的发光二极管显示出来。

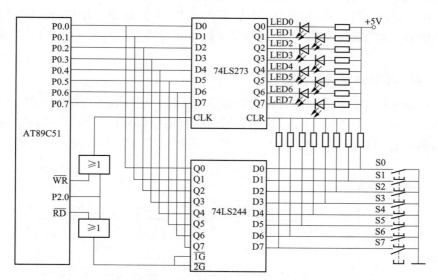

图 7-23　开关输入和指示输出 I/O 的扩展电路图

分析： 图中扩展了一个输入口和一个输出口，输入口使用"读"信号控制，输出口使用"写"信号控制，P2.0 也就是地址 A8 用作端口选择信号，若对接口地址做如下假设：未使用的高 8 位地址 A15～A8 各位取"1"，未使用的低 8 位地址线都取"0"。则输入口和输出口的端口地址均为 FEFFH。

程序如下：

```
DDIS:    MOV     DPTR,# 0FEFFH    ;输入口地址→DPTR
LP:      MOVX    A,@ DPTR         ;将按钮开关状态读入 A 中
```

```
MOVX    @DPTR,A          ;将A中数据送输出口
SJMP    LP               ;反复连续执行
```

Atmel 公司的 51 系列单片机 AT89C51/AT89C52/AT89C55 片内含有 4KB/8KB/20KB 的闪烁可编程 ROM，芯片内的闪存允许在线编程或采用通用的编程器对其重复编程。对 AT89C51 片内的 Flash 存储器的编程，读者只需在市场上购买相应的编程器，按照编程器的说明进行操作即可。

AT89S5x 系列单片机支持在线可编程功能 ISP，即单片机不需要从电路板上取下，直接通过串行通信口写入程序。

单片机的发展方向已趋向于 ISP 程序下载方式，原有不支持 ISP 下载的芯片逐渐被淘汰，ISP 下载方式已经逐步成为主流。

7.7 89C51 串行口扩展并行 I/O 口

当单片机不需要使用串行口，而并行口又不够用时，可以用串行口扩展并行口。89C51 单片机串行口的方式 0 用于 I/O 扩展。在方式 0 工作时，串行口为同步移位寄存器工作方式，波特率固定为 $f_{osc}/12$。接收、发送的数据是 8 位，从低位到高位依次发送。接收时，数据由 RXD（P3.0）输入，同步移位时钟信号由 TXD（P3.1）输出。发送时，数据由 RXD（P3.0）输出，同步移位时钟信号由 TXD（P3.1）输出。用串行口扩展并行口时，要选取相应的移位寄存器。例如，用 74LS165 扩展并行输入口，用 74LS164 扩展并行输出口等。

7.7.1 用 74LS165 扩展并行输入口

74LS165 是 8 位并行输入、串行输出的移位寄存器，它有数据并行输入和串行移位输出两种工作方式。当 $S/\overline{L}=0$ 时，并行输入数据送寄存器中保存；当 $S/\overline{L}=1$ 时，在时钟信号作用下，数据由右向左移动。利用两片 74LS165 扩展两个 8 位并行输入口的电路如图 7-24 所示。

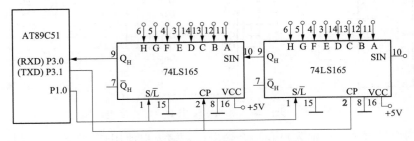

图 7-24 利用串行口扩展 16 位并行输入口

单片机 TXD 引脚输出的同步移位脉冲连接至 74LS165 的 CP 脉冲引脚；单片机的 RXD 引脚与移位寄存器的串行数据输出端相连接；单片机的 P1.0 引脚控制移位寄存器 74LS165 的工作方式。扩展并行输入口的工作过程为：单片机通过 P1.0 输出数据 "0"，使与 P1.0 相连的 $S/\overline{L}$ 引脚为 "0"，两片 74LS165 芯片并行输入数据，接着再将单片机的 P1.0 置 "1"，使 $S/\overline{L}=1$，74LS165 锁存并行输入数据并转为串行移位输出工作方式。当启动串行口

工作方式 0 时，在 TXD 的作用下，数据由右向左移动，满 8 位后 RI＝1，发出串行口中断请求，单片机检测到 RI＝1 后，读走第 1 接口的数据，再检测到 RI＝1，读走第 2 接口的数据。

【例 7-9】 从 16 位扩展口读入 5 组数据（每组两个字节），并把它们转存到内部 RAM 20H 开始的单元中。

```
         MOV    R7,# 05H        ;设置读入组数
         MOV    R0,# 20H        ;设置内部 RAM 数据区首地址
START:   CLR    P1.0            ;并行置入数据,S/L̄= 0
         SETB   P1.0            ;允许串行移位,S/L̄= 1
         MOV    R1,# 02H        ;每组字节数,即外扩 74LS165 芯片的个数
RXDATA:  MOV SCON,# 10H         ;设串口方式 0,允许接收,启动
WAIT:    JNB    RI,WAIT         ;未接收完一帧,循环等待
         CLR    RI              ;清 RI 标志,准备下次接收
         MOV    A,SBUF          ;读入数据
         MOV    @ R0,A          ;送至 RAM 缓冲区
         INC    R0              ;指向下一个地址
         DJNZ   R1, RXDATA      ;未读完一组数据,继续
         DJNZ   R7, START       ;5 组数据未读完,重新并行置入
         ……                    ;对数据进行处理
```

7. 7. 2 用 74LS164 扩展并行输出口

74LS164 是 8 位边沿触发式移位寄存器，它可以实现串行输入数据，然后并行输出，其逻辑符号如图 7-25 所示，引脚功能说明见表 7-5。

表 7-5   74LS164 引脚功能表

符号	引脚	说　　　明
DSA	1	数据输入
DSB	2	数据输入
Q0～Q3	3～6	输出
GND	7	接地（0 V）
CP	8	时钟输入（低电平到高电平边沿触发）
CLR	9	中央复位输入（低电平有效）
Q4～Q7	10～13	输出
Vcc	14	正电源

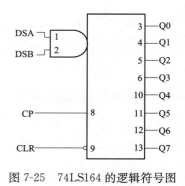

图 7-25 74LS164 的逻辑符号图

74LS164 的数据通过两个输入端（A 或 B）之一串行输入；任一输入端都可以用作高电平使能端，控制另一输入端的数据输入。两个输入端或者连接在一起，或者把不用的输入端接高电平，但一定不要悬空。时钟信号（CP）每次由低变高时，数据右移一位，输入到 Q0，Q0 是两个数据输入端（A 和 B）的逻辑与，它在上升时钟沿之前保持一个建立时间的长度。主复位（CLR）输入端上的一个低电平将使其他所有输入端都无效，这样可以非同步地清除寄存器，强制所有的输出为低电平。利用两片 74LS164 扩展 2 个 8 位并行输出口的电路如图 7-26 所示。

跟我学单片机

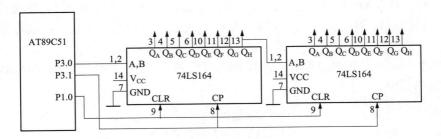

图 7-26　利用串行口扩展 16 位并行输出口

　　扩展并行输出口的工作过程为：启动单片机，串行口工作在方式 0，单片机向串行口发送 SBUF 写入一字节数据，串行数据从 RXD（P3.0）引脚输出，TXD（P3.1）引脚输出移位脉冲，数据逐一移入 74LS164，并由左向右移动，输出 8 位数据后 TI=1，单片机检测到 TI=1 后，再向发送 SBUF 写入第 2 字节数据，最后两字节数据由 74LS164 输出。

　　【例 7-10】　编写将内部 RAM 30H、31H 单元的内容经串行口由 74LS164 并行输出的子程序。

　　汇编程序如下：

```
START: MOV   R7,# 02H        ;设置要发送的字节个数
       MOV   R0,# 30H        ;设置地址指针
       MOV   SCON,# 00H      ;设置串行口为方式 0
SEND:  MOV   A,@ R0
       MOV   SBUF,A          ;启动串行口发送过程
WAIT:  JNB   TI,WAIT         ;一帧数据未发完,循环等待
       CLR   TI
       INC   R0              ;取下一个数
       DJNZ  R7,SEND         ;未完,发完从子程序返回
       RET
```

　　本例的 C 语言程序如下：

```
# include < reg51. h>
# define uchar unsigned char
void send( )
{ uchar i ;
  uchar  data   * px1 ;              // 指针 px1,指向 char 型数据位于 data 区
  px1= 0x30;
  SCON= 0x00;                        // 设置串行口方式
  for(i= 0; i< 2; i+ + ,px1+ + )
    {  SBUF= * px1;
       while(TI= = 0);
       TI= 0;}
  }
```

7.8　可编程多功能 I/O 口扩展设计

在单片机应用系统的设计中，常用的外围 I/O 接口芯片有以下两种。

（1）82C55：可编程的通用并行接口电路（3 个 8 位 I/O 口）；

（2）81C55：可编程的 I/O 或 RAM 扩展接口电路（两个 8 位 I/O 口，一个 6 位 I/O 口，256 个 RAM 字节单元，一个 14 位的减法定时/计数器）。

上述两种芯片都可以与 89C51 单片机直接相连接，其接口逻辑十分简单。

Intel 公司的配套可编程 I/O 接口芯片还有以下几个。

（1）8253：可编程的定时/计数器。

（2）8237：可编程的 DMA 控制器。

（3）8259：可编程的中断控制器。

（4）8279：可编程的键盘/LED 接口芯片。

（5）8251：可编程的串行接口芯片。

82C55 是 Intel 公司生产的可编程并行 I/O 接口芯片，它具有 3 个 8 位的并行 I/O 口，三种工作方式，它可以通过编程对 I/O 口进行操作，使用灵活方便，通用性强。双列直插式 40 引脚封装的 82C55 芯片编程模型和逻辑符号如图 7-27 所示。

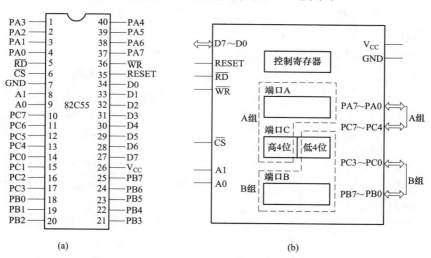

图 7-27　82C55 的引脚及编程模型示意图
（a）82C55 的引脚；（b）82C55 的编程模型

7.8.1　引脚说明

82C55 作为单片机与外设的连接芯片，必须提供与单片机相连的 3 个总线接口，即数据线、地址线和控制线接口，同时必须具有与外设连接的接口 A、B、C。由于 82C55 可编程，所以它必须具有逻辑控制部分，因而 82C55 的引脚分为两个部分：与单片机（或 CPU）的连接部分、与外设的连接部分。

1. 与单片机的连接部分引脚

根据定义，82C55 能并行传送 8 位数据，所以其数据线为 8 根，即 D0～D7。由于

82C55 具有 3 个 I/O 通道 A、B、C，所以只要两根地址线就能寻址 A、B、C 口及控制寄存器，因此地址线为两根，即 A0 和 A1。此外，CPU 要对 82C55 进行读、写与片选操作，所以控制信号有片选、复位、读、写信号。各信号的引脚编号如下。

(1) 数据总线 DB：编号为 D0～D7，用于在 82C55 与 CPU 之间传送 8 位数据。

(2) 地址总线 AB：编号为 A0、A1，用于选择 A、B、C 口与控制寄存器。

(3) 控制总线 CB：片选信号 $\overline{CS}$、复位信号 RESET、写信号 $\overline{WR}$、读信号 $\overline{RD}$。当 CPU 要对 82C55 进行读、写操作时，必须先向 82C55 发送片选信号选中 82C55 芯片，然后发读信号或写信号对 82C55 进行读数据或写数据的操作。

2. 与外设的连接部分引脚

根据定义，82C55 有 3 个通道 A、B、C 与外设相连接，每个通道又有 8 根数据线与外设连接，所以 82C55 可以用 24 根线与外设连接。若进行开关量控制，则 82C55 可以同时控制 24 路开关。其各通道的引脚编号如下。

(1) A 口：编号为 PA0～PA7，用于 82C55 向外设输入/输出 8 位并行数据。

(2) B 口：编号为 PB0～PB7，用于 82C55 向外设输入/输出 8 位并行数据。

(3) C 口：编号为 PC0～PC7，用于 82C55 向外设输入/输出 8 位并行数据，当 82C55 工作于应答 I/O 方式时，C 口用于应答信号的通信，配合 PA 口或 PB 口工作。

3. 电源及复位引脚

(1) Vcc：+5V 电源。

(2) GND：数字地。

(3) RESET：复位引脚，高电平有效。

7.8.2 内部结构

82C55 将 3 个通道分为两个控制组，即 PA0～PA7 与 PC4～PC7 组成 A 组，PB0～PB7 与 PC0～PC3 组成 B 组。如图 7-28 所示，相应的控制器也分为 A 组控制器与 B 组控制器，各组控制器的作用如下。

(1) A 组控制器：控制 A 口与上 C 口的输入与输出。

(2) B 组控制器：控制 B 口与下 C 口的输入与输出。

(3) 数据总线缓冲器：三态双向缓冲器，作为 82C55 与单片机数据线之间的接口，用于传送数据、指令、控制命令及外部状态信息。

(4) 读/写控制逻辑电路：该电路接收 CPU 发来的控制信号、RESET 信号、地址信号 A1、A0 等，对端口进行读写控

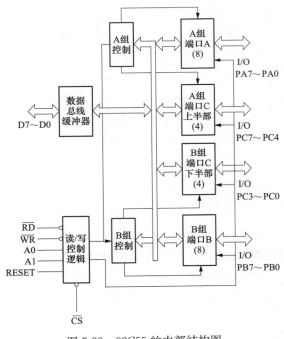

图 7-28　82C55 的内部结构图

制。各端口工作状态与控制信号的关系见表 7-6。

表 7-6   **82C55 端口工作状态选择**

A1	A0	$\overline{RD}$	$\overline{WR}$	$\overline{CS}$	工作状态
0	0	0	1	0	读端口 A：A 口数据→数据总线
0	1	0	1	0	读端口 B：B 口数据→数据总线
1	0	0	1	0	读端口 C：C 口数据→数据总线
0	0	1	0	0	写端口 A：数据→A 口
0	1	1	0	0	写端口 B：数据→B 口
1	0	1	0	0	写端口 C：数据→C 口
1	1	1	0	0	写控制字：数据→控制字寄存器
×	×	×	×	1	数据总线为三态
1	1	0	1	0	非法状态，控制字寄存器只能写
×	×	1	1	0	数据总线为三态，不读也不写

7.8.3　82C55 的引脚功能

RESET：复位输入线。当该输入端处于高电平时，所有内部寄存器（包括控制寄存器）均被清除，所有 I/O 口均被置成输入方式。

$\overline{CS}$：芯片选择信号线。当这个输入引脚为低电平，即 $\overline{CS}=0$ 时，表示芯片被选中，允许 82C55 与 CPU 进行通信；$\overline{CS}=1$ 时，82C55 无法与 CPU 进行数据传输。

$\overline{RD}$：读信号线。当这个输入引脚为低跳变沿，即 $\overline{RD}$ 产生一个低脉冲且 $\overline{CS}=0$ 时，允许 82C55 通过数据总线向 CPU 发送数据或状态信息，即 CPU 从 82C55 读取信息或数据。

$\overline{WR}$：写入信号。当这个输入引脚为低跳变沿，即 $\overline{WR}$ 产生一个低脉冲且 $\overline{CS}=0$ 时，允许 CPU 将数据或控制字写入 82C55。

D0～D7：三态双向数据总线，82C55 与 CPU 数据传送的通道。当 CPU 执行输入/输出指令时，通过它实现 8 位数据的读/写操作，控制字和状态信息也通过数据总线传送。

82C55 具有以下 3 个相互独立的输入/输出通道端口，它用＋5V 单电源供电，能在三种方式下工作：①方式 0——基本输入/输出方式；②方式 1——选通输入/输出方式；③方式 2——双向选通输入/输出方式。

（1）PA0～PA7：端口 A 输入/输出线，一个 8 位的数据输出锁存器/缓冲器，一个 8 位的数据输入锁存器，可以工作于三种方式中的任何一种。

（2）PB0～PB7：端口 B 输入/输出线，一个 8 位的 I/O 锁存器，一个 8 位的输入/输出缓冲器，不能工作于方式 2。

（3）PC0～PC7：端口 C 输入/输出线，一个 8 位的数据输出锁存器/缓冲器，一个 8 位的数据输入缓冲器。端口 C 可以通过工作方式的设定而分成两个 4 位的端口，每个 4 位的端口包含一个 4 位的锁存器，分别与端口 A 和端口 B 配合使用，可以作为控制信号输出端口或状态信号输入端口，它不能工作于方式 1 或方式 2。

A1，A0：地址选择线。用来选择 82C55 的 A 口、B 口、C 口和控制寄存器。

（1）当 A1=0，A0=0 时，A 口被选择。

（2）当 A1=0，A0=1 时，B 口被选择。

（3）当 A1＝1，A0＝0 时，C 口被选择。

（4）当 A1＝1，A0＝1 时，控制寄存器被选择。表 7-6 列出了端口编址及控制关系。

7.9 82C55 的工作方式及初始命令

82C55 的工作方式是通过向控制口写控制命令实现的，控制命令写入 82C55 的控制字寄存器；82C55 可以向控制字寄存器写入工作方式命令和 C 口置位/复位命令两种控制命令字。

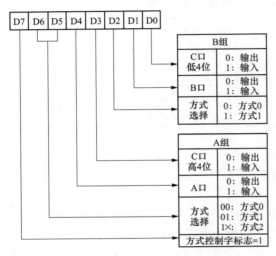

图 7-29 82C55 的工作方式命令字

7.9.1 工作方式选择控制字

82C55 的三种工作方式由 8 位的方式控制字来决定。各位的含义及格式如图 7-29 所示。其中 D7 位为命令特征位，D7＝1 表示是方式控制字命令，D7＝0 表示是 C 口置位/复位命令。D6、D5 位决定 A 口的工作方式，D2 位决定 B 口的工作方式，D4 位和 D3 位决定 A 口和 C 口的高 4 位（PC4～PC7）是输入还是输出信息，D1 位和 D0 位决定 B 口和 C 口的低 4 位（PC0～PC3）用于输入还是输出信息。

【例 7-11】 写入方式控制字 95H 到 82C55，请问 82C55 各端口如何工作？

解： 因为方式字 95H＝1001 0101B，由于 D7＝1，因此表示该命令是方式控制字命令；其中 D6、D5、D4 位为 001，说明 A 端口的状态为工作方式 0 输入；D1、D2 位为 10，说明 B 端口的状态为工作方式 1 输出；D3 位为 1，说明 PC7～PC4 输出；D0 位为 1，说明 PC3～PC0 输入。

7.9.2 82C55 C 口按位置位/复位命令

当写入控制口的命令字的 D7＝0 时，表示是 C 口按位置位/复位控制命令字，它用于 PC 口按位操作，可以对 C 口 8 位中的任一位置 "1" 或清 "0"。其中，D6、D5、D4 这 3 位没有定义，D3、D2、D1 三位的组合选择 C 口的某一位，D0 位表示位操作的方式，D0＝1 则将所选择的位置 "1"，否则清 "0"。

C 口置位/复位命令字的格式如图 7-30 所示。

例如，控制字 07H 写入控制口，D7＝0，表示是 C 口按位置位/复位控制命令字，其中 D3D2D1＝011，表示对 PC3 操作；D0＝1，表示使 C 口的 PC3 引脚置位为 "1"。若 08H 写入控制口，则表示将 C 口的 PC4 位清 "0"。

7.9.3 82C55 的三种工作方式

实际应用时，通过将方式控制字写入控制口的控制寄存器来确定 82C55 三个端口的工作方式，通过端口与外部设备间传递信息。

1. 方式 0——基本的输入/输出方式

基本的输入/输出方式一般用于无条件的数据传送操作，这种方式不需要联络信号，表明外设任何时刻都可以进行输入或输出操作，不需要进行查询和等待。例如，如图 7-31 所示电路在方式 0 下，单片机通过从 A 口读入一组开关状态信息，将开关状态信息向 B 口输出来控制指示灯 LED 指示开关的状态。

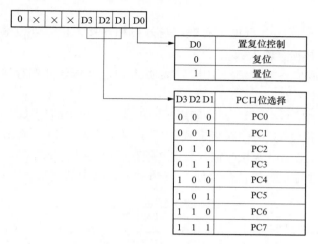

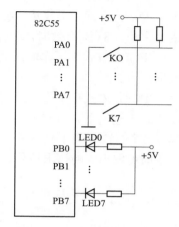

图 7-30　82C55 C 口置位/复位命令　　　　图 7-31　82C55C 方式 0 应用

方式 0 下端口的基本功能如下。

（1）具有两个 8 位端口（A、B）和两个 4 位端口（C 上半部分和下半部分）。

（2）任意一个端口都可以设定为输入或输出。

（3）输出数据锁存，即写端口后保持输出数据；输入数据不锁存，直接读到口线的数据。

【例 7-12】　假设 82C55 控制字寄存器的地址为 FF7FH，令 A 口和 C 口的高 4 位工作在方式 0 输出，B 口和 C 口的低 4 位工作于方式 0 输入。

初始化程序如下：

```
MOV    DPTR,# 0FF7FH
MOV    A,# 83H
MOVX   @ DPTR,A
```

说明：① 控制字寄存器地址为 FF7FH，A1A0 = 11；② 方式控制字 83H，即 1000011B。

2. 方式 1——应答联络的输入/输出工作方式

方式 1 是一种采用应答联络的输入/输出工作方式。A 口和 B 口都可以独立地设置这种工作方式。在方式 1 下，A 口和 B 口通常用于 I/O 数据传送，C 口用作 A 口和 B 口的联络线。

（1）方式 1 输入。方式 1 输入时，控制联络信号功能如下。

a. $\overline{STB}$：选通输入信号，为"0"时有效，表示外设已经发出了一个字节数据存放在 82C55 的输入锁存器。

b. IBF：输入缓冲器满应答信号，为"1"时有效。82C55 回应外设，表明已收到外设发来的且进入输入锁存器的数据，它由 $\overline{STB}$ 信号的下降沿置位，由 $\overline{RD}$ 信号的上升沿使其复位。

c. INTR：中断请求信号，为"1"时有效。82C55 输出向单片机发中断请求。

1）A 组控制。A 组的方式控制命令字如图 7-32 所示。其中，D6D5＝01，A 口为方式 1；D4＝1，表示 A 口输入。方式 1 下的 D3 位用于 C 口高 4 位中未用于联络信号的 PC6 和 PC7 的输入/输出的选择控制位。

a. PC4：方式 1 下作选通输入信号 $\overline{STB_A}$，低电平有效，与外设相连接，接受外设输入的就绪信号，$\overline{STB_A}$ 有效时，A 口接收并锁存输入数据。

b. PC5：方式 1 下作输入缓冲器满应答输出信号 IBF_A，表明 A 口已经接收并锁存输入的数据。

c. PC3：方式 1 下作中断请求输出信号 $INTR_A$，一般用于向单片机发出中断请求。

方式 1 输入下，对 C 口写入按位置位/复位控制字来置"1"PC4，不表示 PC4 输出 1，而是设置 $INTE_A$，表示允许 A 组中断。当端口 A 接收输入数据并锁存后，只要使 $INTRA＝1$，82C55 即可发出中断请求信号。若通过写 C 口复位命令使 PC4 清"0"，则中断被禁止。

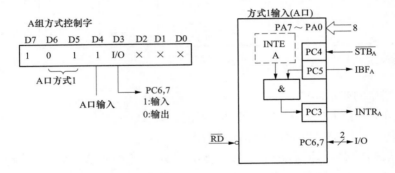

图 7-32　82C55　A 组的方式 1 输入的命令格式及引脚功能

2）B 组控制。B 组的方式控制字如图 7-33 所示。其中，D2＝1，表示 B 口工作在方式 1；D1＝1，表示 B 口输入。

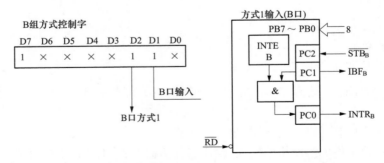

图 7-33　82C55　B 组的方式 1 输入的命令格式及引脚功能

a. PC2：方式 1 下作选通输入信号 $\overline{STB_B}$，低电平有效。

b. PC1：方式 1 下作输入缓冲器满应答信号 IBF_B。

c. PC0：方式 1 下作中断请求信号 $INTR_B$，用于向单片机发出中断请求。

方式 1 输入下，对 C 口写入按位置位/复位控制字置 PC2 为"1"，不表示 PC2 输出 1，而是设置 $INTE_B$，表示允许 B 组中断，即端口 B 收到输入数据后，使 $INTR_B＝1$，发出中断请求，通知单片机读取外设输入数据。若通过写 C 口复位命令使 PC2 清"0"，则方式 1 下

B 口中断被禁止。

3）方式 1 输入操作的工作过程。A 口工作在方式 1 输入操作的接口电路如图 7-34 所示。外设的数据连接到端口 A，$\overline{STB_A}$ 和 IBF_A 是外设与端口间的联络信号，82C55 的数据线连接到单片机的数据总线上，采取中断方式进行数据输入操作。其工作过程为：①外设向 82C55 输入一个数据至 PA7～PA0，并发出选通信号 $\overline{STB_A}$；②82C55 收到 $\overline{STB_A}$ 后，锁存输入数据，并输出 $IBF_A = 1$，回应外设；③$\overline{STB_A}$ 由 0 到 1，$IBF_A = 1$，且 $INTE_A = 1$，82C55 发出 $INTR_A = 1$ 的中断请求；④AT89C51 响应中断后执行一段程序，读取外设锁存在 A 口的数据，82C55 撤销中断请求信号，一次输入操作结束。

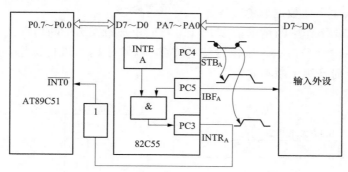

图 7-34　82C55 方式下输入接口信号及连接电路

（2）方式 1 输出。方式 1 输出时，$\overline{OBF}$ 与 ACK 构成了一对应答联络信号，控制联络信号的功能如下。

a. $\overline{OBF}$：输出缓冲器满信号，为"0"时有效，82C55 给外设的联络信号，表示端口已经接收单片机传来的数据，通知外设可以将数据取走。

b. $\overline{ACK}$：外设对 82C55 的响应信号，为"0"时有效，表示外设已将数据取走。

c. INTR：中断请求信号，为"1"时有效，82C55 给单片机的中断请求信号，表示该数据已被外设取走，请求单片机继续输出下一个数据。

d. $INTE_A$：A 组中断允许，由 PC6 控制。

e. $INTE_B$：B 组中断允许，由 PC2 控制。

1）A 组控制。方式控制字如图 7-35 所示。D6D5＝01，表示为方式 1；D4＝0，表示 A 口输出；D3 位用于 C 端口的 PC4、PC5 输入或输出的选择控制。

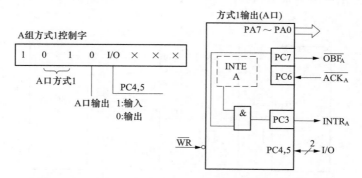

图 7-35　82C55　A 组的方式 1 输出的命令格式及引脚功能

a. PC7：方式 1 下作输出缓冲器满信号 $\overline{OBF_A}$，用于通知外设取数据。

b. PC6：方式 1 下作外设取走数据后对 82C55 的应答信号 $\overline{ACK_A}$。

c. PC3：方式 1 下作中断请求信号 $INTR_A$，向单片机发中断请求。

方式 1 输出下，对 C 口写入按位置位/复位控制字对 PC6 操作，置 PC6 为"1"，不表示 PC6 输出 1，而是设置 $INTE_A=1$，表示 A 组中断允许，否则 A 组中断不允许。

2）B 组控制。方式控制字如图 7-36 所示。D3＝1，表示为方式 1；D2＝0，表示 B 口输出。

a. PC1：方式 1 下作输出缓冲器满信号 $\overline{OBF_B}$，输出。

b. PC2：方式 1 下作数据取走应答信号 $\overline{ACK_B}$，输入。

c. PC0：方式 1 下作中断请求信号 $INTR_B$，向单片机发出中断请求。

方式 1 输出下，对 C 口写入按位置位/复位控制字对 PC2 进行操作，设置 INTEB＝1，B 组中断允许，否则 B 组中断不允许。

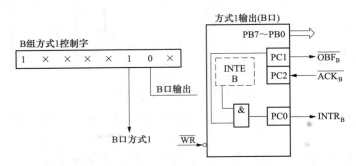

图 7-36　82C55 B 组的方式 1 输出的命令格式及引脚功能

3）方式 1 输出操作的工作过程。B 口工作在方式 1 输出操作的接口电路如图 7-37 所示。单片机通过 82C55 的端口 B 向外设输出数据，$\overline{OBF_B}$ 和 $\overline{ACK_B}$ 是 82C55 与外设间的握手联络信号，$\overline{INTR_B}$ 和 $\overline{WR}$ 是单片机写信号。82C55 的数据线连接到单片机的数据总线上，采取中断方式进行数据输入操作。其工作过程为：①89C51 向 82C55 写入一个数据，82C55 收到后向外设发出 $\overline{OBF_B}$ 信号，表示输出端口缓冲器满；②外设收到 $\overline{OBF_B}$ 信号后，从输出端口缓冲器读走输出数据，并清 $\overline{ACK_B}=0$，回应 82C55；③ACKB＝0 后，$\overline{OBF_B}=1$，且 $INTE_B=1$，82C55 向单片机发出中断请求 $INTR_B=1$；④89C51 响应中断后写入下一个数据，82C55 撤销中断请求信号。

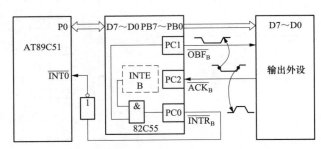

图 7-37　82C55 B 组的方式 1 输出接口信号及连接电路

3. 方式 2——双向传送工作（仅 A 口有）

只有 A 口才能设定为方式 2。方式 2 下，PA7～PA0 为双向 I/O 总线。输入时，PA7～PA0 受 $\overline{STB_A}$ 和 IBF_A 控制，工作过程和方式 1 输入相同；输出时，PA7～PA0 受 $\overline{OBF_A}$、$\overline{ACK_A}$ 控制，工作过程和方式 1 输出相同。A 口在方式 2 下各接口信号间的关系及连接电路如图 7-38 所示。

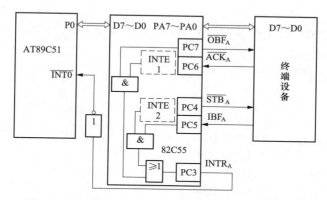

图 7-38 82C55 A 口工作方式 2 接口信号及连接电路

7.9.4 89C51 单片机和 82C55 的接口

1. 硬件电路

89C51 与 82C55 的连接电路图如图 7-39 所示。74LS373 是地址锁存器，P0.1、P0.0 经 74LS373 与 82C55 的地址线 A1、A0 连接；P0.7 经 74LS373 与片选端相连，其他地址线悬空。控制信号线（$\overline{RD}$、$\overline{WR}$）与数据存储器的扩展连接类似。

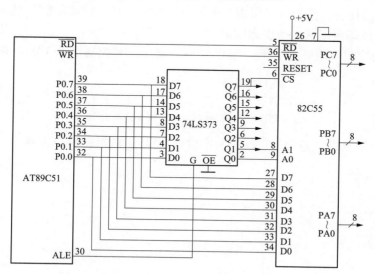

图 7-39 89C51 单片机扩展 1 片 82C55 的连接电路

2. 确定 82C55 端口地址

由于 A1、A0 用于芯片内部端口寻址，P0.7 用于片选，选中端口则要求 P0.7 为低电平，若 P0.1、P0.0 取 00 则选中 82C55 的 A 口，同理，P0.1、P0.0 为 01、10、11 表示分别选中 B 口、C 口及控制口。若端口地址用 16 位表示，由于地址总线上的大量地址线都未使用，会造成地址空间重叠，实际应用时将未使用的地址线设为"1"或者"0"都不影响访问 4 个端口。若将未使用的地址线设为"1"，则 82C55 的 A 口、B 口、C 口及控制口的地址分别为 0FF7CH、0FF7DH、0FF7EH、0FF7FH。若未使用的地址线设为"0"，则 82C55 的 A 口、B 口、C 口及控制口的地址分别为 0000H、0001H、0002H、0003H。

3. 软件编程

【例 7-13】 要求 82C55 工作在方式 0，且 A 口作为输入口，B 口、C 口作为输出口。编写端口的输入、输出程序。

解：确定方式控制字：90H

参考程序如下：

```
MOV A,# 90H              ;控制字 90H 送 A
MOV DPTR,# 0FF7FH        ;控制寄存器地址→DPTR
MOVX @ DPTR,A            ;方式控制字→控制寄存器
MOV DPTR,# 0FF7CH        ;A 口地址→DPTR
MOVX A,@ DPTR            ;从 A 口读数据
MOV DPTR,# 0FF7DH        ;B 口地址→DPTR
MOV A,# DATA1            ;要输出的数据 DATA1→A
MOVX @ DPTR,A            ;将 DATA1 送 B 口输出
MOV DPTR,# 0FF7EH        ;C 口地址→DPTR
MOV A,# DATA2            ;DATA2→A
MOVX @ DPTR,A            ;将数据 DATA2 送 C 口输出
```

【例 7-14】 对端口 C 的置位/复位。

82C55 C 口的任何一位均可以用指令来置位或复位。在未作联络信号且定义输出时，用指令来置位或复位即可以从对应引脚输出"1"或"0"。

若 82C55 的控制口地址为 7FH，编程把 PC5 置位。其控制字为 0BH，程序如下：

```
MOV R1,# 7FH            ;控制口地址→R1
MOV A,# 0BH             ;控制字→A
MOVX @ R1,A             ;控制字→控制口,PC5= 1,使 PC5 输出"1"
```

例如，把 PC5 复位，若把本例的控制字设为 0AH，则能实现 PC5 输出"0"。

第 8 章

跟我学单片机串行总线扩展设计

单片机的串行扩展技术与并行扩展技术相比具有显著的优点，串行接口器件与单片机的接口连接时需要的 I/O 口线很少（仅需 1～4 条），这样极大地简化了器件间的连接，进而提高了可靠性。串行接口器件体积小，因此占用电路板的空间也小，仅为并行接口器件的 10％，明显减少了电路板的空间和成本。除了上述优点外，串行接口器件还有工作电压宽、抗干扰能力强、功耗低、数据不易丢失等特点。因此，串行扩展技术在 IC 卡、智能仪器仪表以及分布式控制系统等领域得到了广泛的应用。

常用的串行扩展接口有 PHILIPS 公司的 I^2C（Inter Interface Circuit）串行总线接口、DALLAS 公司的单总线（1-Wire）接口、Motorola 公司的 SPI（Serial Periperal Interface）串行外设接口等。

8.1 I^2C 串行总线的组成及工作原理

I^2C（Inter Interface Circuit）是 PHILIPS 公司推出的一种高效、可靠、方便的串行总线，是目前使用较为广泛的芯片间的串行扩展总线。I^2C 串行总线只有两条信号线，一条是数据线 SDA，另一条是时钟线 SCL，所有连接到 I^2C 总线上的器件的数据线都连接到 SDA 线上，各器件的时钟线均连接到 SCL 线上，它可以使具有 I^2C 总线的单片机（如 PHILIPS 公司的 8xC552）直接与具有 I^2C 总线接口的各种扩展器件（如存储器、I/O 口、ADC、DAC、键盘、显示器、日历/时钟）连接。对不带有 I^2C 接口的单片机（如 89C51），可以采用普通的 I/O 口结合软件模拟 I^2C 串行接口总线时序的方法，完成 I^2C 总线的串行接口功能。I^2C 总线系统的基本结构如图 8-1 所示。

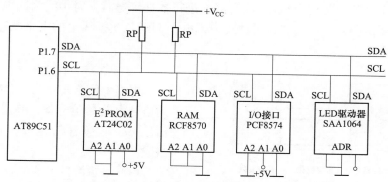

图 8-1   89C51 扩展 I^2C 总线接口器件的接口电路

189

I²C 串行总线的运行由主器件控制。主器件是指启动数据发送、发出时钟信号、传送结束时发出终止信号的器件，主器件通常由单片机来担当。主器件可以具有 I²C 总线接口，也可以不带 I²C 总线接口。从器件是必须带有 I²C 总线接口的器件，如图中的存储器、LED 或 LCD 驱动器、A/D 或 D/A 转换器、时钟/日历器件等。I²C 串行总线的 SDA 和 SCL 是双向的，带有 I²C 总线接口的器件的输出端为漏极开路，因此必须通过上拉电阻接正电源（图 8-1 中的两个电阻 R_P，其值一般取 5～10kΩ）。

总线空闲时，两条线均为高电平。由于连接到总线上的器件的输出级必须是漏极或集电极开路的，因此只要有一个器件输出低电平，都将使总线上的信号变低。SCL 线上的时钟信号对 SDA 线上的各器件间的数据传输起同步控制作用。SDA 线上的数据的起始、终止及数据的有效性均要根据 SCL 线上的时钟信号来判断。在标准 I²C 普通模式下，数据的传输速率为 100kb/s，高速模式下可达 400kb/s。就像电话机一样，只有拨通各自的号码才能完成工作，所以每个连到 I²C 总线上的器件都有一个唯一的号码（即地址）。I²C 总线采用器件地址的硬件设置方法，每个连到 I²C 总线上的器件都由硬件设置一个唯一的地址，主器件通过软件寻址与各从器件进行数据交换，避免了器件片选线寻址的方法，使硬件系统具有简单而灵活的扩展方法（图 8-1 中各器件含有地址线，A0、A1、A2 分别接高低电平可以设定器件地址）。当然，扩展器件时也会受器件地址数目的限制。

I²C 总线支持多主（multi-mastering）和主从（master-slave）两种工作方式。多主方式下，I²C 总线上可以有多个主机，I²C 总线需通过硬件和软件仲裁来确定主机对总线的控制权，读者可以查阅 I²C 总线的仲裁协议进行了解。主从工作方式时，系统中只有一个主机，总线上的其他器件均为从机（具有 I²C 总线接口），由于只有主机能对从机进行读写访问，因此不存在总线的竞争等问题。在主从方式下，I²C 总线的时序可以模拟，I²C 总线的使用不受主机是否具有 I²C 总线接口的制约。

在单片机应用系统中，经常遇到的是以单片机为主器件，其他外围接口器件为从器件的单主器件情况。

8.2 I²C 总线的数据传送协议

1. 数据位的有效性规定

在 I²C 总线上，每一数据位的传送都与时钟脉冲相对应，逻辑"0"和逻辑"1"的信号电平取决于相应电源 Vcc 的电压。I²C 总线在进行数据传送时，时钟线为高电平期间，数据线上的数据必须保持稳定，只有在时钟线为低电平期间，数据线上的电平状态才允许改变，如图 8-2 所示。

2. 总线数据传送信号

根据 I²C 总线协议，总线上数据传送的信号由起始信号 S、终止信号 P、应答信号 A、非应答信号 $\overline{A}$ 以及总线数据位组成。

（1）起始信号 S。在 SCL 线为高电平期间，SDA 线从高电平向低电平切换，这

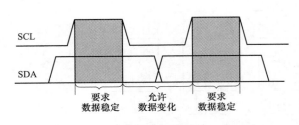

图 8-2 I²C 总线数据有效性规定时序

个情况表示起始条件；只有在起始信号以后，其他命令才能有效。

（2）终止信号P。在SCL线为高电平期间，SDA线由低电平向高电平切换，这个情况表示终止条件。随着终止信号的出现，所有外部操作都将结束。

起始和终止信号都是由主器件发出的。起始信号产生后，总线就处于被占用的状态；终止信号出现后，总线就处于空闲状态，如图8-3所示。

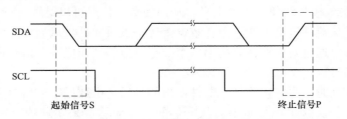

图8-3 I²C总线的起始信号和终止信号规定时序

（3）应答信号A。I²C总线在每传送一个字节的数据后都必须有应答信号，以确定数据传送是否正确。应答信号由接收方产生，在第9个响应的时钟脉冲期间，若接收器将SDA线拉低则表示接收正确。发送方在这一时钟位上释放SDA线，数据总线处于高电平状态，如图8-4所示。

（4）非应答信号A̅。每传送完一个字节的数据后，在第9个时钟位上接收方输出高电平为非应答信号。通常被寻址的接收器在接收到的每个字节后（除了用CBUS地址开头的数据）必须产生一个响应。当从机不能响应时（如正在执行一些实时函数而不能接收或发送），从机必须使数据线保持高电平，然后主机产生一个停止条件终止传输或者产生重复起始条件开始新的传输。

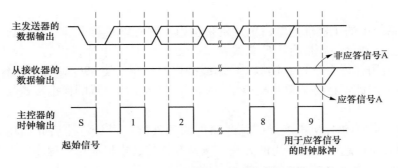

图8-4 I²C总线的应答信号和非应答信号规定时序

3. I²C总线上数据字节的传送与应答

在利用I²C总线进行一次数据传送时，首先由主器件发出启动信号，启动I²C总线。主器件发出启动信号后，然后发送一个字节的寻址信号，其中高7位为地址位，用于选择进行数据交换的从器件的地址；最低位是数据传送方向位，方向位为0时，表示主器件对从器件进行写操作；方向位为1时，表示主器件对从器件进行读操作。

从器件收到地址字节后将它与自己的地址进行比较，如果相符，则是主器件要寻访的从器件，否则从器件不予理睬。

选中的从器件应该在第9个时钟位上将SDA线拉为低电平进行应答，再根据地址字节中的方向位确定下一步的工作。利用I²C总线进行一次数据传送时，传送的字节数（数据帧）没有限制，但是每一字节必须是 8 位的长度。传送时，先传送最高位（MSB），每一个被传送的字节后面都必须跟随一位应答位（即一帧共有 9 位），如图 8-4 所示。

接收器件收到一个完整数据字节后，有可能需要完成一些其他工作（如从器件正在进行实时性的处理工作而无法接收总线上的数据），不需要立刻接收下一字节，这时接收器件可以将 SCL 线拉成低电平，从而使主器件处于等待状态。直到接收器件准备好接收下一个字节的数据时，再释放 SCL 线使之为高电平，从而使数据传送可以继续进行。

如果主器件对从器件进行发送，但在数据传送一段时间后，从器件无法继续接收更多的数据，则从器件可以通过对无法接收的第一个数据字节的"非应答"信号通知主器件，主器件则应发出终止信号以结束数据的继续传送。

主器件接收数据时，当它接收到从器件发出的最后一个数据字节后，必须向从器件发出一个结束传送的信号。这个信号是由对从器件的"非应答"来实现的。然后，从器件释放 SDA 线，以允许主器件产生终止信号。

全部数据传送完毕后，主器件发送终止信号 P，即在 SCL 线为高电平期间，将 SDA 线拉为高电平。一次数据传送完成后，主器件又可以选择另一个从器件进行数据交换。

8.3 89C51 扩展 I^2C 总线器件接口设计

随着微电子技术的发展，许多公司，如 PHILIPS、Motorola、Atmel 和 MAXIM 等，都推出了许多带有 I^2C 总线接口的单片机及各种外围器件，如 PHILIPS 公司的 PCF8553（日历/时钟且带有 256×8 RAM），和 PCF8570（256×8 RAM）等，MAXIM 公司的 MAX127/128（A/D）和 MAX517/518/519（D/A），Atmel 公司的 AT24C××系列存储器等。

I^2C 总线系统中的主器件通常由单片机来担当，它可以具有 I^2C 总线接口，也可以不带 I^2C 总线接口。从器件必须带有 I^2C 总线接口。由于 89C51 单片机没有配置 I^2C 总线接口，因此可以利用通用并行 I/O 口线模拟 I^2C 总线接口的时序，使 89C51 单片机不受没带 I^2C 总线接口的限制。因此，在许多单片机应用系统中，都将 I^2C 总线的模拟传送技术作为常规的设计方法。

下面介绍 89C51 单片机扩展 I^2C 总线器件的硬件接口设计，然后介绍用 89C51 的 I/O 口结合软件模拟 I^2C 总线数据传送的方法，以及数据传送模拟通用子程序的设计。

8.3.1 I^2C 总线器件扩展接口

如图 8-1 所示为一个 89C51 单片机与具有 I^2C 总线接口器件的扩展电路。图中，AT24C02 为 E^2 PROM 芯片，RCF8570 为静态 256×8 RAM，PCF8574 为 8 位 I/O 口，SAA1064 为 4 位 LED 驱动器。有关各种器件的具体工作原理和用法请参见有关资料。

8.3.2 I^2C 总线数据传送模拟

在以 AT89C51 单片机为单主器件的工作方式下，总线数据的传送控制比较简单，没有总线的竞争与同步，只存在单片机对 I^2C 总线上各从器件的读（单片机接收）、写（单片机发送）操作。通常可以利用软件实现 I^2C 总线的数据传送，即软件与硬件结合的信号模拟。

1. 89C51 单片机中 I^2C 串行传输软件及其模拟技术

为了保证数据传送的可靠性，标准 I^2C 总线的数据传送有严格的时序要求。I^2C 总线的起始信号、终止信号、应答发送"0"及发送"1"的模拟时序如图8-5~图8-8所示。

I²C总线的时序特性见表8-1。表8-1中的数据为程序模拟I²C总线信号提供了基础。由表8-1可知，除了SDA、SCL线的信号下降时间为最大值外，其他参数只有最小值。这表明在I²C总线的数据传送中，为了可靠起见，可以适当加长时间，当然，这会使传送速率降低。

表 8-1   I²C总线的时序特性表   单位：μs

参数说明	符号	最小值	最大值
新起始信号前总线必需的空闲时间	TBUF	4.7	—
起始信号保持时间	THD：STA	4.0	—
时钟的低电平时间	TLOW	4.7	—
时钟的高电平时间	THIGH	4.0	—
起始信号建立时间	TSU：STA	4.0	—
数据建立时间	TSU：DAT	250	—
SDA、SCL线的信号下降时间	TF	—	300
终止信号建立时间	TSU：STO	4.0	

（1）起始信号S。在SCL线为高电平期间，SDA线的拉低表示起始信号。对于一个新的起始信号，要求起始前总线的空闲时间TBUF大于4.7μs，起始信号到第1个时钟脉冲的时间间隔应大于4.0μs，如图8-5所示。

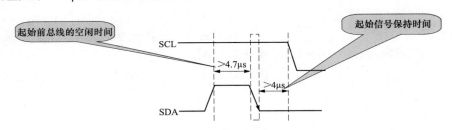

图 8-5   I²C总线起始信号时序要求

（2）终止信号P。在SCL线为高电平期间，SDA线的拉高表示终止信号。对于终止信号，要保证有大于4.0μs的信号建立时间TSU.STO。终止信号结束后，要释放总线，使SDA、SCL维持高电平状态，在大于4.7μs后才可以进行下次起始操作，如图8-6所示。

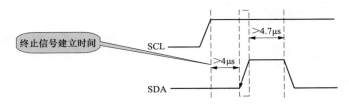

图 8-6   I²C总线终止信号时序要求

（3）对于发送应答位"0"、非应答位"1"来说，与发送数据"0"和"1"的信号定时要求完全相同。只要满足在时钟SCL的高电平大于4.0μs期间，SDA线上有确定的电平状态即可，如图8-7和图8-8所示。

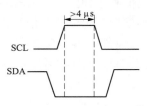

图 8-7 I²C 总线应答信号 "0" 时序

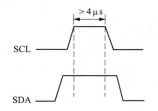

图 8-8 I²C 总线非应答信号 "1" 时序

2. 典型信号模拟子程序

由于 89C51 没有 I²C 接口，因此，可以用 I/O 口线结合软件来实现 I²C 总线上的信号模拟。89C51 单片机在模拟 I²C 总线通信时，需编写 4 个子程序（函数）：起始信号、终止信号、应答/数据 "0" 以及非应答/数据 "1" 子程序，对常用的几个典型信号的波形进行模拟。

假设主器件采用 89C51，晶振频率为 6MHz，即 1 个机器周期为 $2\mu s$。用 P1.7 作为 SDA 信号，用 P1.6 作为 SCL 信号。

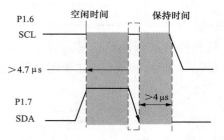

图 8-9 I²C 总线起始信号（S）时序要求

为了保证数据传送的可靠性，要严格遵守 I²C 总线的数据传送时序要求，好在除了 SDA、SCL 线的信号下降时间为最大值外，其他参数只有最小值，所以在子程序中可以适当加长时间。

（1）起始信号 S。

1）汇编 START 模拟子程序。

以下汇编程序是根据如图 8-9 所示的起始时序要求所编写的。假设执行一条 NOP 指令时间为 $2\mu s$。图中单片机的 P1.6 连接 SCL；P1.7 连接 SDA。

```
START: SETB  P1.7    ;SDA= 1
       SETB  P1.6    ;SCL= 1
       NOP           ;空闲时间大于 4.7μs
       NOP
       CLR   P1.7    ;SDA= 0
       NOP           ;起始信号保持 6us> 4μs
       NOP
       CLR   P1.6    ;SCL= 0
       RET
```

2）C 语言 Start 模拟函数。

```
void Start()
{  SDA= 1;
   SCL= 1;
   _Nop();   _Nop();    //延时
   SDA= 0;
   _Nop();   _Nop();    //延时
   SCL= 0;
```

        }

程序中 _ Nop（）表示空操作函数 _ nop_ （），因此在主程序中要作如下定义：

```
# include < intrins. h>        //包含了_nop_()
# define _Nop()  _nop_()
sbit  SDA= P1^7;
sbit  SCL= P1^6;
```

（2）终止信号 P。终止信号 P 的时序波形如图 8-10 所示。汇编语言子程序如下：

```
STOP: CLR P1.7      ;SDA= 0
      SETB  P1.6    ;SCL= 1
      NOP           ;终止信号建立时间
      NOP
      SETB  P1.7    ;SDA= 1
      NOP
      NOP
      CLR  P1.7     ;SDA= 0
      RET
```

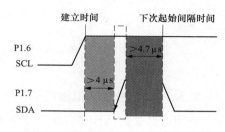

图 8-10 I²C 总线终止（P）信号时序要求

同样地，也可以写出 C 语言终止信号的模拟函数 Stop（）：

```
void Stop()
{  SDA= 0;
   SCL= 1;
   _Nop(); _Nop();     //延时
   SDA= 1;
   _Nop(); _Nop();     //延时
   SDA= 0;
}
```

（3）发送应答位/数据"0"。发送应答位/数据"0"的时序波形如图 8-11 所示。汇编语言子程序如下：

```
ASK: CLR  P1.7     ;SDA= 0
     SETB P1.6     ;SCL= 1
     NOP
     NOP
     CLR  P1.6     ;SCL= 0
     SETB P1.7     ;SDA= 1
     RET
```

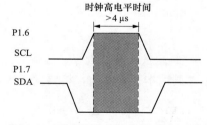

图 8-11 I²C 总线应答信号"0"时序

同样地，可以写出 C 语言应答信号的模拟函数 ask（）：

```
void ask()
{  SDA= 0;
   SCL= 1;
   _Nop(); _Nop();     //延时
   SCL= 0;
```

```
    _Nop(); _Nop();      //延时
    SDA= 1
}
```

（4）发送非应答位/数据"1"。发送非应答位/数据"1"的时序波形如图 8-12 所示。汇编语言模拟子程序如下：

```
NASK:SETB  P1.7      ;SDA= 1
     SETB  P1.6      ;SCL= 1
     NOP
     NOP
     CLR   P1.6      ;SCL= 0
     CLR   P1.7      ;SDA= 0
     RET
```

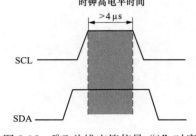

图 8-12 I²C 总线应答信号"1"时序

8.3.3 I²C 总线模拟通用子程序

在 I²C 总线的操作中除了基本的起始信号、终止信号、发送应答位和发送非应答位外，还有其他操作。下面介绍以 89C51 单片机作为主器件时，应答位检查、发送 1 字节、接收 1 字节、发送 n 字节和接收 n 字节的子程序。需要指出的是，时钟信号 SCL 都是由 89C51 发出的。

1. 应答位检查子程序

在应答位检查子程序 CACK 中，设置了标志位 F0。当检查到正常的应答位时，F0＝0；否则 F0＝1。参考子程序如下：

```
CACK:SETB   P1.7    ;SDA 为输入线,输入前先输出"1"
     SETB   P1.6    ;SCL= 1, SDA 引脚上的数据有效
     CLR    F0      ;预设 F0= 0
     MOV    C, P1.7 ;读入 SDA 线的状态
     JNC    CEND    ;应答正常,则 F0= 0
     SETB   F0      ;应答不正常,F0= 1
CEND:CLR    P1.6    ;子程序结束,使 SCL= 0
     RET
```

2. 发送 1 字节数据子程序

调用本子程序前，将要发送的数据送入 A 中，P1.6＝0。参考子程序如下：

```
S1BYTE: MOV   R6,# 08H
   WLP: RLC   A            ;A 左移,发送位进入 C
         MOV   P1.7,C       ;将发送位送入 SDA 引脚
         SETB  P1.6         ;SCL= 1,使 SDA 引脚上的数据有效
         NOP                ;SDA 线上有数据后,SCL 高电平时间大于 4.0μs
         NOP
         CLR   P1.6         ;SCL= 0,SDA 线上数据可以变化
         DJNZ  R6,WLP
         RET
```

3. 接收 1 字节数据子程序

模拟从 I²C 数据线 SDA 读取 1 字节数据，并将其存入 R2 中。参考子程序如下：

```
R1BYTE:   MOV    R6,# 08H      ;8 位数据长度送入 R6 中
RLP:      SETB   P1.7          ;置 SDA 数据线为输入方式
          SETB   P1.6          ;SCL= 1,使 SDA 数据线上的数据有效
          MOV    C,P1.7        ;读入 SDA 引脚状态
          MOV    A,R2
          RLC    A             ;将 C 读入 A
          MOV    R2,A          ;将 A 存入 R2
          CLR    P1.6          ;SCL= 0,继续接收数据
          DJNZ   R6,RLP
          RET
```

4. 发送 n 字节数据子程序

本子程序用来模拟主器件向 I²C 的数据线 SDA 连续发送 n 字节数据，从器件接收的过程。子程序的编写必须遵照 I²C 总线规定的读/写格式进行，连续发送 n 字节数据的格式如下：

```
S   SLAW   A   DATA1   A   DATA2   A  ……   DATAn   A   P
```

其中：SLAW 为外围器件寻址字节的地址。

本子程序定义了以下一些符号单元。

（1）MSBUF：主器件发送数据缓冲区首地址的存放单元。

（2）WSLA：外围器件寻址字节的存放单元。

（3）NUMBYT：发送 n 字节数的存放单元。

在调用本程序之前，必须将寻址字节代码存放在 WSLA 单元；将要发送的 n 字节数据依次存放在以 MSBUF 单元的内容为首地址的单元。

参考子程序如下：

```
SNBYTE:   MOV  R7,NUMBYT    ;发送字节数送 R7
          LCALL START       ;调用起始信号模拟子程序
          MOV  A,WSLA        ;发送 SLAW 寻址字节的 1
          LCALL S1BYTE       ;调用发送 1 字节子程序
          LCALL CACK         ;检查应答位
          JB F0,SNBYTE       ;为非应答位则重发
          MOV R0,MSBUF       ;发送数据缓冲区首地址送 R0
SDATA:    LCALL R1BYTE       ;读入 1 字节数据到 A
          MOV @ R0,A         ;接收的数据存入缓冲区
          DJNZ R7,ACK        ;n 字节未读完则跳转 ACK
          LCALL NASK         ;n 字节读完则发送非应答位
          LCALL STOP         ;调用发送停止位子程序
          RET
ACK:      LCALL ASK          ;发送一个应答位到外围器件
          INC R0             ;修改地址指针
          SJMP               SDATA
```

8.4 AT24C02 串行 E²PROM 芯片

串行 E²PROM 中，较为典型的有 Atmel 公司的 AT24Cxx 系列和 AT93Cxx 等系列的产品。其典型的型号有 AT24C01A/02/04/08/16 等 5 种，它们的存储容量分别是 1024/2048/4096/8192/16384 位，也就是 128/256/512/1024/2048 字节；其使用电压级别有 5V，2.7V，2.5V，1.8V。下面主要介绍常用的 AT24C02，即 256 字节存储器的使用。它具有工作电压范围宽（2.5～5.5V）、擦写次数多（大于 10000 次）、写入速度快（小于 10ms）等特点。

1. AT24C02 串行 E²PROM 接口电路

如图 8-13 所示，AT24C02 的 1、2、3 脚是三条地址线，用于确定芯片的硬件地址在 89C51 接口电路图中它们都接地。第 8 脚和第 4 脚分别为正、负电源。第 5 脚 SDA 为串行数据输入/输出端，数据通过这条双向 I²C 总线进行串行传送，在图 8-13 中与单片机的 P1.7 口相连接。第 6 脚 SCL 为串行时钟输入线，在图 8-13 中与单片机的 P1.6 口相连接。SDA 和 SCL 都需要在和正电源间各接一个 10k 的上拉电阻。第 7 脚为写保护，接高电平时进行写保护；接地时可以进行读写操作。

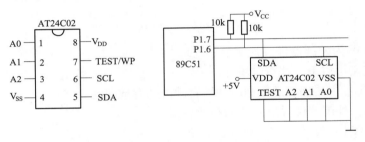

图 8-13 AT24C02 引脚及接口电路

2. AT24C02 串行 E²PROM 器件地址

AT24Cxx 器件地址由 7 位组成，最低位（D0）是数据方向位（R/W）。其格式如下：

D7	D6	D5	D4	D3	D2	D1	D0
DA3	DA2	DA1	DA0	A2	A1	A0	R/W

（1）DA3～DA0 是 I²C 总线器件固有的地址编码，在器件出厂时就已经被固化。例如，AT24Cxx 器件的器件地址为 1010，SAA1064 的器件地址为 0111。

（2）A2～A0 是 I²C 总线器件的外部管脚地址，由用户设定。显然 I²C 总线上可以同时挂接 8 片 AT24C02 器件。

（3）R/W 用于说明数据的传送方向。当 R/W 为 1 时，接收从器件的数据；当 R/W 为 0 时，则将数据写到从器件。

8.5 单总线接口简介

单总线（1-Wire bus）是由 DALLAS 公司推出的外围串行扩展总线。它只有一条数据输入/输出线 DQ，总线上的所有器件都挂接在 DQ 上，电源也通过这条信号线进行供给，这种使用一条信号线的串行扩展技术称为单总线技术。

单总线系统中配置的各种器件功能，由 DAL-LAS 公司提供的专用芯片来实现。每个芯片都有 64 位的 ROM，厂家对每一个芯片用激光烧写编码，其中存有 16 位十进制的编码序列号，它是器件的地址编号，用于确保挂在总线上后，它可以唯一被确定。除了器件的地址编码外，芯片内还包含收发控制和电源存储电路，如图 8-14 所示。这些芯片的耗电量都很小，工作时只需从总线上馈送电能到大电容中就可以工作，因此一般不需要另加电源。

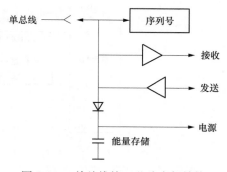

图 8-14　单总线接口芯片内部结构

如图 8-15 所示为一个由单总线构成的分布式温度监测系统。多个带有单总线接口的数字温度计和多个集成电路 DS18B20 芯片都挂接在 DQ 总线上。单片机对每个 DS1820 通过总线 DQ 进行寻址。DQ 为漏极开路，因此必须加上拉电阻。

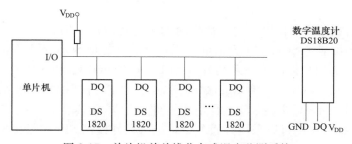

图 8-15　单片机单总线分布式温度监测系统

8.6　SPI 总线接口简介

SPI（Serial Peripheral Interface）是 Motorola 公司推出的同步串行外设接口，它允许单片机与多个厂家生产的带有该接口的设备直接相连接，以串行方式交换信息。SPI 总线使用 4 条线进行通信：串行时钟 SCK，主器件输入/从器件输出数据线 MISO（简称 SO），主器件输出/从器件输入数据线 MOSI（简称 SI）和一根从器件选择线，即片选线 $\overline{CS}$。

SPI 的典型应用是单主系统。该系统只有一台主器件，从器件通常是外围接口器件，如存储器、I/O 接口、ADC、DAC、键盘、日历/时钟和显示驱动等。

单片机与 SPI 外围串行扩展结构图如图 8-16 所示。单片机与外围器件在时钟线 SCK、数据线 MISO 和 MOSI 都是同名端相连。

扩展系统中，如果某一从器件只作为输入或只作为输出时，可以省去 MISO 或 MOSI。SPI 系统中从器件的选通依靠其片选引脚来完成，这使得数据传送软件十分简单。但是，在扩展的器件较多时，连线也较多。

在 SPI 串行扩展系统中，作为主器件的单片机在启动一次传送时便产生 8 个时钟，传送给接口芯片作为同步时钟，控制数据的输入和输出。数据传送格式是高位（MSB）在前，低位（LSB）在后，如图 8-17 所示。

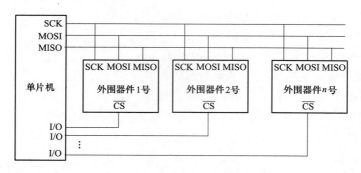

图 8-16　单片机与 SPI 总线接口电路

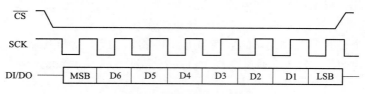

图 8-17　SPI 总线工作时序

数据线上输出数据的变化以及输入数据时的采样都取决于时钟信号 SCK。但对于不同的外围芯片，有的可能是 SCK 的上升沿起作用，有的可能是 SCK 的下降沿起作用。

Motorola 公司为用户提供了一系列具有 SPI 接口的单片机和外围接口芯片，如存储器 MC2814，显示驱动器 MC14499 和 MC14489 等芯片。SPI 外围串行扩展系统的主器件是单片机，主器件也可以不带 SPI 接口，但是从器件一定要有具有 SPI 接口。若单片机（如 89C51）不带 SPI 接口，则可以采用普通 I/O 口结合软件模拟 SPI 串行接口时序的方法，完成 SPI 的串行接口功能。

89C51 与 MC14489 的接口电路如图 8-18 所示。

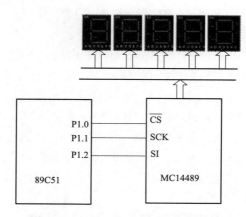

图 8-18　MC14489 与单片机接口电路

第 9 章

跟我学单片机 ADC 和 DAC 接口设计

在单片机应用系统中，被测量的温度、压力、流量等非电物理量经传感器转换成模拟电信号后，这些模拟电信号还必须转换成数字信号，才能在单片机中进行处理，因此就需要有将模拟量转换成数字量的器件，即 A/D 转换器（ADC）。单片机处理完成的数字量，也常常需要转换为模拟信号，因此也需要有将数字量转换成模拟量的器件，即 D/A 转换器（DAC）。

9.1 89C51 与 ADC 的接口

ADC 是"Analog-to-Digital Converter"的缩写，有时也用"A/D"表示，也就是"模/数转换器"。在单片机应用系统中将模拟信号转换成数字信号，送单片机处理。

9.1.1 A/D 转换器概述

1. 模拟信号与数字信号

模拟信号是一类电平随着时间进行连续变化的信号，平时常见的正弦信号、三角波等都是模拟信号。如图 9-1 所示，对图中的一段模拟信号进行分析。把这段时间分成若干份 t_0、t_1、t_2、…、t_n，可以很容易地知道某一时刻的幅度值，这就是模拟信号的量化，如 t_3 时刻信号的幅度为 3.3V 等。

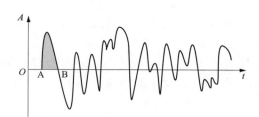
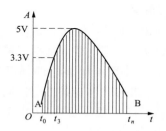

图 9-1 模拟信号与数字信号

我们把 $t_0 \sim t_n$ 时刻的幅度值全部提取出来，放到如图 9-2 所示的一个新的坐标轴里，就会得到一串离散的幅度值 A_0、A_1、A_2、…、A_n，每一时刻对应一个幅度值，这一串离散的幅度值表示了这段模拟信号，并且很容易理解如果一定的时间内 n 越大，幅度值表示的信号就越接近模拟信号。

每一时刻总有一个对应的幅度值，如果把峰值分成 16 份，并用 4 位二进制数来依次表示每一份的幅度值，则任意时刻都能找到一个唯一的二进制数来代表幅度值，如 t_0 时刻的幅度值为 0001，t_1 时刻的幅度值为 0100，t_2 时刻的幅度值为 1000，t_3 时刻的幅度值为 1010 等。把这若干个代表幅度值的二进制数还原到坐标轴上，就可以得到如图 9-2 所示的折线，它与原来的模拟信号相比，虽然分辨率降低了，但是还是能大体上反映出模拟信号。模拟信号离散化的目的是将模拟信号转换成二进制的数字信号；这样一来，单片机等数字器件就能派上用场了。

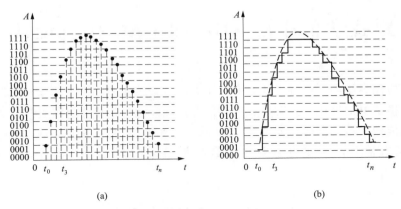

图 9-2　模拟信号与数字信号的转换
(a) 幅度等分；(b) 离散化信号

目前集成化的 DAC 芯片较多，设计者只需合理选用芯片并了解它们的功能、引脚外特性以及与单片机的接口设计即可。现在部分单片机中集成了 DAC，位数一般在 10 位左右，且转换速度也很快，所以，在需要使用 DAC 时，可以选择具有内置 DAC 的单片机。

2. A/D 转换器件的选用

（1）A/D 转换器的位数。A/D 转换器的位数也称分辨率。A/D 转换器位数的确定，要从系统的静态精度和动态平滑性这两个方面进行考虑。静态精度反映了输入信号的原始误差传递到输出时所产生的误差。由于模拟信号先经过测量装置，再经 A/D 转换器转换后才能进行处理，因此总误差是由测量误差和量化误差共同构成的。A/D 转换器的精度要与测量装置的精度相匹配。

依据应用经验，10 位以下 A/D 转换芯片误差较大，11 位以上对减小误差并无太大贡献，但对 A/D 转换器的要求却提得过高，因此成本也很高。

由于目前大多数测量装置的精度值不小于 0.1%～0.5%，因此 A/D 转换器的精度取 0.05%～0.1% 即可。相应的二进制码为 10～11 位，加上符号位，即为 11～12 位。在选择 ADC 时，ADC 的位数要遵循至少要比总精度的最低分辨率高一位的原则。

（2）A/D 转换器的转换速率。A/D 转换器从启动转换到转换结束，输出稳定的数字量，需要一定的转换时间。转换时间的倒数就是每秒钟完成转换的次数，称为转换速率。

转换速率的选择取决于采样信号的频率。例如，被采样信号的频率为 1kHz，根据采样定理和实际需要，一个周期采样 10 个点，则 A/D 转换器的速率不小于 10kHz。

（3）采样保持器。采样直流信号和频率变化非常慢的模拟信号时可以不用采样保持器；如果信号的频率不高，A/D 转换器的转换时间较短，也可以不用采样保持器；对其他模拟信号，一般都要加采样保持器。

（4）A/D 转换器的量程。A/D 转换器有时需要双极性的，有时需要单极性的。输入信号的最小值有的从零开始，也有的从非零开始。例如，对于输入模拟信号电压为－12V～＋12V 的信号，若接于量程为 0～5V 的 A/D 转换器，则需要设计相关的信号调理电路对输入信号进行处理后，才能送至 A/D 转换器。

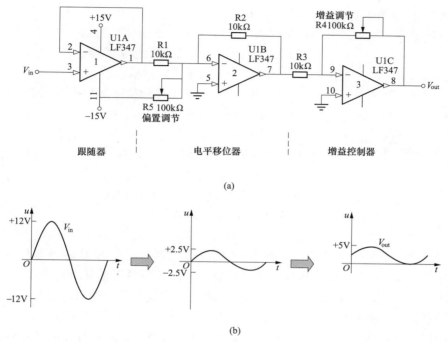

图 9-3　模拟信号的调理电路

（a）调理电路；（b）信号波形

　　该模拟信号调理电路由 3 个运算放大器组成，分别构成了跟随器、电平移位器和增益控制器。调节电位器 R5 时，电平移位器将跟随器输出的信号（从 LF347 的管脚 1）进行上/下移位，也就是调整信号的直流电平分量，但是不改变信号的幅度。调节电位器 R4 可以改变增益，使信号幅度减小到－2.5V～＋2.5V，从而控制信号的峰一峰值，满足 A/D 转换器的量程要求。

　　（5）满刻度误差。满刻度输出时对应的输入信号与理想输入信号的差值。

　　（6）在单片机系统中使用 A/D 转换芯片。单片机中的 A/D 转换芯片一般有三种：片内 A/D 转换芯片、片外串行总线 A/D 转换芯片、片外并行总线 A/D 转换芯片。一般优先选用片内 A/D 转换芯片，只有当片内的 ADC 不能满足需要时，才选择片外 A/D 转换芯片。随着单片机串行扩展方式的日益增多，带有串行接口的 ADC 的使用也逐渐增多，大有取代并行 ADC 的趋势。串行输出的 A/D 转换器具有占用端口线少、使用方便、接口简单等优点，因此，读者要给予足够的重视。

　　（7）片外 A/D 芯片分类。目前，在单片机应用系统中广泛使用的 A/D 转换芯片主要有逐次比较式、双积分式、Σ－Δ 式等几种类型。逐次比较型式 ADC 的精度、速度和价格都适中，是最常用的 ADC。双积分式 ADC 的精度高、抗干扰性好、价格低廉，但转换速度慢，应用较为广泛。Σ－Δ 式 ADC 具有双积分式与逐次比较式 ADC 的双重优点它对工业现场串模干扰的抑制能力不亚于双积分式 ADC，但它的速度更快；与逐次比较式 ADC 相比，它有较高的信噪比,分辨率高,线性度高。因此,Σ-Δ 式 ADC 得到了足够重视。V/F 转换式 ADC 适用于转换速度要求不太高,远距离信号传输的情况。

9.1.2　89C51 与 ADC 0809 的接口

1. ADC0809 引脚及功能

ADC0809 是逐次比较式 8 路模拟输入的 8 位 ADC,其引脚结构如图 9-4 所示。

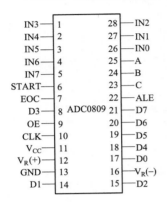

图 9-4　ADC0809 引脚图

(1) IN0~IN7:8 路模拟信号输入端。

(2) D0~D7:8 位数字信号输出端。

(3) C、B、A:控制 8 路模拟通道切换,CBA 为 000~111 分别对应 IN0~IN7 通道。

(4) OE、START、CLK、EOC:控制信号端。OE 为输出允许端,START 为启动信号输入端,CLK 为时钟信号输入端。EOC 为转换结束输出信号。

(5) V_R(+) 和 V_R(-):参考电压输入端。

2. ADC0809 结构及转换原理

ADC0809 的结构如图 9-5 所示。ADC0809 由一个 8 路模拟开关、一个地址锁存与译码器、一个 A/D 转换器和一个三态输出锁存器组成。多路开关可以选通 8 个模拟通道,允许 8 路模拟量分时输入,共用 A/D 转换器进行转换。三态输出锁存器用于锁存 A/D 转换完的数字量,当 OE 端为高电平时,才可以从三态输出锁存器取走转换完的数据。ADC0809 完成 1 次转换需要 100 μs 左右,可以对 0~5V 的信号进行转换。ADC0809 的内部没有时钟电路,所需的时钟信号必须由外界提供,通常其使用频率为 500kHz。

3. AT89C51 与 ADC0809 的接口

单片机控制 ADC 的过程为:首先用 DPTR 选择 ADC0809 的某个通道,当执行 MOVX @DPTR,A 指令时,单片机输出通道地址,$\overline{WR}$ 信号有效,产生一个启动信号给 ADC0809 的 START 脚,对选中通道的模拟电压开始进行转换;转换结束后,ADC0809 发出转换结束信号 EOC。

单片机有以下 3 种方式确定转换结束。

1) 查询方式。将 EOC 连接到单片机的某一口线,如 P1.0,查询到 P1.0=1。

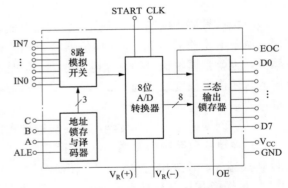

图 9-5　ADC0809 的结构框图

2) 中断方式。将 EOC 反相后作为向单片机发出的中断请求信号。

3) 延时方式。不用 EOC 信号,启动后延时足够的时间。

当执行指令 MOVX A,@DPTR 时,单片机发出 $\overline{RD}$ 信号,加到 OE 端,高电平把转换完成的数字量读到 A 中。

(1) 延时方式输入接口。采用延时方式输入的接口电路如图 9-6 所示。ADC0809 的时钟信号由单片机的 ALE 引脚提供,当系统主频为 6MHz 时,ALE 的输出频率为 1MHz,经 D 触发器二分频后为 500kHz。ADC0809 的 ALE 和 START 引脚连在一起,单片机执行写指令时在锁存通道地址的同时，启动 ADC0809 并进行转换。由于使用 P2.7（A15）一根地址线，因此其他示例用的地址线都为高电平"1"，A2、A1、A0 由于模拟通道的选择，于是 IN0～IN7 各通道地址分别为 7FF8H～7FFFH。

由于 ADC0809 转换时间的最大值为 $116\mu s$，因此图 9-6 中的转换结束信号没连接，单片机每启动一次 ADC0809，延时约 $108\mu s$ 后读取转换结果，用 $\overline{RD}$ 信号和 P2.7（A15）引脚经或非后，产生的正脉冲作为 OE 信号，用于打开三态输出锁存器。

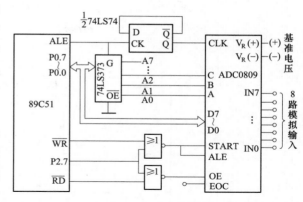

图 9-6　ADC0809 的延时方式下与 89C51 的接口电路

以下程序分别对 8 路模拟信号轮流采样一次，并记录结果。程序如下：

```
MAIN: MOV R1,# data        ;设置数据区首地址
      MOV DPTR,# 7FF8H     ;IN0 地址送 DPTR,P2.7= 0
      MOV R7,# 08H         ;设置转换的通道个数
LOOP: MOVX @ DPTR,A        ;启动 A/D 转换
      MOV R6,# 12H         ;软件延时,等待转换结束
DELAY: NOP                 ;延时 18×3×2= 108μs
      DJNZ R6,DELAY        ;软件延时要保证一定转换完成
      MOVX A,@ DPTR        ;读取转换结果
      MOV @ R1,A           ;存储转换结果
      INC DPTR             ;指向下一个通道
      INC R1               ;修改数据区指针
      DJNZ R7,LOOP         ;判断 8 个通道是否采样完成,未完则继续
```

（2）中断方式接口。如图 9-7 所示，将 EOC 脚经一非门连接到 89C51 的外部中断引脚 INT1。当 ADC0809 转换结束时，EOC＝1 发出中断申请，单片机响应中断请求，在中断服务程序中读 A/D 转换结果。

以下程序以中断方式对 ADC0809 的 IN0 通道进行 A/D 转换，并记录结果。

```
;主程序
INIT1: SETB IT1            ;选择外部中断 1 为跳沿触发方式
      SETB EA              ;CPU 开中断
      SETB EX1             ;允许外部中断 1 中断
      MOV DPTR,# 7FF8H     ;将 IN0 端口地址送 DPTR
      MOVX @DPTR,A         ;启动 ADC0809 对 IN0 通道进行转换
      …                    ;完成其他的工作
;中断服务子程序
PINT1:MOV DPTR,# 7FF8H     ;将 IN0 端口地址送 DPTR
      MOVX A,@DPTR         ;读 A/D 转换结果
      MOV 30H,A            ;将转换结果送内部 RAM 30H 单元
```

```
MOVX @ DPTR,A   ;启动 ADC0809 对 IN0 的转换
RETI
```

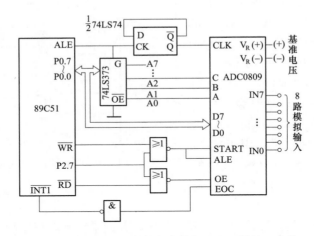

图 9-7　ADC0809 的中断方式下与 89C51 的接口电路

（3）查询方式接口。如图 9-8 所示，将 EOC 引脚连接到 89C51 的 I/O 口线上（P1.0）。当 ADC0809 转换结束时，通过 P1.0 引脚查询到 EOC＝1 后，单片机执行输入操作，读取 A/D 转换的结果。

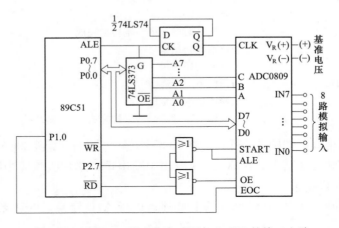

图 9-8　ADC0809 的查询方式下与 89C51 的接口电路

以下程序以查询方式对 ADC0809 的 IN0 通道进行 A/D 转换，并记录结果。程序如下：

```
     MOV DPTR,# 7FF8H        ;将 IN0 端口地址送 DPTR
     MOVX @ DPTR,A           ;启动 ADC 0809 对 IN0 通道进行转换
WAIT: JB P1.0,WAIT           ;等待转换结束
     MOV DPTR,# 7FF8H        ;将 IN0 端口地址送 DPTR
     MOVX A,@ DPTR           ;读 A/D 转换结果
     MOV 30H,A               ;将转换结果送内部 RAM 30H 单元
     RET
```

9.2 89C51 与 DAC 的接口

DAC 则是"Digital-to-Analog Converter"的缩写，有时也用"D/A"表示，即"数/模转换器"。

1. 数字信号到模拟信号

与模/数转换的过程相反，在数/模转换中，将一个多位二进制信号输入 DAC 中，将从其输出端得到一个电压值。一个 8 位二进制数据 00000010 输入到 DAC 数字输入端，经过数/模转换后变成一个对应的电压信号 V_{OUT} 输出。如果连续向 DAC 输入数字信号，则模拟信号输出端将会得到一个连续变化的波形信号。数字信号到模拟信号的转换关系如图 9-9 所示。

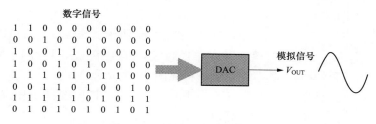

图 9-9　从数字信号到模拟信号

2. D/A 转换器件的选用

（1）确定分辨率。分辨率是指能分辨的最小电压值。DAC 的分辨率常常用器件的位数来描述，如某 DAC 的数字输入端有 8 位，则说该 DAC 的分辨率为 8 位。分辨率越高，转换时对应数字输入信号最低位模拟信号的电压数值越小，说明器件越灵敏。常见的 DAC 有 8 位、10 位、12 位、14 位、16 位等几种。分辨率与 D/A 转换器的位数有确定的关系，可以表示成 $FS/2^n$。FS 表示满量程输入值，n 为 D/A 转换器的位数。例如，对于 5V 的满量程，采用 4 位的 DAC 时，分辨率为 5V/16＝0.3125V（分辨率用百分数表示为 1/16＝6.25％，分辨率常用百分比来表示），也就是说，当输入的数字量每增加 1 时，则输出的电压值增加 0.3125V；采用 8 位的 DAC 时，分辨率为 5V/256＝19.5mV（用百分数表示为 1/256＝0.39％），也就是说当输入的数字量每增加 1 时，则输出的电压值增加 19.5mV；当采用 12 位的 DAC 时，分辨率则为 5V/4096＝1.22mV（用百分数表示为 1/4096＝0.0244％），也就是说，当输入的数字量每增加 1 时，则输出的电压值增加 1.22mV。显然，位数越多，分辨率就越高。

（2）确定线性度。通常用非线性误差的大小来表示 DAC 的线性度，而非线性误差等于理想的输入/输出特性偏差与满刻度输出之比的百分数。比如，AD7541 的线性度（非线性误差）不大于±0.02％FSR（FSR 为满刻度的英文缩写）。

（3）确定转换精度。转换精度以最大静态转换误差的形式给出。这个转换误差应该是包含非线性误差、比例系数误差以及漂移误差等误差在内的综合误差。但是有的 DAC 技术手册中只是分别给出各项误差，而不给出综合误差。需要注意的是，精度和分辨率是两个不同的概念。精度是指转换后所得的实际值相对于理想值的接近程度，而分辨率是指能够对转换结果发生影响的最小输入量。分辨率很高的 DAC 并不一定具有很高的精度。

（4）理解建立时间。所谓建立时间，指的就是 DAC 的数字输入信号进行满刻度变化时，其输出模拟信号电压达到满刻度值±1/2LSB 时所需要的时间。不同型号的 DAC 的建立时间也不同，一般从几纳秒到几微秒。比如，AD7541 的输出达到与满刻度值相差 0.01% 时，建立时间不超过 $1\mu s$。

9.2.1　89C51 与 DAC0832 的接口

1. DAC0832 芯片介绍

（1）DAC0832 的特性。DAC0832 是美国国家半导体公司的产品，它是具有两个输入数据寄存器的 8 位 DAC，能直接与 AT89C51 单片机相连。其主要特性如下：

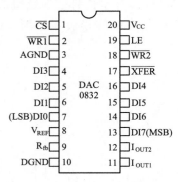

图 9-10　DAC 0832 引脚图

1）分辨率为 8 位。

2）电流输出，稳定时间为 1 μs。

3）可双缓冲输入、单缓冲输入或直接数字输入。

4）单一电源供电（＋5～＋15V）。

（2）DAC0832 的引脚及逻辑结构。DAC 0832 采用 20 引脚双列直插式封装，是电流输出型的 D/A 转换的芯片，其芯片引脚结构如图 9-10 所示。

1）$\overline{CS}$（Chip Selected，芯片选择，片选）：片选信号，低电平有效。

2）$\overline{WR1}$：输入寄存器的写选通信号。

3）GND：第 3 脚的 AGND 为模拟信号地，第 10 脚的 DGND 为数字信号地。

4）DI0～DI7（DI，Digital Input，数字输入）：8 位数据输入端，TTL 电平。

5）V_{REF}（Reference voltage input，参考电压输入）：基准电压输入引脚，要求外接精密电压源（－10～10V）。

6）R_{fb}（FeedBack Resistor，反馈电阻）：反馈信号输入引脚，反馈电阻集成在芯片内部。

7）I_{OUT1}、I_{OUT2}：电流输出引脚。电流 I_{OUT1} 和 I_{OUT2} 的和为常数，当输入全为 1 时 I_{OUT1} 最大；当输入为全 0 时，I_{OUT2} 最大。I_{OUT1} 和 I_{OUT2} 随着 DAC 寄存器的内容线性变化。单极性输出时，I_{OUT2} 通常接地。

8）$\overline{XERF}$：数据传送信号，低电平有效。

9）$\overline{WR2}$：DAC 寄存器写选通信号。

10）LE（input latch enable，输入锁存使能）：数据允许锁存信号，高电平有效。

11）V_{CC}：电源输入引脚（＋5V～＋15V）。

2. DAC0832 工作原理

DAC0832 的结构如图 9-11 所示。DAC0832 是常用的 8 位电流输出型并行低速数/模转换芯片，当需要转换为电压输出时，可以外接运算放大器，运放的反馈电阻可以通过 R_{fb} 端引用片内的固有电阻，也可以进行外接。内部集成两级输入寄存器，使得数据输入可以采用双缓冲、单缓冲或直通方式，以便满足各种电路的需要（如要求多路 D/A 异步输入、同步转换等）。

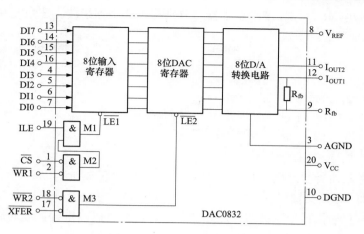

图 9-11   DAC 0832 结构图

9.2.2   89C51 与 DAC0832 的接口电路设计

设计 89C51 单片机与 DAC0832 的接口电路时，常用单缓冲方式或双缓冲方式的单极性输出。

（1）单缓冲方式：DAC0832 的两个数据缓冲器一个处于直通方式，另一个处于受控锁存方式。

1）第一种方法：输入锁存器工作在锁存状态，而 DAC 寄存器工作在直通状态，如图 9-12 所示。图 9-12 中，DAC0832 的 8 位 DAC 寄存器处于直通方式，8 位输入寄存器受$\overline{CS}$和$\overline{WR1}$端控制，$\overline{CS}$由译码器对低位地址 FEH 译码输出 0。

89C51 通过执行以下两条指令就可在$\overline{WR1}$和$\overline{CS}$上产生低电平信号，使 DAC0832 接收 89C51 送来的数字量。

```
MOV R0,# 0FEH    ;DAC 地址 FEH→R0
MOVX @R0,A       ;将 A 中数据写入 DAC0832
```

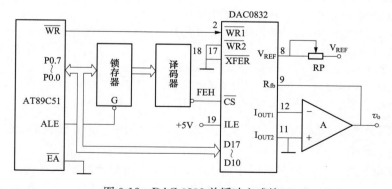

图 9-12   DAC 0832 单缓冲方式接口

2）第二种方法：输入锁存器工作在直通状态，而 DAC 寄存器工作在锁存状态，也就是使$\overline{WR1}$和$\overline{CS}$为低电平，ILE 为高电平。这样，输入锁存器的锁存选通端 LE1 为低电平而直通；当$\overline{WR2}$和$\overline{XFER}$端输入 1 个负脉冲时，使得 DAC 寄存器工作在锁存状态，提供锁存数据进行转换。

跟我学单片机

209

【例 9-1】 DAC0832 用作波形发生器。分别写出产生锯齿波、三角波和矩形波的程序。

1）锯齿波的产生程序如下：

```
        ORG    2000H
START: MOV R0,# 0FEH      ;DAC 地址 FEH→ R0
       MOV A,# 00H        ;数字量→A
 LOOP: MOVX @ R0,A        ;数字量→D/A 转换器
       INC  A             ;数字量逐次加 1
       SJMP LOOP
```

程序中先将累加器初始化为 0，输出数字量 0，然后逐次加 1，每加一次 1 便输出一次，加到 255 后再加 1，则又输出 0，循环下去产生锯齿波。每一上升斜边分 256 个小台阶，每个小台阶暂留时间为执行后三条指令需要的时间，由此可以确定锯齿波的周期。

2）三角波的产生程序如下：

```
        ORG    2000H
START: MOV R0,# 0FEH
       MOV A,# 00H
   UP: MOVX @ R0,A        ;三角波上升边
       INC A
       JNZ UP
 DOWN: DEC A              ;A= 0,未输出,再减 1 又为 FFH
       MOVX @ R0,A
       JNZ DOWN           ;三角波下降边
       SJMP UP
```

3）矩形波的产生程序如下：

```
        ORG    2000H
START: MOV R0,# 0FEH
 LOOP: MOV A,# data1
       MOVX  @ R0,A       ;设置矩形波上限电平
       LCALL DELAY1       ;调用高电平延时程序
       MOV A,# data2
       MOVX @ R0,A        ;设置矩形波下限电平
       LCALL DELAY2       ;调用低电平延时程序
       SJMP  LOOP         ;重复进行下一个周期
```

其中：DELAY1、DELAY2 为两个延时程序，它们决定了矩形波高、低电平时的持续时间，也确定了频率。

（2）双缓冲方式：当需要多路同步输出时，必须采用双缓冲工作方式。双缓冲方式是指先使输入寄存器接收单片机的数据，再控制将输入寄存器所接收的数据传送到 DAC 寄存器，即分两次锁存输入数据，其接口电路如图 9-13 所示。图中两片 DAC0832 进行同步转换，1♯、2♯ DAC0832 输入寄存器的地址分别为 FDH，FEH，DAC 寄存器的地址均为 FFH。程序先将 DATA1 送到 1♯输入寄存器，将 DATA2 送到 2♯输入寄存器，此时并没有进行转换。当 FFH 地址有效时，1♯、2♯DAC 0832 芯片同时开始转换。

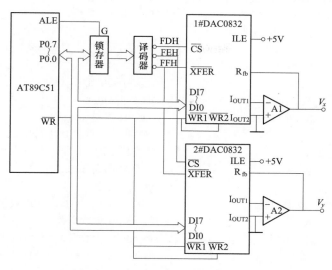

图 9-13   DAC 0832 双缓冲方式接口

例如，利用图中的两片 DAC0832 控制两台电动机实现 $X-Y$ 绘图仪的功能，绘制曲线。如图 9-14 所示，1♯、2♯ DAC0832 输入的数字量是绘图仪所绘制曲线的 x、y 坐标点，输出的 V_x 和 V_Y 信号控制绘图笔的位置，输出的 V_x 和 V_Y 信号必须要同步，使 $X-Y$ 绘图仪绘制的曲线光滑，否则绘制出的曲线将是阶梯状。

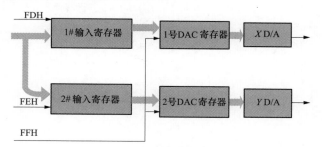

图 9-14   DAC 0832 双缓冲方式绘制 X-Y 曲线

若 V_X 和 V_Y 信号不同步，则绘制的曲线呈阶梯状，如下所示：

分别输出的 V_x 和 V_Y 信号控制绘制的图形   同时输出的 V_x 和 V_Y 信号控制绘制的图形

【例 9-2】   设 89C51 单片机内部 RAM 中有两个长度为 20 的数据块，其起始地址为分别为 addr1 和 addr2，请根据如图 9-13 所示的电路，编写能把 addr1 和 addrr2 中的数据从 1♯ 和 2♯ DAC0832 同步输出的程序。程序中 addr1 和 addr2 中的数据即为绘图仪所绘制曲线的 x、y 坐标点。

程序指针安排如下：

0 组寄存器（RS1RS0= 00）   1 组寄存器（RS1RS0= 01）

R0：1♯ DAC 0832 输入寄存器,地址为 FDH;   2♯ DAC 0832 输入寄存器,地址为 FEH

R0：两 DAC 0832 寄存器,地址为 FFH

R1:用于两数据块的地址指针 addr1   ;地址指针 addr2;

程序如下：

```
        ORG     2000H
addr1   DATA    20H                 ;定义存储单元
addr2   DATA    40H                 ;定义存储单元
DTOUT:  MOV     R1,# addr1          ;0 区 R1 指向 addr1
        MOV     R2,# 20             ;将数据块长度送 0 区 R2
        SETB    RS0                 ;切换到工作寄存器 1 区
        MOV     R1,# addr2          ;1 区 R1 指向 addr2
        CLR     RS0                 ;返回 0 区
NEXT:   MOV     R0,# 0FDH           ;0 区 R0 指向 1# DAC0832 数字量控制端口
        MOV     A,@ R1              ;将 addr1 中数据送 A
        MOVX    @ R0,A              ;将 addr1 中数据送 1# DAC0832
        INC     R1                  ;修改 addr1 指针 0 区 R1
        SETB    RS0                 ;转 1 区
        MOV     R0,# 0FEH           ;1 区 R0 指向 2# DAC0832 数字量控制端口
        MOV     A,@ R1              ;将 addr2 中数据送 A
        MOVX    @ R0,A              ;将 addr2 中数据送 2# DAC0832
        INC     R1                  ;修改 addr2 指针 1 区 R1
        INC     R0                  ;1 区 R0 指向 1# 、2# DAC0832 寄存器端口
        MOVX    @ R0,A              ;启动 DAC 进行转换
        CLR     RS0                 ;返回 0 区
        DJNZ    R2,NEXT             ;若未完,则跳至 NEXT
        LJMP    DTOUT               ;若送完,则进行循环
        END
```

第 10 章

跟 我 学 玩 单 片 机

由于单片机有许多优点，因此其应用领域之广，几乎达到了无孔不入的地步。在掌握了单片机的基础知识后，构成一定功能的单片机应用系统就会显得非常简单。选用一款合适的单片机，配以一定的外围电路和软件、就能实现用户所要求的功能。本章我们从单片机的基本应用入手，逐步掌握单片机 I/O 口、中断系统、定时/计数器和串行口的使用方法，最后通过一个应用实例介绍单片机应用系统设计的一般方法。

10.1 玩 转 单 片 机 I/O 口

单片机通过 I/O 口与外部世界交换信息，无论是对外部设备进行控制或者是接受外部的控制信号，都是通过 I/O 口进行的。单片机共有 4 个并行 I/O 口，每一个 I/O 口都可以用作输入口也可以用作输出口，每个并行 I/O 口的每根口线都可以单独用作输入或输出端口。进行系统扩展时，4 个并行 I/O 口还可以共同配合使用，构成并行的三总线结构，此时 P0 和 P2 口用作系统总线，不能再作 I/O 口使用。

10.1.1 单片机 I/O 口用于人机交互接口

键盘和显示器件是常用的人机交互设备。本例将 4×4 矩阵键盘输入的按键号显示在数码管上。按下任意键时，数码管都会显示按键的序号，扫描程序首先判断按键发生在哪一列，然后根据所发生的行附加不同的值，从而得到按键的序号。

在 PROTEUS 平台上构建如图 10-1 所示的键盘显示接口电路。4×4 矩阵键盘的信号通过单片机的 P1 口输入，单片机的 P0 口用于显示键盘号，蜂鸣器发出按键音。程序如下：

```
# include< reg51. h>
# define uchar unsigned char
# define uint unsigned int
//段码
uchar code DSY_CODE[]= {0xc0,0xf9,0xa4,0xb0,0x99,0x92,0x82,0xf8,0x80,0x90,
0x88,0x83,0xc6,0xa1,0x86,0x8e,0x00};
sbit BEEP= P3^7;
//上次按键和当前按键的序号,该矩阵中序号范围 0～15,16 表示无按键
uchar Pre_KeyNo= 16,KeyNo= 16;
//延时
void DelayMS(uint x)
    {
```

```
        uchar i;
        while(x- - )
        for(i= 0;i< 120;i+ + );
        }
//矩阵键盘扫描
void Keys_Scan()
    {
        uchar Tmp;
        P1= 0x0f;                //高 4 位置"0",放入 4 行
        DelayMS(1);
        Tmp= P1^0x0f;            /* 按键后 0f 变成 0000XXXX,四个 X 中一个为 0,三个仍为 1,通过异或
                                     把三个 1 变为 0,把唯一的 0 变为 1* /
        switch(Tmp)              //判断按键发生于 0~3 列的哪一列
        {
          case 1: KeyNo= 0;break;
          case 2: KeyNo= 1;break;
          case 4: KeyNo= 2;break;
          case 8: KeyNo= 3;break;
          default:KeyNo= 16;//无键按下
        }
        P1= 0xf0;                //低 4 位置"0",放入 4 列
        DelayMS(1);
        Tmp= P1> > 4^0x0f;       /* 按键后 f0 变成 XXXX0000,四个 X 中有 1 个为 0,三个仍为 1;高 4 位
                                     转移到低 4 位并异或得到改变的值* /
        switch(Tmp)              //对 0~3 行分别附加起始值 0,4,8,12
        {
          case 1: KeyNo+ = 0;break;
          case 2: KeyNo+ = 4;break;
          case 4: KeyNo+ = 8;break;
          case 8: KeyNo+ = 12;
        }
    }
//蜂鸣器
void Beep()
{
    uchar i;
    for(i= 0;i< 100;i+ + )
  {
    DelayMS(1);
    BEEP= ~BEEP;
  }
    BEEP= 0;
}
//主程序
void main()
{
```

```
P0= 0x00;
BEEP= 0;
while(1)
  {
    P1= 0xf0;
    if(P1! = 0xf0) Keys_Scan();      //获取键序号
    if(Pre_KeyNo! = KeyNo)
    {
      P0= ~DSY_CODE[KeyNo];
      Beep();
      Pre_KeyNo= KeyNo;
    }
    DelayMS(100);
  }
}
```

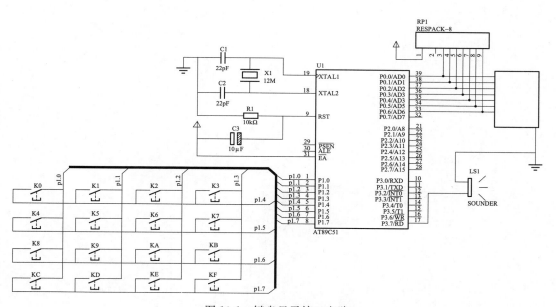

图 10-1　键盘显示接口电路

10.1.2　单片机 I/O 口用于功率接口

要用单片机控制各种各样的高压、大电流负载，如电动机、电磁铁、继电器、灯泡等，此时不能用单片机的 I/O 线来直接驱动，而必须通过各种驱动电路和开关电路来实现驱动。另外，单片机在与强电隔离和抗干扰设计时，有时需要加接光电耦合器，我们称此类接口为单片机的功率接口。在 PROTEUS 平台上构建如图 10-2 所示的白炽灯接口驱动电路，由继电器控制照明设备，按下 K1 时灯点亮，再次按下时灯熄灭。程序如下：

```
# include< reg51.h>
# define uchar unsigned char
# define uint unsigned int
sbit K1= P1^0;
```

```
sbit RELAY= P2^4;
//延时
void DelayMS(uint ms)
{
  uchar t;
  while(ms- - )
  for(t= 0;t< 120;t+ + );
}
//主程序
void main()
{
  P1= 0xff;
  RELAY= 1;
  while(1)
  {
    if(K1= = 0)
    {
      while(K1= = 0);
      RELAY= ～RELAY;
      DelayMS(20);
    }
  }
}
```

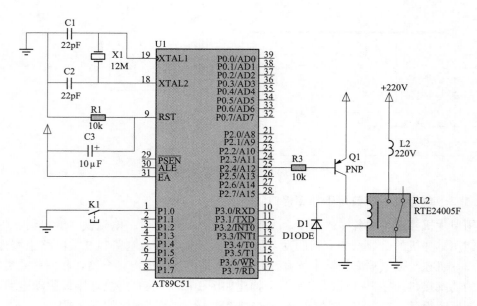

图 10-2　单片机与继电器接口电路

10.1.3　单片机 I/O 口用于数据采集接口

在 PROTEUS 平台上构建如图 10-3 所示的单片机数据采集接口电路，使用 ADC0809

采样通道 3 输入的模拟量，将转换后的结果显示在数码管上。程序如下：

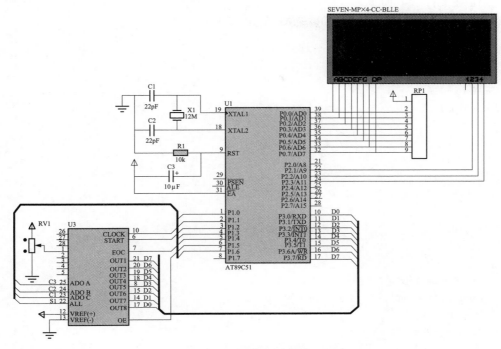

图 10-3　单片机数据采集接口电路

```
# include< reg51.h>
# define uchar unsigned char
# define uint unsigned int
//各数字的数码管段码（共阴极）
uchar code DSY_CODE[]= {0x3f,0x06,0x5b,0x4f,0x66,0x6d,0x7d,0x07,0x7f,0x6f};
sbit CLK= P1^3;              //时钟信号
sbit ST= P1^2;               //启动信号
sbit EOC= P1^1;              //转换结束信号
sbit OE= P1^0;               //输出使能
//延时
void DelayMS(uint ms)
{
  uchar i;
  while(ms- - )
  for(i= 0;i< 120;i+ + );
}
//显示转换结果
void Display_Result(uchar d)
{
  P2= 0xf7;                  //第 4 个数码管显示个位数
  P0= DSY_CODE[d% 10];
  DelayMS(5);
  P2= 0xfb;                  //第 3 个数码管显示十位数
```

```
    P0= DSY_CODE[d% 100/10];
    DelayMS(5);
    P2= 0xfd;                    //第 2 个数码管显示百位数
    P0= DSY_CODE[d/100];
    DelayMS(5);
}
//主程序
void main()
{
    TMOD= 0x02;                  //T1 工作模式 2
    TH0= 0x14;
    TL0= 0x00;
    IE= 0x82;
    TR0= 1;
    P1= 0x3f;                    //选择 ADC0809 的通道 3(0111)(P1.4~P1.6)
    while(1)
    {
        ST= 0;ST= 1;ST= 0;      //启动 A/D 转换
        while(EOC= = 0);        //等待转换完成
        OE= 1;
        Display_Result(P3);
        OE= 0;
    }
}
//T0 定时器中断给 ADC0808 提供时钟信号
void Timer0_INT() interrupt 1
    {
        CLK= ~CLK;
    }
```

10.2　玩转单片机外部中断

　　AT89C51 单片机提供了两路外部中断请求输入 INT0 及 INT1,提供了快速响应外部事件的能力。外部设备或者装置只要向单片机提出中断申请,即能打断当前正在运行的程序,使单片机的 CPU 响应中断事件。下面以按键中断为例学着玩转单片机外部中断。在 PRO-TEUS 平台上构建如图 10-4 所示的电路,利用按键向单片机发出中断请求。每次按下第一个计数键时,将第 1 组计数值累加并显示在右边 3 只数码管上;每次按下第 2 个计数键时,将第 2 组计数值累加并显示在左边 3 只数码管上,后两个按键分别清零。

　　程序如下:

```
# include< reg51.h>
# define uchar unsigned char
# define uint unsigned int
sbit K3= P3^4;              //两个清零键
```

```
sbit K4= P3^5;
//数码管段码与位码
uchar code DSY_CODE[]= {0xc0,0xf9,0xa4,0xb0,0x99,0x92,0x82,0xf8,0x80,0x90,0xff};
uchar code DSY_Scan_Bits[]= {0x20,0x10,0x08,0x04,0x02,0x01};
//两组计数的显示缓冲，前 3 位一组，后 3 位一组
uchar data Buffer_Counts[]= {0,0,0,0,0,0};
uint Count_A,Count_B= 0;
//延时
void DelayMS(uint x)
{
  uchar t;
  while(x- - ) for(t= 0;t< 120;t+ + );
}
//数据显示
void Show_Counts()
{
  uchar i;
  Buffer_Counts[2]= Count_A/100;
  Buffer_Counts[1]= Count_A% 100/10;
  Buffer_Counts[0]= Count_A% 10;
  if( Buffer_Counts[2]= = 0)
{
  Buffer_Counts[2]= 0x0a;
  if( Buffer_Counts[1]= = 0)
    Buffer_Counts[1]= 0x0a;
}
Buffer_Counts[5]= Count_B/100;
Buffer_Counts[4]= Count_B% 100/10;
Buffer_Counts[3]= Count_B% 10;
if( Buffer_Counts[5]= = 0)
{
  Buffer_Counts[5]= 0x0a;
  if( Buffer_Counts[4]= = 0)
  Buffer_Counts[4]= 0x0a;
}
for(i= 0;i< 6;i+ + )
  {
    P2= DSY_Scan_Bits[i];
    P1= DSY_CODE[Buffer_Counts[i]];
    DelayMS(1);
  }
}
//主程序
void main()
{
  IE= 0x85;
```

```
    PX0= 1;                    //中断优先
    IT0= 1;
    IT1= 1;
    while(1)
    {
      if(K3= = 0) Count_A= 0;
      if(K4= = 0) Count_B= 0;
      Show_Counts();
    }
}
//INT0 中断函数
void EX_INT0() interrupt 0
{
  Count_A+ + ;
}
//INT1 中断函数
void EX_INT1() interrupt 2
{
  Count_B+ + ;
}
```

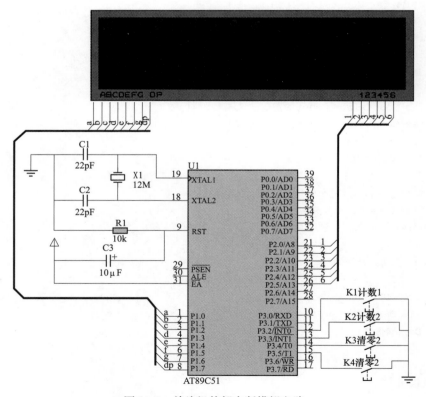

图 10-4　单片机外部中断模拟电路

10.3　玩转单片机定时/计数器

在单片机应用系统中常常需要进行定时控制或计数控制，如洗衣机的控制、交通灯的控制和生产线上产品的计数等。下面以定时器控制的交通指示灯为例学着玩转单片机的定时器。在 PROTEUS 平台构建如图 10-5 所示的电路，东西、南北两通道各设三色指示灯。定时控制规则为：东西向绿灯亮 5s 后，黄灯闪烁，闪烁 5 次亮红灯；红灯亮后，南北向由红灯变成绿灯，5s 后南北向黄灯闪烁，闪烁 5 次后亮红灯，东西向绿灯亮，…，如此反复进行下去。通过单片机内部定时器实现定时控制。

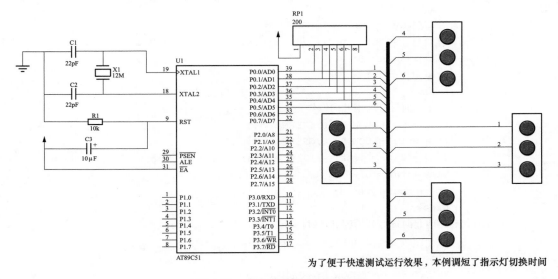

为了便于快速测试运行效果，本例调短了指示灯切换时间

图 10-5　单片机交通灯模拟电路

程序如下：

```c
# include< reg51.h>
# define uchar unsigned char
# define uint unsigned int
sbit RED_A= P0^0;            //东西向指示灯
sbit YELLOW_A= P0^1;
sbit GREEN_A= P0^2;
sbit RED_B= P0^3;            //南北向指示灯
sbit YELLOW_B= P0^4;
sbit GREEN_B= P0^5;
//延时倍数,闪烁次数,操作类型变量
uchar Time_Count= 0,Flash_Count= 0,Operation_Type= 1;
//定时器 0 中断函数
void T0_INT() interrupt 1
{
  TH0= (65536- 50000)/256;
  TL0= (65635- 50000)% 256;
```

```
    switch(Operation_Type)
      {
        case 1: //东西向绿灯与南北向红灯亮 5s
                RED_A= 0;YELLOW_A= 0;GREEN_A= 1;
                RED_B= 1;YELLOW_B= 0;GREEN_B= 0;
                if(+ + Time_Count! = 100) return;      //5s(100×50ms)切换
                Time_Count= 0;
                Operation_Type= 2;
                break;
        case 2: //东西向黄灯开始闪烁,绿灯关闭
                if(+ + Time_Count! = 8) return;
                Time_Count= 0;
                YELLOW_A= ～YELLOW_A;GREEN_A= 0;
                if(+ + Flash_Count! = 10) return;      //闪烁
                Flash_Count= 0;
                Operation_Type= 3;
                break;
        case 3: //东西向红灯与南北向绿灯亮 5s
                RED_A= 1;YELLOW_A= 0;GREEN_A= 0;
                RED_B= 0;YELLOW_B= 0;GREEN_B= 1;
                if(+ + Time_Count! = 100) return;      //5s(100×50ms)切换
                Time_Count= 0;
                Operation_Type= 4;
                break;
        case 4: //南北向黄灯开始闪烁,绿灯关闭
                if(+ + Time_Count! = 8) return;
                Time_Count= 0;
                YELLOW_B= ～YELLOW_B;GREEN_A= 0;
                if(+ + Flash_Count! = 10) return;      //闪烁
                Flash_Count= 0;
                Operation_Type= 1;
                break;
      }
    }
//主程序
void main()
{
  TMOD= 0x01;                                        //T0 工作方式 1
  IE= 0x82;
  TR0= 1;
  while(1);
}
```

10.4　玩转单片机串行通信口

由于串行通信诞生时间早，具有使用简单方便、成本低廉、可以适应大规模长距离传输

等多种特点，因此一直得到各个领域的广泛应用，尤其是在工业自动化领域，大量的设备采用各种串行通信方式进行连接。而占主导地位的串行通信技术因其连接简单、使用灵活方便、数据传递可靠、造价低廉等优点，因此在工业监控、数据采集、智能控制和实时控制系统中得到了普遍应用。下面以单片机之间的串行通信为例，学着玩转单片机串行口。

10.4.1 单片机双机的通信

两个单片机之间的通信属于双机通信。89C51 单片机串行口的输入、输出均为 TTL 电平，这种以 TTL 电平串行传输数据的方式抗干扰性差，传输距离短。为了提高串行通信的可靠性，增大串行通信的距离，一般都采用标准串行通信接口，如 RS-232、RS-422A、RS-485 等来实现串行通信。

基于 89C51 的双机通信距离和抗干扰性的要求，可以选择 TTL 电平传输，或者选择RS-232C、RS-422A、RS485 串行接口进行串行数据传输。

10.4.2 双机串行通信硬件接口

1. TTL 电平双机通信接口

如果两个 89C51 单片机的距离在几米之内，它们的串行口可以直接相连，从而直接使用 TTL 电平传输的方法来实现双机通信，接口电路如图 10-6 所示。

2. RS-232C 双机通信接口

若双机通信距离在 30m 之内，可以利用 RS-232C 标准接口实现点对点的双机通信，RS-232C 的逻辑电平不同于TTL 电平，$-3V \sim -15V$ 表示高电平"1"，$+3V \sim +15V$ 表示低电平"0"。采用美国 MAXIM 公司生产的RS-232C 接口芯片 MAX232A 构成的通信电路如图 10-7 所示。PC 机都具有 RS-232C 通信接口。

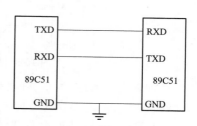

图 10-6 单片机直接用 TTL
电平串行通信

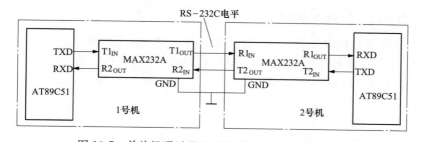

图 10-7 单片机通过 RS-232C 标准串行通信口通信

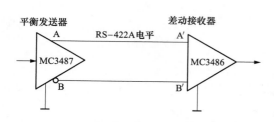

图 10-8 RS-422A 标准串行通信接口

3. RS-422A 双机通信接口

RS-422A 标准与 RS-232C 的主要区别是使用 RS-422A 时收发双方不共地，采用了平衡驱动和差分接收的方法。采用 MC3487 和MC3486 构成的电路如图 10-8 所示。当 RS-422A 为逻辑电平"1"时，AA′线比 BB′线高于 200mV，为逻辑电平"0"时，AA′线比 BB′

线低于 200mV。RS-422A 的最大传输率为 10Mb/s，电缆允许长度为 12m；如果采用较低传输速率，则最大传输距离可达 1219m。

4. RS-485 双机通信接口

RS-485 是 RS-422A 的变型，RS-422A 采用两对平衡差分信号线实现全双工通信，而 RS-485 采用一对平衡差分信号线实现半双工通信。在工业现场，通常采用由双绞线传输的 RS-485 串行通信接口。采用 SN75176 构成的电路如图 10-9 所示。当 P1.0＝1 时，发送门打开，接收门关闭；当 P1.0＝0 时，接收门打开，发送门关闭。

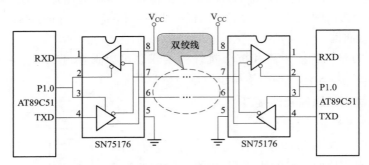

图 10-9　单片机通过 RS-485 标准串行通信口通信

各种标准的通信接口，都有相应的接口芯片。现简要列举如下。

（1）RS-232C：MAX232A、MC1488/1489 等。

（2）RS-422A：MC3487/3486、SN75174/75175 等。

（3）RS-485：MAX485、SN75176 等。

在硬件接口电路设计时，直接使用合适的通信接口芯片。RS-485 采用双绞线传输，允许最多并联 32 台驱动器和 32 台接收器，因此在多站点通信系统得到了广泛应用。例如，德国西门子公司于 1989 年推出的工业现场总线 PROFIBUS 传输技术即采用 RS-485 标准，现在已经广泛应用于电气自动化、工业控制和数控加工等领域。

10.4.3　单片机双机的通信实例

在 PROTEUS 平台构建如图 10-10 所示的电路。现以甲单片机负责向外发送控制命令字符 "A"、"B"、"C"，或者停止发送，乙机根据所接收到的字符完成 LED1 闪烁、LED2 闪烁、双灯闪烁、或停止闪烁。

程序如下：

```
# include< reg51. h>
# define uchar unsigned char
# define uint unsigned int
sbit LED1= P0^0;
sbit LED2= P0^3;
sbit K1= P1^0;
//延时
void DelayMS(uint ms)
  {
    uchar i;
    while(ms- - )
```

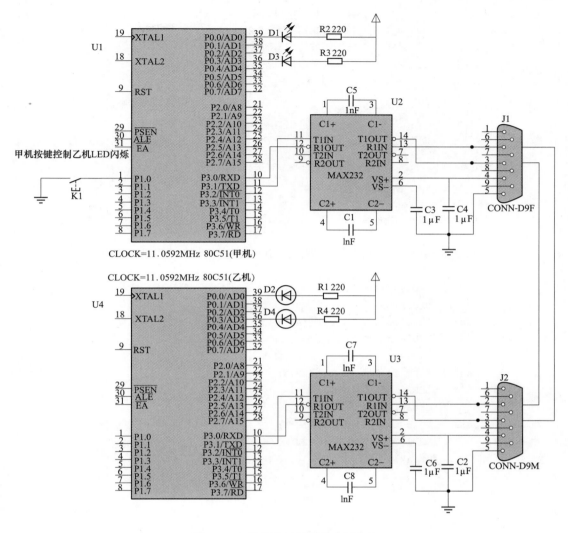

图 10-10　单片机双机通信应用电路

```
      for(i= 0;i< 120;i+ + );
   }
//向串口发送字符
void Putc_to_SerialPort(uchar c)
   {
     SBUF= c;
     while(TI= = 0);
     TI= 0;
   }
//主程序
void main()
   {
     uchar Operation_No= 0;
```

```
        SCON= 0x40;                    //串行口模式 1
        TMOD= 0x20;                    //T1 工作模式 2
        PCON= 0x00;                    //波特率不加倍
        TH1= 0xfd;
        TL1= 0xfd;
        TI= 0;
        TR1= 1;
        while(1)
        {
          if(K1= = 0)                  //按下 K1 时选择操作代码 0,1,2,3
          {
            while(K1= = 0);
            Operation_No= (Operation_No+ 1)% 4;
          }
          switch(Operation_No)         //根据操作代码发送"A"/"B"/"C"或停止发送
            {
              case 0: LED1= LED2= 1;
                      break;
              case 1: Putc_to_SerialPort('A');
                      LED1= ~LED1;LED2= 1;
                      break;
              case 2: Putc_to_SerialPort('B');
                      LED2= ~LED2;LED1= 1;
                      break;
              case 3: Putc_to_SerialPort('C');
                      LED1= ~LED1;LED2= LED1;
                      break;
            }
          DelayMS(100);
        }
    }
/* 以下是乙机程序,接收甲机发送字符并完成相应动作,
乙机接收到甲机发送的信号后,根据相应信号控制 LED 完成不同闪烁动作* /
# include< reg51.h>
# define uchar unsigned char
# define uint unsigned int
sbit LED1= P0^0;
sbit LED2= P0^3;
//延时
void DelayMS(uint ms)
  {
    uchar i;
    while(ms- - )
    for(i= 0;i< 120;i+ + );
  }
//主程序
```

```
void main()
{
  SCON= 0x50;                                  //串口模式 1,允许接收
  TMOD= 0x20;                                  //T1 工作模式 2
  PCON= 0x00;                                  //波特率不加倍
  TH1= 0xfd;                                   //波特率为 9600b/s
  TL1= 0xfd;
  RI= 0;
  TR1= 1;
  LED1= LED2= 1;
  while(1)
    {
      if(RI)                                   //如收到则 LED 闪烁
      {
        RI= 0;
        switch(SBUF)                           //根据所收到的不同命令字符完成不同的动作
        {
          case'A': LED1= ~LED1;LED2= 1;break;//LED1 闪烁
          case'B': LED2= ~LED2;LED1= 1;break;//LED2 闪烁
          case'C': LED1= ~LED1;LED2= LED1;     //双闪烁
        }
      }
      else LED1= LED2= 1;                       //关闭 LED
      DelayMS(100);
    }
}
```

10.5　单片机应用系统的设计

单片机应用系统是指以单片机为核心的系统,下面介绍 89C51 单片机应用系统的基本组成、设计步骤和方法、应用系统的硬件设计、应用程序的总体框架设计以及应用系统的一个具体实例。

10.5.1　89C51 单片机应用系统的基本组成

单片机是一个封装在黑壳里的计算机系统芯片。它虽然功能强大,但独立的一块单片机芯片只是一个"光杆司令",成不了"气候"。只有把各种外设通过一定的连接方式与单片机引脚连接起来,这样才能构成由单片机集中"领导"的系统。单片机通过众多引脚传递信息,控制、指挥、管理这些外设,使这些外设协调工作。单片机应用系统包括单片机硬件系统和软件系统。

拿一个 MP3 播放器来说,它的硬件系统框图如图 10-11 所示。MP3 播放器的工作原理其实很简单,就是利用单片机控制 USB 接口、MP3 解码芯片、LCD 液晶屏和内置闪存或是外插闪存卡等设备的工作,它有下载和播放两种工作方式。下载方式下,单片机控制 USB 接口从网络下载 MP3 格式的数字音频压缩文件,传送并存储到闪存中;播放方式下,利用

单片机完成处理、传输和解码 MP3 文件的任务。播放时首先通过人机接口界面（按钮和液晶显示屏）请求单片机从内存中选取所需要的 MP3 歌曲文件信号，将 MP3 歌曲文件信号送到解码芯片对信号进行解码，解码后的数字化音频信号通过 DAC（数/模转换器）转换成模拟信号，转换后的模拟信号经过音频放大、低通滤波后传到耳机输出口，通过耳机我们就能听到选取的音乐了。MP3 播放器由单片机集中管理输入设备（按钮），输出设备（液晶显示器和耳机），存贮设备（闪存卡）和 USB 标准接口设备。在单片机应用系统中，各种外围设备分布在单片机的周围，单片机嵌入其中，处于核心地位，其控制和管理作用得到了充分的体现，这就是所谓的单片机嵌入式硬件系统的基本组成及应用举例。

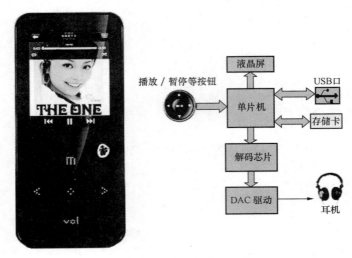

图 10-11 MP3 播放器系统

单片机嵌入式系统，是以单片机为核心，与各种外围设备互联构成的复杂系统，这种物理上的互联技术称为接口技术。由于单片机嵌入的对象不同，应用环境不同，互联的设备不同，接口方法就不同，其组成也不同，但它一般包括以下几大部分。

（1）人机交互接口部分。人与计算机之间建立联系、交换信息的输入/输出设备的接口。这些设备包括键盘、显示器、打印机、鼠标等。在嵌入式系统中，常用的人机接口设备主要有键盘、LCD 液晶显示器、触摸屏等。人机交互接口追求自然和谐的人机交互技术和用户界面方式，其操作简单方便，显示稳定、清晰、美观、友好。

（2）存储设备接口部分。单片机中常用半导体存储器存取信息，通过接口互联，单片机可以把数据保存在存储器中，也可以从存储器中获取数据信息。

（3）计算机通信接口部分。单片机与通用计算机或其他具有通信能力的设备之间的互联技术，常见的标准通信接口有 RS-232、RS-485、RS-422 等，高端通信中还有 CAN 工业总线接口、以太网络接口、IDE 接口和 USB 接口。

（4）应用接口部分。这是与应用环境和对象有关的接口部分，它可以是开关量接口，也可以是模拟量接口，可以是电机或电磁阀等执行机构，也可以是温度、压力，位移、速度等检测装置。在 MP3 播放器中，应用接口体现在与 MP3 解码器与 DAC 转换器的接口上。

一个典型的单片机嵌入式硬件系统的组成如图 10-12 所示。

从单片机嵌入式系统的基本组成上来看，单片机硬件系统的设计实际上就是接口电路的

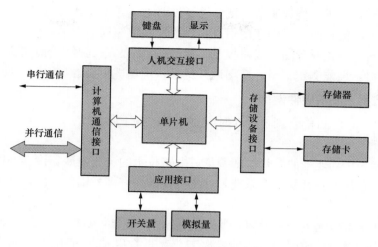

图 10-12　单片机应用系统典型结构

设计，包括前面前相关章节所介绍的存储器接口、并行 I/O 设备接口、串行 I/O 设备接口、模拟设备接口和数字设备接口等。

10.5.2　89C51 单片机应用系统的设计步骤

在进行系统的设计时，首先要进行深入细致的需求分析，周密而科学的方案论证。一般单片机应用系统的设计可以分为以下四个阶段。

（1）明确任务，需求分析以及拟定设计方案阶段。

1）明确任务。明确系统所要完成的任务，是系统设计工作的基础，是对系统设计方案正确性的有力保证。如果任务不明确或不完善，设计工作就会失败。

2）需求分析。分析单片机系统输入和输出参数的形式、范围、性能指标、系统功能、工作环境、显示、报警、打印要求等。

3）拟定设计方案。根据需求，拟定设计方案，并进行论证，既要使系统满足功能、可靠性高，又要使系统简单、经济。

（2）硬件和软件设计阶段。

1）硬件设计。硬件设计必须能够完成系统的要求和保证系统的可靠性。在硬件设计时，最好能与软件的设计结合起来，统一考虑，使系统具有最佳的性价比。例如，当软件程序编写很麻烦的时候，通过稍加改动硬件电路可能会使软件变得十分简单。

2）软件设计。编程前，应先绘制出软件的流程图。流程图的绘制可以按照由简到繁的方式再逐步细化，然后根据流程图编写程序，这样程序的编写速度就会很快，也不容易出问题，同时还会为后面的调试工作带来很多方便。

（3）硬件与软件联合调试阶段。设计者也可以在上述软、硬件设计完成后，先使用单片机的 EDA 软件仿真开发工具 PROTEUS，来进行仿真调试并修改设计，然后进入实际现场进行调试。

（4）资料与文件整理编制阶段。文件不仅是设计工作的结果，而且是以后使用、维修以及进一步再设计的依据。因此，文件要精心编写，描述清楚，使数据及资料齐全。一般文件应包括以下文档资料。

1）设计资料：需求分析说明书，概要设计说明书，详细设计说明书。

2）软件资料：流程图、子程序使用说明、地址分配、程序清单。

3）硬件资料：电路原理图、线路板及元器件布置图、系统接线图、接插件引脚图。

4）调试资料：性能测定记录，现场调试记录，现场试用报告与说明，使用指南。

10.5.3　应用系统的硬件设计

为了使硬件设计尽可能合理，设计时应重点考虑以下几点。

1. 单片机的选型

（1）尽可能采用功能强的芯片。随着集成电路技术的飞速发展，许多外围部件都已经集成在了芯片内，芯片本身就是一个系统，这样可以省去许多外围部件的扩展工作，使设计工作大大简化。

例如，C8051F020 是 8 位单片机，其片内集成有 8 通道 ADC、两路 DAC、两路电压比较器，内置温度传感器、定时器、可编程数字交叉开关和 64 个通用 I/O 口、电源监测、看门狗电路、多种类型的串行总线（两个 UART、SPI）等。

（2）优先选用片内带有闪烁存储器的产品。

（3）尽量选用存储容量大的芯片。

（4）对 I/O 端口的考虑。在设计时或实际应用时可能会出现新的问题或用户提出的新要求，而有些问题是不能单靠软件措施来解决的。如果在硬件设计之初就多设计出一些 I/O 端口，遇到这些问题时就会迎刃而解了。

（5）预留 A/D 和 D/A 通道。

2. 以软代硬

在原则上，只要软件能做到且能满足性能要求，就不用硬件。硬件多不但会增加成本，而且系统故障率也会提高。以软带硬的实质，是以时间换空间，软件执行过程需要消耗时间，因此这种代替带来的问题就是实时性的下降。在实时性要求不高的场合下，以软代硬是很合算的。

10.5.4　地址空间分配与总线驱动

一个 89C51 单片机的应用系统往往是多芯片系统，这时要遇到两个问题：一是如何把 64KB 程序存储器和 64KB 数据存储器的空间分配给各个芯片；二是如何实现 89C51 单片机对多片芯片的驱动。

1. 地址空间分配

地址空间分配的两种方法为线选法和译码法。下面通过一个例子来说明如何解决这个问题。如图 10-13 所示是一个全地址译码的系统实例，系统中扩展了程序存储器、数据存储器和 I/O 接口。因为 6264、2764 的地址空间都是 8KB，故需要 13 条低位地址线（A12～A0）进行片内寻址，低 8 位地址线 A7～A0 经八 D 锁存器 74LS373 输出，图中没有画出，而其他三条高位地址线 A15～A13 经 3 线—8 线译码器 74LS138 译码后作为外围芯片的片选线。图中还剩余三条地址选择线 Y7～Y5，可以扩展三片存储器芯片或外围 I/O 接口电路芯片。

2. 总线驱动

由于设计时有时需要扩展多片芯片，因此我们要注意 89C51 的 I/O 口驱动能力。89C51 有 4 个并行双向口，P0、P1、P2、P3 四个 I/O 口的驱动能力不同。P0 口的驱动能力较大，

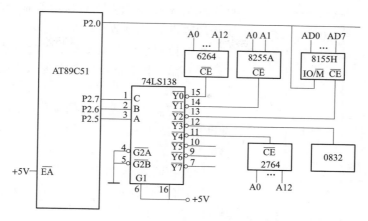

图 10-13　全地址译码的系统地址空间安排实例

每位可驱动 8 个 LSTTL 输入，当其输出高电平时，可提供 $400\mu A$ 的电流；当其输出低电平（0.45V）时，可提供 3.2mA 的灌电流。P1、P2、P3 口每一位只能驱动 4 个 LSTTL。因此，要想获得较大的驱动能力，只能用低电平输出。89C51 通常将 P0、P2 口用于访问外部存储器，所以只能用 P1、P3 口作 I/O 口。P1、P3 口的驱动能力有限，在低电平输出时，一般也只能提供不到 2mA 的灌电流。当应用系统规模过大时，可能导致负载过重，使驱动能力不够，系统不能可靠地工作，所以通常情况下要附加总线驱动器或其他驱动电路。

在多芯片应用系统中首先要估计总线负载情况，以确定是否需要对总线的驱动能力进行扩展。如图 10-14 所示为 89C51 单片机的三总线驱动扩展原理图。图 10-14 中地址总线和控制总线的驱动器为单向驱动器，并具有三态输出功能。驱动器有一个控制端，以控制驱动器处于开通或高阻状态。通常，在单片机应用系统中不采用 DMA 功能时，地址总线及控制总线可以一直处于开通状态，这时将控制端接地即可。数据总线的驱动器应为双向驱动、三态输出，并且有两个控制端来控制数据的传送方向。

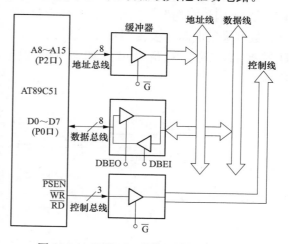

图 10-14　89C51 三总线驱动扩展电路图

常用的单向总线驱动器为 74LS244。74LS244 中的 8 个三态驱动器分成两组，分别由 $\overline{1G}$ 和 $\overline{2G}$ 控制。

10.5.5　AT89C51 的最小系统

89C51 内部有 4KB 的闪烁存储器，芯片本身就是一个最小系统。在能满足系统性能要求的情况下，可以优先考虑采用此种方案。

这种最小系统简单、可靠。在用 89C51 单片机构成最小应用系统时，只要将单片机接上时钟电路和复位电路即可，如图 10-15 所示。

10.5.6　水温控制系统的设计

水温控制是经常遇到的过程控制系统。下面介绍以 89C51 为核心的水温控制系统的设

231

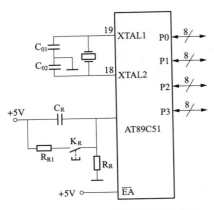

图 10-15　89C51 单片机最小系统

计。本系统采用 3 位 LED 显示器显示水温度，温度控制采用改进的 PID 数字控制算法实现。

水温控制系统的主要技术指标与基本功能如下。

（1）温度控制的设定范围为 25～50℃，最小分辨率为 0.1℃。

（2）控制风扇或电炉的工作时间，达到控制水温的目的。要求偏差不大于 0.6℃，静态误差不大于 0.4℃。

（3）实时显示当前的温度值。

（4）命令按键有 5 个，分别为复位键、功能转换键（两个），加 1 键，减 1 键。

1. 硬件电路设计

硬件电路从功能模块来划分有：主机电路，数据采集电路，键盘、显示电路和控制执行电路。

（1）硬件功能结构框图。硬件功能结构框图如图 10-16 所示。

（2）数据采集电路的设计。主机采用 89C51，系统时钟采用 12MHz，内部含有 4K 字节的闪烁存储器，无须外扩程序存储器。数据采集电路主要由温度传感器、A/D 转换器、放大电路等组成如图 10-17 所示。

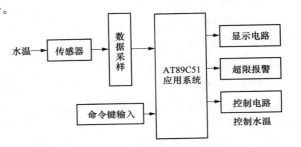

图 10-16　水温控制系统组成框图

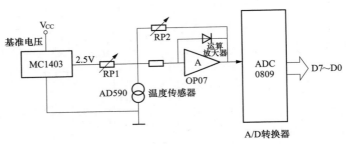

图 10-17　温度采集与转换原理图

（3）控制执行电路的设计。由单片机的输出来控制风扇或电炉。控制执行电路采用可控硅接通或切断电源的方法来控制风扇或电炉的工作时间，以达到控制水温的目的。设计中要采用光电耦合器进行强电和弱电的隔离，但还要考虑到输出信号要对可控硅进行触发，以便接通风扇或电炉电路。可控硅选用了既有光电隔离功能又有触发功能的 MC3041。其中使用 89C51 的 P1.0 控制电炉电路，P1.1 控制风扇电路，如图 10-18 所示。

此外，在设计中还要考虑到当水温超出所能控制的上下限温度时，要有越限报警；当水温低于 25℃时黄色发光二极管亮，当水温高于 50℃时红色发光二极管亮。

（4）键盘与显示器电路的设计。键盘共有 4 个键，设计时采用软件查询和外部中断相结合的方法，当某个键按下时低电平有效。4 个键 K1～K4 的功能定义见表 10-1。

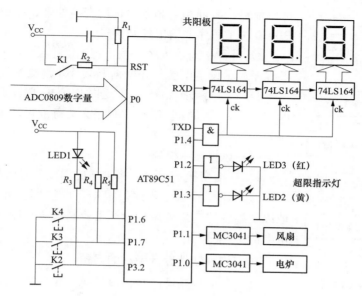

图 10-18　水位控制系统原理图

表 10-1　　　　　　　　　　　　　　**4 个键 K1 ～K4 的定义**

按键	键名	功能
K1	复位键	使系统复位
K2	功能转换键	按键按下，LED1 亮，显示温度设定值， 按键松开，LED1 不亮，显示当前的温度值
K3	加 1 键	设定的温度值加 1
K4	减 1 键	设定的温度值减 1

　　按键 K2 与 $\overline{INT0}$（P3.2）脚相连，采用外部中断方式，且优先级定为高优先级。K3 和 K4 分别与 P1.7 和 P1.6 脚相连，采用软件查询方式，K1 为复位键，与 RC 电路构成复位电路。

　　显示电路部分利用串行口来实现 3 位 LED 的共阳静态显示，显示内容为温度的十位、个位以及小数点后的第一位。利用串行口实现 LED 共阳静态显示的工作原理及软件编程请见 4.4.5 小节的有关内容。

　　2. 软件设计

　　采用模块化设计方法，水温控制软件分为三大模块：主程序模块、功能实现模块和运算控制模块。软件开发既可以使用 C51 语言也可以使用汇编语言。

　　（1）主程序模块。主程序中首先给定 PID 算法的参数值，然后通过循环显示当前温度值；键盘外部中断，设置温度控制值；定时采集温度数据，定时器 T0 为 5s 定时，每隔 5s 采集一次温度信号；设置定时器 T1 为嵌套在 T0 之中的定时中断，初值由 PID 算法子程序提供，用来执行对电炉或风扇的控制时间。水温控制系统的流程如图 10-19 所示。

　　（2）功能实现模块。

　　1）T0 中断子程序。T0 每 5s 钟中断一次，中断响应后，进行 A/D 转换与数据采集、

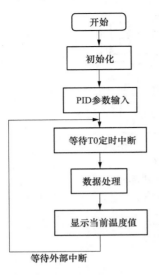

图 10-19　水温控制系统
程序流程图

数字滤波、判断是否超限、标度变换处理、显示当前温度、调用 PID 算法子程序并输出控制信号。

2）键盘中断子程序。按下键 K2 进入，松开键 K2 退出。此子程序显示设定温度，并根据 K3、K4 键改变设定的温度。

3）T1 中断子程序。T1 定时初值由 PID 算法子程序提供，即在 1 个控制周期（5s）内控制风扇或电炉接通电源的工作时间。

（3）运算控制模块。

1）标度变换子程序。将采样的温度信号转换成温度值。

2）PID 算法子程序。根据当前温度值和温度设定值的差值以及温度的变化规律，计算出控制值——控制风扇或电炉接通电源的工作时间。

10.5.7　软件设计考虑的问题

在进行应用系统的总体设计时，软件设计和硬件设计应统一考虑，相互结合进行。当系统电路设计定型后，软件的任务也就明确了。

一般来说，软件的功能分为两大类：一类是执行软件，它能完成各种实质性的功能，如测量、计算、显示、打印、输出控制等；另一类是监控软件，它专门用来协调各执行模块和操作者的关系，在系统软件中充当组织调度的角色。程序设计时应从以下几个方面进行考虑。

（1）根据软件功能要求，将系统软件分成若干个相对独立的部分，设计出合理的软件总体结构，使其清晰、简洁、流程合理。

（2）各功能程序实现模块化、子程序化，使程序既便于调试、链接，又便于移植、修改。

（3）在编写应用软件之前，应绘制出程序流程图。多花一些时间来设计程序流程图，就可以节约几倍于源程序的编辑和调试时间。

（4）要合理分配系统资源，特别是用汇编语言编程时更要仔细考虑 ROM、RAM、定时/计数器、中断源等资源的配置，其中最关键是对片内 RAM 00H～7FH 单元的分配，分配时应充分发挥其特长，做到物尽其用。

例如，8 个工作寄存器中，R0 和 R1 具有指针功能，是编程的重要角色，应避免作为它用；20H～2FH 这 16 个字节具有位寻址功能，可以用来存放各种标志位、逻辑变量、状态变量等；设置堆栈区时应事先估算出子程序和中断嵌套技术及程序中堆栈操作指令的使用情况，其大小应留有余量。

若系统中扩展了 RAM 存储器，应把使用频率最高的数据缓冲器安排在片内 RAM 中，以提高处理速度。当 RAM 资源规划好后，应列出一张详细的 RAM 资源分配表，以备编程时查用方便。

10.5.8　系统软件的总体框架设计

应用设计者在软件设计时，往往感觉比较困难的是如何进行系统软件的总体框架设计。

234

下面给出一个汇编语言的典型例子，供读者在软件设计时参考。

【例 10-1】 在一个应用系统中，假设 5 个中断源都已用到，系统程序框架如下：

```
ORG   0000H        ;系统程序入口
LJMP MAIN          ;跳向主程序入口
ORG 0003H          ;外部中断 0 中断向量入口
LJMP  IINT0P       ;跳向外部中断 0 中断处理程序入口 IINT0P
ORG 000BH          ;T0 中断向量入口
LJMP  IT0P         ;跳向 T0 中断入口 IT0P
ORG 0013H          ;外部中断 1 中断向量入口
LJMP  IINT1P       ;跳向外部中断 1 中断处理程序入口 IINT1P
ORG 001BH          ;T1 中断向量入口
LJMP  IT1P         ;跳向 T1 中断处理程序入口 IT1P
ORG 0023H          ;串行口中断向量入口
LJMP  ISIOP        ;跳向串行口中断处理程序入口 ISIOP
ORG   0040H        ;主程序入口
```

MAIN: 　对片内各功能部件,如定时器、串行口、中断系统进行初始化;对扩展的各个 I/O 接口芯片进行初始化。

　　　　MOV   SP,# 60H;对堆栈区进行初始化

主程序(根据实际处理任务编写)

```
       ORG   XXXXH
```

IINT0P: 　外部中断 0 中断处理子程序

```
       ORG   YYYYH
```

IT0P: 　T0 中断处理子程序

```
       ORG   ZZZZH
```

IINT1P: 　外部中断 1 中断处理子程序

```
       ORG   UUUUH
```

IT1P: 　T1 中断处理子程序

```
       ORG   VVVVH
```

ISIOP: 　串行口中断处理子程序

10.5.9 单片机应用系统抗干扰与可靠性设计

单片机应用系统抗干扰性能的好坏是影响可靠性的重要因素之一。一般把影响单片机测控系统正常工作的信号称为噪声，又称干扰。噪声一般是在系统之外产生的，如工业现场的大型电动机启动、变频装置产生的谐波等。

1. 89S51 片内看门狗定时器的使用

当以单片机为核心的系统受到干扰时，可能会导致程序"跑飞"或陷入"死循环"，系统将完全瘫痪，俗称"死机"，若不及时处理，将可能造成严重后果。如果操作人员在场，

可以按下人工复位按钮，强制系统复位，但操作人员不可能一直监视着系统。因此，系统必须具有当出现"死机"后，能够自动复位恢复正常工作的功能。这时可以采用"看门狗"（Watchdog，WDT）技术来解决这一问题。89C51芯片内部没有看门狗电路，因此，必须在片外设计看门狗电路。目前，市场上有多种看门狗电路芯片，如MAX813等。

89S51片内集成了看门狗电路WDT，WDT包括一个14位计数器和看门狗定时器复位寄存器（WDTRST）。当启动WDT计数器运行后，为了防止不必要的溢出，在程序正常运行过程中，应定期地把WDT计数器清"0"，以保证不产生溢出。

一旦程序陷入"死循环"时，也就不能运行正确的程序，即不能定时地把WDT计数器清"0"了，计数器值计满溢出时，将在AT89S51的RST引脚上输出一个正脉冲使单片机复位，使单片机重新从头执行程序，从而使程序摆脱"跑飞"或"死循环"的局面。

89S51使用看门狗时，用户只要向寄存器WDTRST（地址为A6H）先写入1EH，紧接着写入E1H，便可以启动WDT计数器计数。

实际应用中，为了防止WDT计数器启动后产生不必要的溢出，在执行程序的过程中，用户应不断地复位WDTRST，即向WDTRST寄存器写入数据1EH和E1H。

在程序编写中，一般把复位WDTRST的这两条指令设计为一个子程序，只要在程序的正常运行中，不断调用该子程序把计数器清"0"，使其不产生溢出即可。复位WDTRST的指令如下：

```
WDRST: MOV 0A6H,# 1EH
       MOV 0A6H,# 0E1H
       RET
```

2. 软件滤波

单片机系统在噪声环境下运行时，除了前面介绍的各种抗干扰的措施外，还可以采用软件来增强系统的抗干扰能力。下面介绍几种常用的软件抗干扰的方法。

对于实时数据采集系统，为了消除传感器通道中的干扰信号，在硬件上常采用模拟滤波器对信号实现频率滤波。同样地，采用软件也可以完成与硬件模拟滤波器类似的功能，这就是软件滤波。

（1）算术平均滤波法。对一点数据连续取 n 个值进行采样，然后求算术平均值。这种方法一般适用于对具有随机干扰的信号进行滤波。这样信号的特点是有一个平均值，信号在某一数值范围内上下波动。在这种滤波法中，当 n 值较大时，信号的平滑度高，但是灵敏度低；当 n 值较小时，平滑度低，但灵敏度高。应视具体情况选取 n 值，使系统既节约时间，滤波效果又好。对于一般的流量测量，通常取 $n=12$；若为压力，则取 $n=4$。一般情况下 $n=3\sim5$ 次平均即可。

（2）滑动平均滤波法。上面介绍的算术平均滤波法每计算一次数据需要测量 N 次。对于测量速度较慢或要求数据计算速度较快的实时控制系统，上述方法无法使用。下面介绍一种只需测量一次，就能得到当前算术平均值的方法——滑动平均滤波法。

滑动平均滤波法是把 n 个采样值看成一个队列，队列的长度为 n，每进行一次采样，就把采样值放入队尾，而扔掉原来队首的一个采样值，这样在队列中始终有 n 个"最新"的采样值。对队列中的 n 个采样值进行平均，就可以得到新的滤波值。

滑动平均滤波法对周期性干扰有良好的抑制作用，其平滑度高，灵敏度低；但它对于偶然出现的脉冲性干扰的抑制作用差，不易消除由于脉冲干扰引起的采样值的偏差。因此，它不适用于脉冲干扰比较严重的场合，而适用于高频振荡系统。

通常观察不同 N 值下滑动平均的输出响应来选取 N 值，以便达到既使占有时间较少，又能达到最好的滤波效果。其工程经验值为：

参数　　温度　　压力　　流量　　液面
n 值　　1～4　　4　　12　　4～12

下例为滑动平均滤波法的参考程序。

【例 10-2】 假定有 n 个双字节型采样值，30H 为采样队列内存单元的首地址，n 个采样值之和不大于 16 位。新的采样值存于 2EH、2FH，滤波值存于 50H、51H，AVGFIL 为算术平均滤波子程序。

参考程序如下：

```
SAVGFIL: MOV  R2,# n- 1        ;采样个数
         MOV R0,# 32H          ;队列单元首地址
         MOV R1,# 33H
   LOOP: MOV  A, @ R0          ;移动低字节
         DEC R0
         DEC R0
         MOV @ R0,A
         MOV A,R0              ;修改低字节地址
         ADD A,# 04H
         MOV  R0,A
         MOV  A,@ R1           ;移动高字节
         DEC  R1
         DEC R1
         MOV @ R1,A
         MOV A,R1              ;修改高字节地址
         ADD A,# 04H
         MOV R1,A
         DJNZ R2,LOOP
         MOV @ R0,2EH          ;存新的采样值
         MOV  @ R1,2FH
         ACALL  AVGFIL         ;AVGFIL算术平均值子程序,假设为已编写
         RET
```

（3）中位值滤波法。中位值滤波就是对某一被测参数接连采样 n 次（一般 n 取奇数），然后把 n 次采样值按大小排列，取中间值为本次采样值。中位值滤波能有效地克服因偶然因素引起的波动干扰。对于温度、液位等变化缓慢的被测参数，采用此法能收到良好的滤波效果。但对于流量、速度等快速变化的参数，一般不宜采用中位值滤波法。

中位值滤波程序设计的实质是：首先把 n 个采样值从小到大或从大到小进行排序，然后再取中间值。n 个数据按大小采用"冒泡法"（排序程序设计见第 4 章）进行比较，直到最大数沉底为止。然后再重新进行比较，把次大值放到 $n-1$ 位，依此类推，则可将 n 个数按从小到大的顺序排列。

【例 10-3】 设采样值从 8 位 A/D 转换器输入 5 次，存放在 SAMP 为首地址的内存单元中，采用中位值滤波。

程序如下：

```
        SAMP  EQU   30H
        ORG   1000H
INTER:  MOV R2,# 04H            ;设置最大循环次数
 SORT:  MOV A,R2                ;小循环次数 → (R3)
        MOV R3,A
        MOV R0,# SAMP           ;采样数据首地址→ (R0)
 LOOP:  MOV A,@ R0
        INC R0
        MOV R1,A
        CLR C
        SUBB A,@ R0
        MOV  A,R1
        JC DONE
        MOV A,@ R0              ;((R0)) → ((R0)+ 1)
        DEC R0
        XCH  A,@ R0
        INC  R0
        MOV @ R0,A
 DONE:  DJNZ R3,LOOP            ;R3≠0，小循环继续进行
        DJNZ R2,SORT            ;R2≠0，大循环继续进行
        INC R0
        MOV A,@ R0
        RET
```

（4）去极值平均值滤波法。

前面介绍的算术平均滤波法与滑动平均滤波法在脉冲干扰比较严重的场合中，干扰将会"平均"到结果中去，因此上述两种平均值法不易消除由于脉冲干扰而引起的误差。这时可以采用去极值平均值滤波法进行滤波。

去极值平均值滤波法的思想是连续采样 n 次后累加求和，同时找出其中的最大值与最小值，再从累加和中减去最大值和最小值，按 $n-2$ 个采样值求平均，即可得到有效采样值。这种方法类似于竞赛中去掉最高、最低分，再求平均分的评分办法。

为使算法简单，$n-2$ 应为 2，4，6，8 或 16，故 n 取 4，6，8，10 或 18。

具体做法有两种：对于快变参数，先连续采样 n 次，然后再处理，但要在 RAM 中开辟出 n 个数据的暂存区；对于慢变参数，可以一边采样，一边处理，而不必在 RAM 中开辟数据暂存区。在实践过程中，为了加快测量速度，一般 n 取 4。

3. 指令冗余及软件陷阱

在单片机系统中，由于干扰而使运行程序发生混乱，导致程序跑飞或陷入死循环时，采取使程序纳入正规的措施，如指令冗余、软件陷阱等。

（1）指令冗余。CPU 取指令时是先取操作码，再取操作码对应的操作数。当单片机系统受干扰出现错误时，程序便脱离正常轨道"跑飞"。当跑飞到某双字节指令时，若取指令

时刻落在操作数上，误将操作数当作操作码，则程序有可能出错。若跑飞到三字节指令时，出错机率更大。在关键的地方人为地插入一些单字节指令或将有效的单字节指令重写即称为指令冗余。指令冗余无疑会降低系统的效率，使用时通常是在双字节指令和三字节指令后插入两个字节以上的"NOP"指令，可以保护其后的指令不被拆散。

因此，我们经常在一些对程序流向起决定作用的指令之前插入两条 NOP 指令，以保证跑飞的程序迅速纳入正轨。此类指令有：RET、RETI、ACALL、LCALL、SJMP、AJMP、LJMP、JZ、JNZ、JC、JNC、JB、JNB、JBC、CJNE、DJNZ 等，对于某些对系统工作状态至关重要的指令来说，该措施可以减少程序跑飞的次数，使其很快纳入程序轨道。

但这并不能保证程序在失控期间不干"坏事"，更不能保证程序纳入正常轨道后"太平无事"。程序的运行事实上已经偏离了正常顺序，程序有可能做着它现在不该做的事情。

解决这个问题还必须采用软件容错技术（限于篇幅，本书不作介绍），使系统的误动作减少，并消灭重大误动作。

（2）软件陷阱。就是一条引导指令，强行将跑飞的程序引向一个指定的地址，在那里有一段专门对程序出错进行处理的程序。如果我们把这段程序的入口标号称为 ERR 的话，则软件陷阱即为一条 LJMP ERR 指令。为加强其捕捉效果，一般还在它前面加上两条 NOP 指令。

```
NOP
NOP
LJMP ERR
```

软件陷阱一般安排在下列四种地方。

1）未使用的中断向量区 0003H～002FH。当干扰使未使用的中断开放，并激活这些中断时，就会进一步引起混乱。如果在这些地方布上陷阱，就能及时捕捉到错误中断。

例如，系统共使用三个中断：INT0、T0、T1。它们的中断子程序分别为 PGINT0、PGT0、PGT1，建议按以下方式来设置中断向量区。程序如下：

```
        ORG   0000H
0000  START: LJMP   MAIN       ;跳向主程序入口
0003         LJMP   PGINT0      ;外部中断 0 中断入口
0006         NOP                ;冗余和陷阱
0007         NOP
0008         LJMP ERR
000B         LJMP PGT0          ;T0 中断正常入口
0016         NOP                ;冗余和陷阱
0017         NOP
0018         LJMP ERR
001B         LJMP   PGT1        ;T1 中断正常入口
001E         NOP                ;冗余和陷阱
001F         NOP
0020         LJMP   ERR
0023         LJMP   ERR         ;串行口中断未用
0026         NOP                ;冗余和陷阱
0027         NOP
```

```
0028              LJMP  ERR
                  …
0030              MAIN:…              ;主程序,从 0030H 开始再编写正式程序
```

2）未使用的 EPROM 空间。对于剩余 EPROM 空间,若维持原状态 FFH,FFH 是一条单字指令（MOV R7,A）,程序跑飞到这一区域后将顺流而下,只要每隔一段设置一个陷阱,就一定能捕捉到跑飞的程序。

软件陷阱一定要指向处理过程 ERR。可以将 ERR 安排在从 0030H 开始的地方,这样就可用 00 00 02 00 30（NOP NOP LJMP ERR）五个字节作为陷阱来填充 EPROM 中未使用的空间,或每隔一段设置一个陷阱（02 00 30）,其他单元保持原状态 FFH 不变。

3）表格。有两类表格:一类是数据表格,供 MOVC A,@A+PC 或 MOVC A,@A+DPTR 指令使用,其内容完全不是指令；另一类是跳转表格,供 JMP @A+DPTR 指令使用,其内容为一系列的三字节指令 LJMP 或两字节指令 AJMP。

由于表格内容和检索值有一一对应的关系,在表格中间安排陷阱将会破坏其连续性和对应关系,因此只能在表格的最后安排五字节陷阱（NOP,NOP,LJMP ERR）。

由于表格区一般较长,安排在最后的陷阱不能保证一定能够捕捉跑飞的程序,跑飞的程序有可能在中途再次飞走,这时就只能指望别处的陷阱或冗余指令来"制服"它了。

4）程序区。程序区是由一串串的执行指令构成的,不能在这些指令串中间任意安排陷阱,否则会影响正常执行的程序。但是,在这些指令串之间经常有一些断裂点,正常执行的程序到此便不会继续往下执行了,这类指令有 LJMP、SJMP、AJMP、RET、RETI。这时 PC 的值应发生正常跳变。如果还要顺次序往下执行,必然就会出错。我们在这种地方安排陷阱之后,就能有效地捕捉它,而又不影响正常执行的程序流程。

例如,在一个根据累加器的正、负、零情况进行三分支的程序中,软件陷阱的设置方式如下:

```
        JNZ      L1              ;A 中内容非零,跳 L1 程序段
        …                        ;A 中内容为零的处理程序段
        AJMP     L3              ;断裂点
        NOP                      ;冗余指令与软件陷阱
        NOP
        LJMP     ERR
    L1: JB ACC.7,L2
        …
        LJMP     L3              ;断裂点
        NOP                      ;冗余指令与软件陷阱
        NOP
        LJMP     ERR
    L2:…
    L3: MOV  A,R2                ;取结果
        RET
        NOP                      ;冗余指令与软件陷阱
        NOP
        LJMP     ERR
```

由于软件陷阱都安排在正常程序执行不到的地方，因此它不会影响程序执行的效率。在EPROM 容量不成问题的条件下，还是多多设置陷阱比较有益。

4．开关量输入/输出软件抗干扰设计

若干扰只作用在系统的 I/O 通道上，则用以下方法可以减小或消除其干扰。

（1）开关量输入软件抗干扰措施。干扰信号多呈毛刺状，作用时间短。利用这一特点，采集某一状态信号时，可以进行多次重复采集，直到连续两次或多次采集结果完全一致时才可视为有效。若相邻的检测结果或多次检测结果不一致，则是伪输入信号，此时可以停止采集，给出报警信号。由于状态信号主要来自于各类开关型状态传感器，因此对这些信号的采集不能使用多次平均的方法，必须绝对一致才行。

在满足实时性要求的前提下，如果在各次采集的状态信号之间增加一段延时，效果就会更好，就能对抗较宽时间范围的干扰。延时时间在 $10\sim100\mu s$ 左右。

对于每次采集的最高次数限制和连续相同次数，均可以按实际情况适当调整。

（2）开关量输出软件抗干扰措施。在输出信号中，有很多是驱动各种警报装置、各种电磁装置等装置的状态驱动信号。对这类信号的抗干扰设计，有效的输出方法是重复输出同一个数据，只要有可能，重复周期应尽量短。外部设备接收到一个被干扰的错误信息后，还来不及作出有效的反应，一个正确的输出信息又会到来，这样就可以及时地防止错误动作的产生。

10.5.10　单片机应用系统的仿真开发与调试

一个单片机应用系统（用户样机）经过总体设计，完成了用户样机的硬件和软件设计开发，当元器件安装完成后，在用户样机的程序存储器中放入编制好的应用程序，系统即可运行。但程序一次性运行成功几乎是不可能的，运行的过程中多少会存在一些软件、硬件上的错误，这就需要借助单片机的仿真开发工具进行调试，及时发现错误并加以改正。

89C51 单片机只是一个芯片，它既没有键盘，又没有 CRT、LED 显示器，也无法运行系统开发软件（如编辑、汇编、调试程序等），因此，必须借助某种仿真开发工具（也称为仿真开发系统）所提供的开发手段来进行调试。

一般来说，仿真开发工具应具有以下最基本的功能。

（1）对用户样机程序进行输入与修改。

（2）具有程序的运行、调试（单步运行、设置断点运行）、排错、状态查询等功能。

（3）对用户样机硬件电路进行诊断与检查。

（4）有较全的开发软件。用户可以用汇编语言或 C 语言编制应用程序，由开发系统编译链接生成目标文件及可执行文件；配有反汇编软件，将目标程序转换成汇编语言程序；有丰富的子程序可供用户选择调用。

（5）将调试正确的程序写入到程序存储器中。

下面进行介绍常用的仿真开发工具。目前国内使用较多的仿真开发系统大致分为以下两类。

1．通用机仿真开发系统

这是一种通过 PC 机的并行口、串行口或 USB 口，外加在线仿真器的的仿真开发系统，如图 10-20 所示。

在线仿真器是一个与被开发的用户样机具有相同单片机芯片的系统，它借助开发系统的

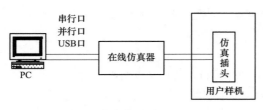

串行口
并行口
USB口

PC

在线仿真器

仿真插头

用户样机

图 10-20　单片机仿真器与 PC 机接口

资源来模拟用户样机中的单片机，对用户样机的资源（如存储器、I/O 接口）进行管理。在线仿真器还具有跟踪功能，它可将程序执行过程中的有关数据和状态在屏幕上显示出来，这给查找错误和调试程序带来了方便。同时，其程序运行的断点功能、单步运行功能可以直接发现硬件和软件问题。

　　调试用户样机时，在线仿真器的仿真插头必须插入用户样机空出的单片机插座中。当仿真开发系统通过串行口（或并行口、USB 口）与 PC 联机后，用户可以利用仿真开发软件，在计算机上编辑、修改源程序，然后通过交叉汇编软件将其汇编成机器代码，传送到在线仿真器中的仿真 RAM 中。用户可以使用单步运行、断点、跟踪、全速等方式运行用户程序，系统状态会实时地显示在屏幕上。待程序调试通过后，再使用仿真开发系统提供的编程器或使用专用编程器把调试完毕的程序写入到单片机内的 Flash 存储器中或外扩的 EPROM 中。此类仿真开发系统是目前最流行的仿真开发工具。此类仿真系统中配置了不同的仿真插头，可以仿真开发各种单片机。

　　通用机的仿真开发系统中还有另一种结构：独立型仿真结构。该类仿真器采用模块化结构，配有不同外设，如外存板、打印机、键盘/显示板等，用户可以根据需要进行选用。在没有通用计算机支持的场合下，利用键盘/显示板也可在工业现场完成仿真调试工作。

　　2. 软件仿真开发工具 PROTEUS

　　软件仿真开发工具是一种完全用软件手段对单片机系统进行仿真开发的工具，它与用户样机在硬件上无任何联系。它由 PC 机上安装的仿真开发工具软件构成，可以进行系统的设计、仿真、开发与调试。

　　PROTEUS 软件是英国 Lab Center Electronics 开发的 EDA 工具软件。除了具有和其他 EDA 工具一样的原理编辑、印刷电路板、自动或人工布线及电路仿真功能外，它最大特色是对单片机硬件电路的仿真是交互的、可视化的。通过其虚拟仿真技术（VSM），用户可以对单片机应用系统连同所有的外围接口、电子器件以及外部的测试仪器一起进行仿真。针对单片机的应用，可以直接在基于原理图的虚拟模型上进行编程，并实现源代码级的实时调试。PROTEUS 软件具有以下特点。

　　（1）能够对模拟电路、数字电路进行仿真。

　　（2）除了仿真 51 系列单片机外，PROTEUS 软件还可仿真 68000 系列、AVR 系列、PIC 等其他各系列的单片机。

　　（3）具有硬件仿真开发系统中的全速运行、单步运行、设置断点等调试功能，同时可以观察各个变量、寄存器等的当前状态。

　　（4）该软件提供了由各种单片机与丰富的外围接口芯片、存储器芯片组成的系统仿真、RS-232 动态仿真、I^2C 调试器、SPI 调试器、键盘和 LCD 系统仿真的功能。

　　（5）PROTEUS 软件提供了丰富的虚拟仪器，如示波器、逻辑分析仪、信号发生器等。利用虚拟仪器，在仿真过程中可以测量系统外围电路的特性，设计者可以充分利用 PROTEUS 软件提供的虚拟仪器来进行系统的软件仿真测试与调试。

　　总之，PROTEUS 软件是一款功能极其强大的单片机软件仿真开发工具。目前，该软

跟我学单片机

件已经在世界范围内得到了较为广泛的使用，很多从事单片机开发应用的工程师都在使用该软件。在使用 PROTEUS 软件对 51 系列单片机系统进行仿真开发时，编译调试环境可以选用 Keil C51 uVision 4 软件。该软件支持众多不同公司的 MCS-51 架构的芯片，集编辑、编译和程序仿真等功能于一体，同时它还支持 PLM、汇编语言和 C 语言的程序设计，其界面友好易学，在调试程序、软件仿真等方面具有很强大的功能。

用软件仿真开发工具 PROTEUS 软件模拟器调试软件时不需要任何硬件在线仿真器，也不需要用户硬件样机，直接就可以在 PC 机上开发和调试单片机软件。调试完毕的软件可以将机器代码固化，一般能直接投入运行。尽管软件仿真开发工具 PROTEUS 具有开发效率高，不需要附加硬件开发装置成本的优点，但是软件模拟器仅仅是使用软件来模拟硬件，且它不能完全准确地模拟硬件电路的实时性，因此不能进行用户样机硬件部分的诊断与实时在线仿真。因此，一般的做法是：先绘制原理图，编写程序，在 PROTEUS 仿真软件里首先调试通过；调试通过后，再将编译好的程序用编程器去烧录；然后将其安装到用户样机硬件板上去观察运行结果，如果有问题，需再连接硬件仿真器进行分析、调试。

3. 用户样机的开发调试

下面具体介绍如何使用仿真开发工具进行汇编语言源程序的编写、调试以及与用户样机的硬件联调工作。

（1）用户样机的软件调试。用户样机的软件联调过程如图 10-21 所示，可以分为以下 4 个步骤。

1）第一步，建立用户源程序。用户通过开发系统的键盘、CRT 显示器及开发系统的编辑软件 WS，按照汇编语言源程序要求的格式、语法规定，把源程序输入到开发系统中，并将其保存在磁盘中。

2）第二步，在开发系统机上，利用汇编程序对第一步输入的用户源程序进行汇编，直至语法错误全部纠正为止。如果无语法错误，则可以进入下一个步骤。

3）第三步，动态在线调试。这一步对用户的源程序进行调试。上述的第一步、

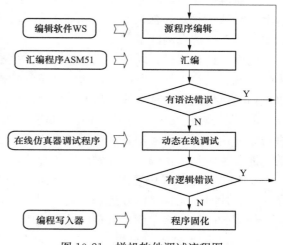

图 10-21 样机软件调试流程图

第二步是一个纯粹的软件运行过程，而在这一步，必须要有在线仿真器的配合，才能对用户源程序进行调试。用户源程序分为与用户样机硬件无联系的程序以及与其样机紧密关联的程序。

4）第四步，将调试完毕的用户程序通过编程写入器（也称烧写器），固化在程序存储器中。

对于与用户样机硬件无联系的程序，如计算程序，虽然已经没有语法错误，但可能存在逻辑错误，使计算结果不正确。此时必须借助于动态在线调试手段，如单步运行、设置断点等，发现其中的逻辑错误，然后返回到第一步进行修改，直至逻辑错误全部纠正为止。

对于与用户样机硬件紧密相关的程序段，如接口驱动程序，一定要先把在线仿真器的仿

真插头插入用户样机的单片机插座中，如图 10-20 所示，然后进行在线仿真调试，仿真开发系统提供单步运行、设置断点等调试手段对用户样机进行调试。

（2）用户样机的硬件调试。对用户硬件样机进行调试时，首先要进行静态调试，目的是排除明显的硬件故障。

1）静态调试。静态调试工作分为以下两步。

a. 第一步是在用户样机加电之前，先用万用表等工具，根据硬件逻辑设计图，仔细检查样机线路是否连接正确，并核对元器件的型号、规格和安装是否符合要求。此时应特别注意对电源系统的检查，以防止电源发生短路和极性错误，并重点检查系统总线（地址总线、数据总线、控制总线）是否存在相互之间短路或与其他信号线的短路故障。

b. 第二步是加电后检查各芯片插座上有关引脚的电位，仔细测量各点电平是否正常，尤其应注意 AT89C51 插座的各点电位，若有高压，则与在线仿真器联机调试时，将会损坏在线仿真器。检查的具体步骤为：①电源检查；②各元器件电源检查；③检查相应芯片的逻辑关系。

2）联机仿真、在线动态调试。在静态调试中，对用户样机的硬件进行了初步调试，只是排除了一些明显的静态故障。用户样机中的硬件故障（如各个部件内部存在的故障和部件之间连接的逻辑错误）主要是靠联机在线仿真来排除的。

在断电情况下，除 89C51 外，插上所有的元器件，并把在线仿真器的仿真插头插入样机上 89C51 的插座，然后与开发系统的仿真器相连，分别打开样机和仿真器电源后便可以开始联机在线仿真调试了。

前面已经介绍过，硬件调试和软件调试是不能完全分开的，许多硬件错误是在软件调试中被发现和被纠正的。所以，在前面介绍的软件设计过程中的第三步，即动态在线调试中，也包括联机仿真、硬件在线动态调试以及硬件故障的排除。

3）在仿真开发机上利用简单的调试程序检查用户样机。利用仿真开发系统对用户样机进行硬件检查时，常常按其功能及 I/O 通道分别编写相应简短的实验程序，来检查各部分的功能及逻辑是否正确，下面做一简单介绍。

a. 检查各地址译码输出。通常，地址译码输出是一个低电平有效的信号。因此在选到某一个芯片时（无论是内存还是外设），其片选信号用示波器检查时应该是一个负脉冲信号。由于使用的时钟频率不同，其负脉冲的宽度和频率也有所不同。

例如，一片 6116 存储芯片的地址范围为 2000～27FFH，则可以在开发机上执行如下程序：

```
LOOP: MOV DPTR,# 2000H
      MOVX  A,@ DPTR
      SJMP LOOP
```

程序执行后，应该从 6116 存储器芯片的片选端看到等间隔的一串负脉冲，说明该芯片片选信号的连接是正确的，即使不插入该存储器芯片，只测量插座相应的片选引脚也会有上述结果。

用同样的方法，可以将各内存及外设接口芯片的片选信号逐一进行检查。如果出现了不正确的现象，就要检查片选线的连线是否正确，有无接触不良或错线、断线问题。

b. 检查 RAM 存储器。检查 RAM 存储器可编译程序，将 RAM 存储器进行写入，再读出，将写入和读出的数据进行比较，若发现错误，立即停止调试。程序如下：

```
        MOV    A,# 00H
        MOV    DPTR,# RAM        ;首地址
LOOP:   MOVX   @ DPTR,A
        MOV    R0,A
        MOVX   A,@ DPTR
        CLR    C
        SUBB   A,R0
        JNZ    LOOP1
```

c. 检查 I/O 扩展接口。若外设端口连接一片 82C55，端口地址为 B000～B003H，A 口为方式 0 输入，B 口、C 口都为方式 0 输出，则可以用程序进行检查。程序如下：

```
        MOV    DPTR,# 0B003H      ;控制端口地址为 B003H
        MOV    A,# 90H            ;90H 为方式控制字
        MOVX   @ DPTR,A
        NOP
        MOV    DPTR,# 0B000H
        CLR    C
        MOV    A,# 01H
        INC DPTR                  ;B 口地址为 B001H
  LP:   MOVX   @ DPTR,A           ;将 01H 送 B 口
        ;此指令执行完后暂停,看 B 口连接的 LED 的第 0 位是否是高电平
        RLC    A                  ;将"1"从 0 位移到第 1 位
        JNZ    LP
        INC    DPTR               ;C 口地址为 B002H
        RLC  A
LP1:    MOVX   @ DPTR,A           ;将 01H 送 C 口,此指令执行完后,看 C 口第 0 位的输出状态
        RLC    A
        JNZ LP1
```

对锁存器和缓冲器，可以直接对端口进行读写，不存在初始化问题。通过上面介绍的调试用户样机的过程，读者可以体会到：离开了仿真开发系统就根本不可能进行用户样机的调试，而调试的关键步骤——动态在线仿真调试，又完全依赖于开发系统中的在线仿真器。

所以，开发系统的性能优劣主要取决于在线仿真器性能的优劣，在线仿真器所能提供的仿真开发手段会直接影响到设计者的设计和调试工作的效率。对于设计者来说，在了解目前开发系统的种类和性能之后，选择一个性价比较高的仿真开发系统，并能够熟练地使用它来调试用户样机是十分重要的。